计算机基础与实训教材系列

中文版

AutoCAD 2011

实用教程

肖静 唐立新 编著

清华大学出版社

北 京

内 容 简 介

本书由浅入深、循序渐进地介绍了 Autodesk 公司最新推出的专业绘图软件——中文版 AutoCAD 2011 的操作方法和使用技巧。全书共分 14 章，分别介绍 AutoCAD 2011 的基础知识和绘图知识，使用和管理图层，绘制二维图形，精确绘制图形，编辑图形对象，使用文字与表格，尺寸标注和公差标注，使用块、外部参照和设计中心，绘制三维图形，三维对象的编辑与标注，观察与渲染三维图形以及图形的输入输出等内容。最后一章还安排综合实例，用于提高和拓宽读者对 AutoCAD 2011 操作的掌握与应用。

本书内容丰富，结构清晰，语言简练，图文并茂，具有很强的实用性和可操作性，是一本适合于大中专院校、职业学校及各类社会培训学校的优秀教材，也是广大初、中级电脑用户的自学参考书。

本书对应的电子教案、实例源文件和习题答案可以到 http://www.tupwk.com.cn/edu 网站下载。

图书在版编目(CIP)数据

中文版 AutoCAD 2011 实用教程/肖静，唐立新　编著. —北京：清华大学出版社，2011.6
(计算机基础与实训教材系列)
ISBN 978-7-302-25556-7

Ⅰ. 中… Ⅱ. ①肖… ②唐… Ⅲ. AutoCAD 软件—教材 Ⅳ. TP391.72

中国版本图书馆 CIP 数据核字(2011)第 092592 号

责任编辑：胡辰浩(huchenhao@263.net)　袁建华
装帧设计：孔祥丰
责任校对：胡花蕾
责任印制：何　芊
出版发行：清华大学出版社　　　　　　　　　　　地　　　址：北京清华大学学研大厦 A 座
　　　　　http://www.tup.com.cn　　　　　　　邮　　　编：100084
　　　　社　总　机：010-62770175　　　　　　邮　　购：010-62786544
　　　　投稿与读者服务：010-62776969,c-service@tup.tsinghua.edu.cn
　　　　质　量　反　馈：010-62772015,zhiliang@tup.tsinghua.edu.cn
印　刷　者：北京四季青印刷厂
装　订　者：三河市金元印装有限公司
经　　销：全国新华书店
开　　本：190×260　印　张：22.25　字　数：591 千字
版　　次：2011 年 6 月第 1 版　　　印　　次：2011 年 6 月第 1 次印刷
印　　数：1～5000
定　　价：35.00 元

产品编号：037196-01

丛书序

计算机已经广泛应用于现代社会的各个领域，熟练使用计算机已经成为人们必备的技能之一。因此，如何快速地掌握计算机知识和使用技术，并应用于现实生活和实际工作中，已成为新世纪人才迫切需要解决的问题。

为适应这种需求，各类高等院校、高职高专、中职中专、培训学校都开设了计算机专业的课程，同时也将非计算机专业学生的计算机知识和技能教育纳入教学计划，并陆续出台了相应的教学大纲。基于以上因素，清华大学出版社组织一线教学精英编写了这套"计算机基础与实训教材系列"丛书，以满足大中专院校、职业院校及各类社会培训学校的教学需要。

一、丛书书目

本套教材涵盖了计算机各个应用领域，包括计算机硬件知识、操作系统、数据库、编程语言、文字录入和排版、办公软件、计算机网络、图形图像、三维动画、网页制作以及多媒体制作等。众多的图书品种可以满足各类院校相关课程设置的需要。

◉ 已出版的图书书目

《计算机基础实用教程》	《中文版 Flash CS3 动画制作实用教程》
《中文版 Windows Vista 实用教程》	《中文版 Flash CS3 动画制作实训教程》
《电脑入门实用教程》	《中文版 Flash CS4 动画制作实用教程》
《计算机组装与维护实用教程》	《中文版 Dreamweaver CS3 网页制作实用教程》
《五笔打字与文档处理实用教程》	《中文版 Dreamweaver CS4 网页制作实用教程》
《电脑办公自动化实用教程》	《中文版 CorelDRAW X3 平面设计实用教程》
《中文版 Word 2003 文档处理实用教程》	《中文版 CorelDRAW X4 平面设计实用教程》
《中文版 Word 2007 文档处理实用教程》	《中文版 InDesign CS3 实用教程》
《中文版 PowerPoint 2003 幻灯片制作实用教程》	《中文版 InDesign CS4 实用教程》
《中文版 Excel 2003 电子表格实用教程》	《Authorware 7 多媒体制作实用教程》
《中文版 Excel 2007 电子表格实用教程》	《Director 11 多媒体开发实用教程》
《Excel 财务会计实战应用》	《中文版 Premiere Pro CS3 多媒体制作实用教程》
《中文版 Access 2003 数据库应用实用教程》	《中文版 3ds Max 9 三维动画创作实用教程》
《中文版 Project 2003 实用教程》	《中文版 3ds Max 2009 三维动画创作实用教程》
《中文版 Office 2003 实用教程》	《中文版 3ds Max 2010 三维动画创作实用教程》
《中文版 Photoshop CS3 图像处理实用教程》	《中文版 AutoCAD 2009 实用教程》

《中文版 AutoCAD 2010 实用教程》	《JSP 动态网站开发实用教程》
《AutoCAD 机械制图实用教程(2009 版)》	《Java 程序设计实用教程》
《AutoCAD 机械制图实用教程(2010 版)》	《中文版 SQL Server 2005 数据库应用实用教程》
《AutoCAD 机械制图实用教程(2011 版)》	《SQL Server 2008 数据库应用实用教程》
《Mastercam X3 实用教程》	《ASP.NET 3.5 动态网站开发实用教程》
《Mastercam X4 实用教程》	《Visual C#程序设计实用教程》
《网络组建与管理实用教程》	《ASP.NET 3.5（C#）实用教程》
《Excel 财务会计实战应用（第二版）》	《中文版 Illustrator CS5 平面设计实用教程》
《Windows XP 实用教程》	《中文版 Project 2007 实用教程》
《中文版 Office 2007 实用教程》	《多媒体技术及应用》

二、丛书特色

1. 选题新颖，策划周全——为计算机教学量身打造

本套丛书注重理论知识与实践操作的紧密结合，同时突出上机操作环节。丛书作者均为各大院校的教学专家和业界精英，他们熟悉教学内容的编排，深谙学生的需求和接受能力，并将这种教学理念充分融入本套教材的编写中。

本套丛书全面贯彻"理论→实例→上机→习题"4 阶段教学模式，在内容选择、结构安排上更加符合读者的认知习惯，从而达到老师易教、学生易学的目的。

2. 教学结构科学合理，循序渐进——完全掌握"教学"与"自学"两种模式

本套丛书完全以大中专院校、职业院校及各类社会培训学校的教学需要为出发点，紧密结合学科的教学特点，由浅入深地安排章节内容，循序渐进地完成各种复杂知识的讲解，使学生能够一学就会、即学即用。

对教师而言，本套丛书根据实际教学情况安排好课时，提前组织好课前备课内容，使课堂教学过程更加条理化，同时方便学生学习，让学生在学习完后有例可学、有题可练；对自学者而言，可以按照本书的章节安排逐步学习。

3. 内容丰富、学习目标明确——全面提升"知识"与"能力"

本套丛书内容丰富，信息量大，章节结构完全按照教学大纲的要求来安排，并细化了每一章内容，符合教学需要和计算机用户的学习习惯。在每章的开始，列出了学习目标和本章重点，便于教师和学生提纲挈领地掌握本章知识点，每章的最后还附带有上机练习和习题两部分内容，

教师可以参照上机练习，实时指导学生进行上机操作，使学生及时巩固所学的知识。自学者也可以按照上机练习内容进行自我训练，快速掌握相关知识。

4. 实例精彩实用，讲解细致透彻——全方位解决实际遇到的问题

本套丛书精心安排了大量实例讲解，每个实例解决一个问题或是介绍一项技巧，以便读者在最短的时间内掌握计算机应用的操作方法，从而能够顺利解决实践工作中的问题。

范例讲解语言通俗易懂，通过添加大量的"提示"和"知识点"的方式突出重要知识点，以便加深读者对关键技术和理论知识的印象，使读者轻松领悟每一个范例的精髓所在，提高读者的思考能力和分析能力，同时也加强了读者的综合应用能力。

5. 版式简洁大方，排版紧凑，标注清晰明确——打造一个轻松阅读的环境

本套丛书的版式简洁、大方，合理安排图与文字的占用空间，对于标题、正文、提示和知识点等都设计了醒目的字体符号，读者阅读起来会感到轻松愉快。

三、读者定位

本丛书为所有从事计算机教学的老师和自学人员而编写，是一套适合于大中专院校、职业院校及各类社会培训学校的优秀教材，也可作为计算机初、中级用户和计算机爱好者学习计算机知识的自学参考书。

四、周到体贴的售后服务

为了方便教学，本套丛书提供精心制作的 PowerPoint 教学课件(即电子教案)、素材、源文件、习题答案等相关内容，可在网站上免费下载，也可发送电子邮件至 wkservice@vip.163.com 索取。

此外，如果读者在使用本系列图书的过程中遇到疑惑或困难，可以在丛书支持网站(http://www.tupwk.com.cn/edu)的互动论坛上留言，本丛书的作者或技术编辑会及时提供相应的技术支持。咨询电话：010-62796045。

中文版 AutoCAD 2011 是 Autodesk 公司最新推出的专业化绘图软件，近年来，随着计算机技术的飞速发展，AutoCAD 被广泛地应用于需要进行严谨绘图的各个行业，包括建筑装潢、园林设计、电子电路、机械设计等领域。中文版 AutoCAD 2011 是目前最新、也是功能最完善的 AutoCAD 版本，与以前的版本相比较，该版本具有更强大的绘图功能。

本书从教学实际需求出发，合理安排知识结构，从零开始、由浅入深、循序渐进地讲解中文版 AutoCAD 2011 的基本知识和使用方法，本书共分 14 章，主要内容如下：

第 1 章和第 2 章介绍 AutoCAD 的基本功能，包括 AutoCAD 的工作空间和图形文件的基本操作，命令的使用，设置绘图环境，绘图方法和坐标系的使用。

第 3 章介绍图层的创建、设置和管理方法。

第 4 章和第 5 章介绍二维图形的绘制，以及使用捕捉、栅格和正交功能的方法。

第 6 章介绍编辑图形对象的方法。

第 7 章介绍使用文字与表格的方法，包括文字的创建与编辑、表格的创建与编辑等。

第 8 章介绍创建尺寸标注的步骤以及各种尺寸的标注方法等。

第 9 章介绍创建块以及属性块、编辑块属性的方法。

第 10 章介绍绘制三维图形的方法，包括三维绘图术语和坐标系、视图观测点的设立方法、绘制三维点和曲线、绘制三维网格以及绘制三维实体的方法。

第 11 章介绍编辑三维对象、编辑三维实体和标注三维对象的方法。

第 12 章介绍观察与渲染三维图形的方法。

第 13 章介绍图形输入输出、创建和设置布局页面以及打印 AutoCAD 图纸的方法。

第 14 章通过综合实例介绍制作样板图、绘制零件平面图和绘制三通模型的方法等。

本书图文并茂，条理清晰，通俗易懂，内容丰富，在讲解每个知识点时都配有相应的实例，方便读者上机实践。同时在难于理解和掌握的部分内容上给出相关提示，让读者能够快速地提高操作技能。此外，本书配有大量综合实例和练习，让读者在不断的实际操作中更加牢固地掌握书中讲解的内容。

除封面署名的作者外，参加本书编写的人员还有洪妍、方峻、王通、高娟妮、杜思明、张立浩、孔祥亮、陈笑、王维、牛静敏、牛艳敏、何俊杰、葛剑雄等人。由于作者水平有限，本书难免有不足之处，欢迎广大读者批评指正。我们的邮箱是 huchenhao@263.net，电话 010-62796045。

作　者

2011 年 3 月

推荐课时安排

章　　名	重点掌握内容	教 学 课 时
第 1 章　AutoCAD 2011 入门	1. AutoCAD 的基本功能 2. AutoCAD 2011 的工作空间 3. 图形文件的基本操作	2 学时
第 2 章　绘图基础知识	1. 命令的使用 2. 设置绘图环境 3. 坐标系的使用	2 学时
第 3 章　使用和管理图层	1. 创建图层 2. 设置图层 3. 管理图层 4. 控制图形显示	3 学时
第 4 章　绘制二维图形	1. 绘制直线、射线和构造线 2. 绘制矩形和正多边形 3. 绘制圆、圆弧、椭圆、椭圆弧和圆环 4. 绘制与编辑多线和多段线 5. 绘制与编辑样条曲线	3 学时
第 5 章　精确绘制图形	1. 使用捕捉、栅格和正交功能 2. 使用对象捕捉方法 3. 使用自动追踪 4. 使用动态输入	3 学时
第 6 章　编辑图形对象	1. 选择对象 2. 使用夹点编辑图形 3. 删除、移动、旋转和对齐对象 4. 复制、阵列、偏移和镜像对象 5. 修剪、延伸、缩放、拉伸和拉长对象	3 学时
第 7 章　文字与表格	1. 设置文字样式 2. 创建与编辑单行文字 3. 创建与编辑多行文字 4. 创建表格样式和表格	3 学时

(续表)

章 名	重点掌握内容	教 学 课 时
第 8 章 尺寸标注和公差标注	1. 尺寸标注的规则、组成元素和类型 2. 创建尺寸标注的基本步骤 3. 线性、对齐、弧长、基线标注的方法 4. 半径、直径和圆心标注的方法 5. 角度和多重引线标注的方法 6. 形位公差的标注方法	4 学时
第 9 章 块、外部参照和设计中心	1. 创建块、存储块的方法 2. 在图形中插入块的方法 3. 属性块的定义方法 4. 编辑块属性的方法 5. 编辑与管理外部参照的方法	4 学时
第 10 章 绘制三维图形	1. 三维绘图术语和坐标系 2. 绘制三维点和曲线 3. 绘制三维网格 4. 绘制三维实体	3 学时
第 11 章 三维对象的编辑与标注	1. 编辑三维对象 2. 编辑三维实体 3. 标注三维对象	2 学时
第 12 章 观察与渲染三维图形	1. 使用三维导航工具 2. 使用相机定义三维视图 3. 应用与管理视觉样式 4. 使用光源、材质和贴图 5. 渲染对象	3 学时
第 13 章 图形的输入输出与发布	1. 图形输入输出的方法 2. 模型空间与图形空间之间切换的方法 3. 创建布局、设置布局页面的方法 4. 使用浮动视口观察图形的方法 5. 打印 AutoCAD 图纸的方法	3 学时
第 14 章 AutoCAD 绘图综合实例	1. 制作样板图 2. 绘制零件平面图 3. 绘制三通模型	2 学时

注: 1. 教学课时安排仅供参考，授课教师可根据情况作调整。

2. 建议每章安排与教学课时相同时间的上机练习。

CONTENTS

计算机基础与实训教材系列

第1章 AutoCAD 2011 入门 ··········1
1.1 AutoCAD 的基本功能 ··········1
1.1.1 创建与编辑图形 ··········1
1.1.2 标注图形尺寸 ··········2
1.1.3 渲染三维图形 ··········3
1.1.4 输出与打印图形 ··········3
1.2 AutoCAD 2011 的工作空间 ·····4
1.2.1 选择工作空间 ··········4
1.2.2 二维草图与注释空间 ·····4
1.2.3 三维基础空间与三维建模空间···5
1.2.4 AutoCAD 经典空间 ·······5
1.2.5 AutoCAD 工作空间的
       基本组成 ············6
1.3 图形文件的基本操作 ·········11
1.3.1 创建新图形文件 ·······11
1.3.2 打开图形文件 ·········11
1.3.3 保存图形文件 ·········12
1.3.4 加密保护绘图数据 ·····12
1.4 上机练习 ·············13
1.5 习题 ···············14

第2章 绘图基础知识 ············15
2.1 AutoCAD 中命令的使用 ······15
2.1.1 使用鼠标操作执行命令 ··15
2.1.2 使用键盘输入命令 ·····16
2.1.3 使用"命令行" ·······16
2.1.4 使用命令系统变量 ·····16
2.1.5 命令的重复、终止与撤销···17
2.2 设置绘图环境 ···········18
2.2.1 设置图形界限 ·········18
2.2.2 设置图形单位 ·········19
2.2.3 设置参数选项 ·········21
2.2.4 设置工作空间 ·········22
2.3 AutoCAD 绘图方法 ········24
2.3.1 使用菜单栏 ··········24
2.3.2 使用工具栏 ··········25
2.3.3 使用"屏幕菜单" ·····25

2.3.4 使用【菜单浏览器】按钮······26
2.3.5 使用【功能区】选项板 ·······27
2.4 使用坐标系 ············27
2.4.1 认识坐标系 ··········27
2.4.2 坐标的表示方法 ·······28
2.4.3 坐标的显示 ·········28
2.4.4 创建与使用用户坐标系 ···29
2.5 上机练习 ·············31
2.6 习题 ···············32

第3章 使用和管理图层 ··········33
3.1 创建和设置图层 ·········33
3.1.1 图层的特点 ··········33
3.1.2 创建新图层 ··········34
3.1.3 设置图层的颜色 ·······35
3.1.4 使用与管理线型 ·······36
3.1.5 设置图层线宽 ·······38
3.2 管理图层 ·············39
3.2.1 设置图层特性 ·······39
3.2.2 置为当前层 ·········40
3.2.3 保存与恢复图层状态 ···41
3.2.4 转换图层 ··········41
3.2.5 使用图层工具管理图层 ···43
3.3 控制图形显示 ···········44
3.3.1 缩放与平移 ·········44
3.3.2 使用命名视图 ·······46
3.3.3 使用平铺视图 ·······46
3.3.4 使用鸟瞰视图 ·······48
3.4 上机练习 ·············49
3.5 习题 ···············50

第4章 绘制二维图形 ············51
4.1 绘制点 ··············51
4.1.1 绘制单点和多点 ·······51
4.1.2 定数等分对象 ········52
4.1.3 定距等分对象 ········53
4.2 绘制直线、射线和构造线 ·······54
4.2.1 绘制直线 ··········54

4.2.2 绘制射线 ····································55
4.2.3 绘制构造线 ································55
4.3 绘制矩形和正多边形 ···················56
　　4.3.1 绘制矩形 ································56
　　4.3.2 绘制正多边形 ·······················58
4.4 绘制曲线对象 ······························59
　　4.4.1 绘制圆 ··································59
　　4.4.2 绘制圆弧 ······························61
　　4.4.3 绘制椭圆 ······························63
　　4.4.4 绘制椭圆弧 ···························63
　　4.4.5 绘制圆环 ······························64
4.5 绘制与编辑多线 ··························65
　　4.5.1 绘制多线 ······························65
　　4.5.2 使用【多线样式】对话框 ········65
　　4.5.3 创建多线样式 ·······················67
　　4.5.4 编辑多线 ······························68
4.6 绘制与编辑多段线 ······················70
　　4.6.1 绘制多段线 ··························70
　　4.6.2 编辑多段线 ··························72
4.7 绘制与编辑样条曲线 ···················74
　　4.7.1 绘制样条曲线 ·······················74
　　4.7.2 编辑样条曲线 ·······················75
4.8 上机练习 ····································76
4.9 习题 ··77

第 5 章 精确绘制图形 ···························79
5.1 使用捕捉、栅格和正交模式 ·········79
　　5.1.1 设置栅格和捕捉 ····················79
　　5.1.2 使用 GRID 与 SNAP 命令 ·······81
　　5.1.3 使用正交模式 ·······················82
5.2 使用对象捕捉功能 ······················82
　　5.2.1 设置对象捕捉模式 ·················82
　　5.2.2 运行和覆盖捕捉模式 ··············84
5.3 使用自动追踪 ·····························87
　　5.3.1 极轴追踪与对象捕捉追踪 ········87
　　5.3.2 使用临时追踪点和
　　　　　捕捉自功能 ·························88
　　5.3.3 使用自动追踪功能绘图 ···········88
5.4 使用动态输入 ·····························91
　　5.4.1 启用指针输入 ·······················91
　　5.4.2 启用标注输入 ·······················92

5.4.3 显示动态提示 ························92
5.5 上机练习 ····································92
5.6 习题 ··95

第 6 章 编辑图形对象 ···························97
6.1 选择对象 ····································97
　　6.1.1 选择对象的方法 ····················97
　　6.1.2 过滤选择 ······························99
　　6.1.3 快速选择 ····························100
　　6.1.4 使用编组 ····························102
6.2 使用夹点编辑图形 ····················103
　　6.2.1 拉伸对象 ····························104
　　6.2.2 移动对象 ····························104
　　6.2.3 旋转对象 ····························104
　　6.2.4 缩放对象 ····························105
　　6.2.5 镜像对象 ····························105
6.3 删除、移动、旋转和
　　对齐对象 ·································108
　　6.3.1 删除对象 ····························108
　　6.3.2 移动对象 ····························109
　　6.3.3 旋转对象 ····························109
　　6.3.4 对齐对象 ····························111
6.4 复制、阵列、偏移和
　　镜像对象 ·································112
　　6.4.1 复制对象 ····························112
　　6.4.2 阵列对象 ····························112
　　6.4.3 偏移对象 ····························115
　　6.4.4 镜像对象 ····························117
6.5 修改对象的形状和大小 ··············117
　　6.5.1 修剪对象 ····························118
　　6.5.2 延伸对象 ····························118
　　6.5.3 缩放对象 ····························119
　　6.5.4 拉伸对象 ····························120
　　6.5.5 拉长对象 ····························120
6.6 修倒角、圆角和打断 ·················121
　　6.6.1 倒角对象 ····························121
　　6.6.2 圆角对象 ····························121
　　6.6.3 打断 ··································124
　　6.6.4 合并对象 ····························125
6.7 上机练习 ··································125
6.8 习题 ··128

计算机基础与实训教材系列

第 7 章 文字与表格………129

7.1 设置文字样式………129

　7.1.1 设置样式名………130

　7.1.2 设置字体和大小………130

　7.1.3 设置文字效果………131

　7.1.4 预览与应用文字样式………131

7.2 创建与编辑单行文字………132

　7.2.1 创建单行文字………132

　7.2.2 使用文字控制符………135

　7.2.3 编辑单行文字………137

7.3 创建与编辑多行文字………137

　7.3.1 创建多行文字………137

　7.3.2 编辑多行文字………142

7.4 创建表格样式和表格………142

　7.4.1 新建表格样式………142

　7.4.2 设置表格的数据、
　　　　 标题和表头样式………143

　7.4.3 管理表格样式………144

　7.4.4 创建表格………145

　7.4.5 编辑表格和表格单元………146

7.5 上机练习………148

7.6 习题………149

第 8 章 尺寸标注和公差标注………151

8.1 尺寸标注的规则与组成………151

　8.1.1 尺寸标注的规则………151

　8.1.2 尺寸标注的组成………152

　8.1.3 尺寸标注的类型………153

　8.1.4 创建尺寸标注的步骤………153

8.2 创建与设置标注样式………153

　8.2.1 新建标注样式………154

　8.2.2 设置线样式………155

　8.2.3 设置符号和箭头样式………156

　8.2.4 设置文字样式………158

　8.2.5 设置调整样式………160

　8.2.6 设置主单位样式………162

　8.2.7 设置换算单位样式………163

　8.2.8 设置公差样式………164

8.3 标注尺寸………165

　8.3.1 线性标注………166

　8.3.2 对齐标注………166

　8.3.3 弧长标注………168

　8.3.4 基线标注………168

　8.3.5 连续标注………170

　8.3.6 半径标注………170

　8.3.7 折弯标注………171

　8.3.8 直径标注………171

　8.3.9 圆心标注………172

　8.3.10 角度标注………173

　8.3.11 折弯线性标注………174

　8.3.12 多重引线标注………175

　8.3.13 坐标标注………176

　8.3.14 快速标注………177

　8.3.15 标注间距和标注打断………179

8.4 标注形位公差………180

8.5 上机练习………181

8.6 习题………183

第 9 章 块、外部参照和设计中心………185

9.1 创建与编辑块………185

　9.1.1 块的特点………186

　9.1.2 创建块………186

　9.1.3 插入块………188

　9.1.4 存储块………189

　9.1.5 设置插入基点………191

　9.1.6 块与图层的关系………191

9.2 编辑与管理块属性………192

　9.2.1 块属性的特点………192

　9.2.2 创建并使用带有属性的块………192

　9.2.3 在图形中插入
　　　　 带属性定义的块………194

　9.2.4 修改属性定义………195

　9.2.5 编辑块属性………195

　9.2.6 块属性管理器………196

　9.2.7 使用 ATTEXT 命令
　　　　 提取属性………197

9.3 使用外部参照………198

　9.3.1 附着外部参照………198

　9.3.2 插入 DWG、DWF、
　　　　 DGN 参考底图………200

计算机 基础与实训教材系列

9.3.3 管理外部参照 ·········· 201
9.3.4 参照管理器 ·········· 202
9.4 使用 AutoCAD 设计中心 ········· 202
9.4.1 AutoCAD 设计中心的功能 ···· 203
9.4.2 观察图形信息 ·········· 203
9.4.3 在"设计中心"中
查找内容 ·········· 205
9.4.4 使用设计中心的图形 ···· 206
9.5 上机练习 ·········· 207
9.6 习题 ·········· 208

第 10 章 绘制三维图形 ·········· 209
10.1 三维绘图术语和坐标系 ········· 209
10.1.1 了解三维绘图的
基本术语 ·········· 209
10.1.2 建立三维绘图坐标系 ···· 210
10.2 设置视点 ·········· 211
10.2.1 使用"视点设置"
对话框设置视点 ·········· 211
10.2.2 使用罗盘确定视点 ···· 212
10.2.3 使用"三维视图"菜单
设置视点 ·········· 212
10.3 绘制三维点和曲线 ·········· 213
10.3.1 绘制三维点 ·········· 213
10.3.2 绘制三维直线和
三维多段线 ·········· 214
10.3.3 绘制三维样条曲线和
三维弹簧 ·········· 214
10.4 绘制三维网格 ·········· 216
10.4.1 绘制二维填充图形 ···· 216
10.4.2 绘制三维面与
多边三维面 ·········· 217
10.4.3 控制三维面的边的
可见性 ·········· 218
10.4.4 绘制三维网格 ·········· 219
10.4.5 绘制旋转网格 ·········· 219
10.4.6 绘制平移网格 ·········· 220
10.4.7 绘制直纹网格 ·········· 220
10.4.8 绘制边界网格 ·········· 221
10.5 绘制三维实体 ·········· 221

10.5.1 绘制多段体 ·········· 222
10.5.2 绘制长方体与楔体 ···· 223
10.5.3 绘制圆柱体与圆锥体 ···· 225
10.5.4 绘制球体与圆环体 ···· 226
10.5.5 绘制棱锥面 ·········· 227
10.6 通过二维对象创建三维对象 ···· 228
10.6.1 将二维对象拉伸成
三维对象 ·········· 229
10.6.2 将二维对象旋转成
三维对象 ·········· 231
10.6.3 将二维对象扫掠成
三维对象 ·········· 232
10.6.4 将二维对象放样成
三维对象 ·········· 233
10.6.5 根据标高和厚度
绘制三维图形 ·········· 235
10.7 上机练习 ·········· 237
10.8 习题 ·········· 239

第 11 章 三维对象的编辑与标注 ···· 241
11.1 编辑三维对象 ·········· 241
11.1.1 三维移动 ·········· 241
11.1.2 三维旋转 ·········· 242
11.1.3 对齐和三维对齐 ···· 243
11.1.4 三维镜像 ·········· 244
11.1.5 三维阵列 ·········· 244
11.2 编辑三维实体 ·········· 247
11.2.1 并集运算 ·········· 247
11.2.2 差集运算 ·········· 248
11.2.3 交集运算 ·········· 248
11.2.4 干涉运算 ·········· 249
11.2.5 编辑实体边 ·········· 251
11.2.6 编辑实体面 ·········· 252
11.2.7 实体清除、分割、
抽壳与选中 ·········· 255
11.2.8 剖切实体 ·········· 257
11.2.9 加厚 ·········· 258
11.2.10 转换为实体和曲面 ·········· 258
11.2.11 分解三维对象 ·········· 259
11.2.12 对实体修倒角和圆角 ···· 259

11.3 标注三维对象的尺寸 ……………260
11.4 上机练习 ……………………………263
11.5 习题 ………………………………266

第 12 章 观察与渲染三维图形 ………267
12.1 使用三维导航工具 ………………267
　　12.1.1 受约束的动态观察 ………268
　　12.1.2 自由动态观察 ……………268
　　12.1.3 连续动态观察 ……………269
12.2 使用相机定义三维视图 …………269
　　12.2.1 认识相机 …………………269
　　12.2.2 创建相机 …………………270
　　12.2.3 修改相机特性 ……………270
　　12.2.4 调整视距 …………………272
　　12.2.5 回旋 ………………………273
12.3 运动路径动画 ……………………273
　　12.3.1 控制相机运动路径的
　　　　　 方法 ………………………273
　　12.3.2 设置运动路径动画参数 ……274
　　12.3.3 创建运动路径动画 ………275
12.4 漫游和飞行 ………………………276
12.5 查看三维图形效果 ………………278
　　12.5.1 消隐图形 …………………278
　　12.5.2 改变三维图形的
　　　　　 曲面轮廓素线 ……………278
　　12.5.3 以线框形式显示
　　　　　 实体轮廓 ………………279
　　12.5.4 改变实体表面的平滑度 ……279
12.6 应用与管理视觉样式 ……………280
　　12.6.1 应用视觉样式 ……………280
　　12.6.2 管理视觉样式 ……………281
12.7 使用光源 …………………………282
　　12.7.1 点光源 ……………………283
　　12.7.2 聚光灯 ……………………283
　　12.7.3 平行光 ……………………284
　　12.7.4 查看光源列表 ……………285
　　12.7.5 阳光与天光模拟 …………285
12.8 材质和贴图 ………………………287
　　12.8.1 使用材质 …………………287
　　12.8.2 将材质应用于对象和面 …288

12.8.3 使用贴图 …………………288
12.9 渲染对象 …………………………288
　　12.9.1 高级渲染设置 ……………289
　　12.9.2 控制渲染 …………………290
　　12.9.3 渲染并保存图像 …………290
12.10 上机练习 …………………………291
12.11 习题 ………………………………292

第 13 章 图形的输入输出与发布 ………293
13.1 图形的输入输出 …………………293
　　13.1.1 导入图形 …………………293
　　13.1.2 插入 OLE 对象 …………294
　　13.1.3 输出图形 …………………294
13.2 创建和管理布局 …………………295
　　13.2.1 在模型空间与图形空间
　　　　　 之间切换 ………………295
　　13.2.2 使用布局向导创建布局 ……296
　　13.2.3 管理布局 …………………298
　　13.2.4 布局的页面设置 …………299
13.3 使用浮动视口 ……………………301
　　13.3.1 删除、新建和调整
　　　　　 浮动视口 ………………301
　　13.3.2 相对图纸空间比例
　　　　　 缩放视图 ………………301
　　13.3.3 在浮动视口中旋转视图 ……302
　　13.3.4 创建特殊形状的浮动
　　　　　 视口 ……………………303
13.4 打印图形 …………………………303
　　13.4.1 打印预览 …………………303
　　13.4.2 打印设置 …………………304
13.5 发布 DWF 文件 …………………305
　　13.5.1 输出 DWF 文件 …………306
　　13.5.2 在外部浏览器中浏览
　　　　　 DWF 文件 ………………306
13.6 将图形发布到 Web 页 ……………307
13.7 习题 ………………………………310

第 14 章 AutoCAD 绘图综合实例 ………311
14.1 制作样板图 ………………………311
　　14.1.1 制作样板图的准则 …………312
　　14.1.2 设置绘图单位和精度 ………312

计算机 基础与实训教材系列

14.1.3 设置图形界限 ·················· 312
14.1.4 设置图层 ························ 313
14.1.5 设置文字样式 ·················· 313
14.1.6 设置尺寸标注样式 ············ 314
14.1.7 绘制图框线 ···················· 315
14.1.8 绘制标题栏 ···················· 315
14.1.9 保存样板图 ···················· 317
14.2 绘制零件平面图 ··················· 318
14.2.1 零件图包含的内容 ············ 318
14.2.2 使用样板文件建立新图 ······ 319

14.2.3 绘制与编辑图形 ·············· 319
14.2.4 标注图形尺寸 ················· 324
14.2.5 添加注释文字 ················· 328
14.2.6 创建标题栏 ···················· 329
14.3 绘制三通模型 ····················· 329
14.3.1 绘制方形接头 ················· 330
14.3.2 绘制通孔 ······················ 331
14.3.3 绘制圆形接头 ················· 331
14.3.4 绘制分支接头 ················· 333
14.4 习题 ································· 336

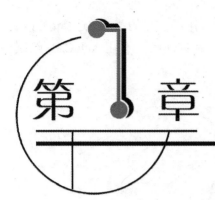

AutoCAD 2011 入门

学习目标

AutoCAD 是由美国 Autodesk 公司开发的通用计算机辅助绘图与设计软件包，可以帮助用户绘制二维图形和三维图形。在目前的计算机绘图领域，AutoCAD 是使用最为广泛的计算机绘图软件。

本章重点

- ⦿ AutoCAD 的基本功能
- ⦿ AutoCAD 2011 的工作空间
- ⦿ 图形文件的基本操作

1.1 AutoCAD 的基本功能

AutoCAD 具有功能强大、易于掌握、使用方便、体系结构开放等特点，能够绘制平面图形与三维图形、标注图形尺寸、渲染图形以及打印输出图纸，深受广大工程技术人员的欢迎。

1.1.1 创建与编辑图形

AutoCAD 的【功能区】选项板中的【常用】选项卡包含着丰富的绘图命令，使用它们可以绘制直线、构造线、多段线、圆、矩形、多边形、椭圆等基本图形，也可以将绘制的图形转换为面域，对其进行填充。如果再借助于【常用】选项卡中的【修改】面板中的各种命令，还可以绘制出各种各样的二维图形。图 1-1 所示为使用 AutoCAD 绘制的二维图形。

对于一些二维图形，通过拉伸、设置标高和厚度等操作就可以轻松地转换为三维图形。在快速访问工具栏选择【显示菜单栏】命令，在弹出的菜单中选择【绘图】|【建模】命令中的子

命令，可以很方便地绘制圆柱体、球体、长方体等基本实体。同样在弹出的菜单中选择【修改】菜单中的相关命令，还可以绘制出各种各样的复杂三维图形。图 1-2 所示为使用 AutoCAD 绘制的三维图形。

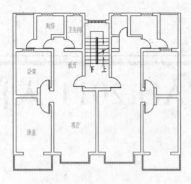

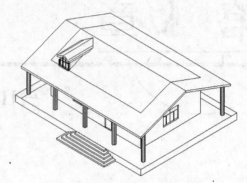

图 1-1　绘制二维图形　　　　　　　　　　　图 1-2　绘制三维图形

　　在工程设计中，也常常使用轴测图来描述物体的特征。轴测图是一种以二维绘图技术来模拟三维对象沿特定视点产生的三维平行投影效果，但在绘制方法上不同于二维图形的绘制。因此，轴测图看似三维图形，但实际上是二维图形。切换到 AutoCAD 的轴测模式下，就可以方便地绘制出轴测图。此时直线将绘制成与坐标轴成 30°、90°、150° 等角度，圆将被绘制成椭圆形。图 1-3 所示为使用 AutoCAD 绘制的轴测图。

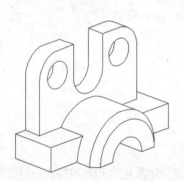

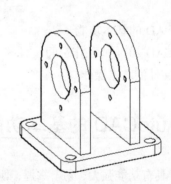

图 1-3　绘制轴测图

①.1.2　标注图形尺寸

　　尺寸标注是向图形中添加测量注释的过程，是整个绘图过程中不可缺少的一步。使用 AutoCAD【功能区】选项板中的【注释】选项卡的【标注】面板中的命令，可以在图形的各个方向上创建各种类型的标注，也可以方便、快速地以一定格式创建符合行业或项目标准的标注。

　　标注显示了对象的测量值，对象之间的距离、角度，或特征与指定原点的距离。在 AutoCAD 中提供了线性、半径和角度 3 种基本的标注类型，可以进行水平、垂直、对齐、旋转、坐标、基线或连续等标注。此外，还可以进行引线标注、公差标注，以及自定义粗糙度标注。标注的对象可以是二维图形或三维图形。图 1-4 所示为使用 AutoCAD 标注的二维图形和三维图形。

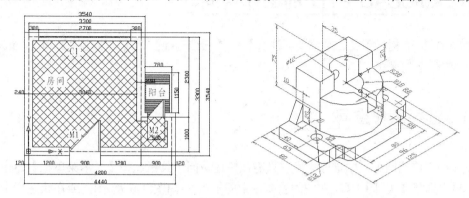

图 1-4　使用 AutoCAD 标注尺寸

1.1.3　渲染三维图形

在 AutoCAD 中，可以运用雾化、光源和材质，将模型渲染为具有真实感的图像。如果是为了演示，可以渲染全部对象；如果时间有限，或显示设备和图形设备不能提供足够的灰度等级和颜色，就不必精细渲染；如果只需快速查看设计的整体效果，则可以简单消隐或设置视觉样式。图 1-5 所示为使用 AutoCAD 进行渲染后的效果。

图 1-5　使用 AutoCAD 渲染图形

1.1.4　输出与打印图形

AutoCAD 不仅允许将所绘图形以不同样式通过绘图仪或打印机输出，还能够将不同格式的图形导入 AutoCAD 或将 AutoCAD 图形以其他格式输出。因此，当图形绘制完成之后可以使用多种方法将其输出。例如，可以将图形打印在图纸上，或创建成文件以供其他应用程序使用。

1.2 AutoCAD 2011 的工作空间

AutoCAD 2011 提供了【二维草图与注释】、【三维基础】、【三维建模】和【AutoCAD 经典】4 种工作空间模式。

1.2.1 选择工作空间

要在 4 种工作空间模式中进行切换，只需在快速访问工具栏选择【显示菜单栏】命令，在弹出的菜单中选择【工具】|【工作空间】命令中的子命令(如图 1-6 所示)，或在状态栏中单击【切换工作空间】按钮，在弹出的菜单中选择相应的命令即可(如图 1-7 所示)。

图 1-6 【工作空间】菜单

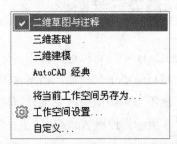

图 1-7 【切换工作空间】按钮菜单

1.2.2 二维草图与注释空间

默认状态下，打开【二维草图与注释】空间，其界面主要由【菜单浏览器】按钮、【功能区】选项板、快速访问工具栏、文本窗口与命令行、状态栏等元素组成，如图 1-8 所示。在该空间中，可以使用【绘图】、【修改】、【图层】、【标注】、【文字】、【表格】等面板方便地绘制二维图形。

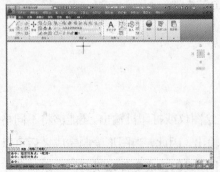

图 1-8 【二维草图与注释】空间

 提示

在状态栏中单击【切换工作空间】按钮，在弹出的菜单中选择【工作空间设置】命令，将打开【工作空间设置】对话框，可以设置 3 种工作模式在菜单是否显示及显示的顺序等。

1.2.3　三维基础空间与三维建模空间

使用【三维基础】或【三维建模】空间，可以更加方便地在三维空间中绘制图形。在【功能区】选项板中集成了【建模】、【实体】、【曲面】、【网格】、【渲染】等面板，从而为绘制三维图形、观察图形、创建动画、设置光源、为三维对象附加材质等操作提供了非常便利的环境，如图 1-9 所示。

图 1-9　【三维基础】空间与【三维建模】空间

1.2.4　AutoCAD 经典空间

对于习惯了 AutoCAD 传统界面的用户来说，可以使用【AutoCAD 经典】工作空间，其界面主要由【菜单浏览器】按钮、快速访问工具栏、菜单栏、工具栏、文本窗口与命令行、状态栏等元素组成，如图 1-10 所示。

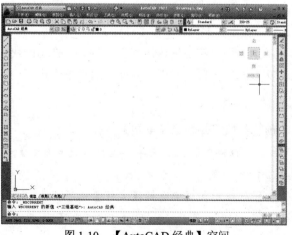

图 1-10　【AutoCAD 经典】空间

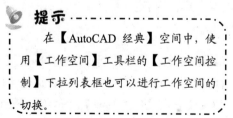

提示

在【AutoCAD 经典】空间中，使用【工作空间】工具栏的【工作空间控制】下拉列表框也可以进行工作空间的切换。

计算机 基础与实训教材系列

1.2.5 AutoCAD 工作空间的基本组成

AutoCAD 的各个工作空间都包含【菜单浏览器】按钮、快速访问工具栏、标题栏、绘图窗口、文本窗口、状态栏和选项板等元素。

1. 【菜单浏览器】按钮

【菜单浏览器】按钮 位于界面左上角。单击该按钮，将弹出 AutoCAD 菜单，如图 1-11 所示，其中包含了 AutoCAD 的常用的功能和命令，用户选择命令后即可执行相应操作。

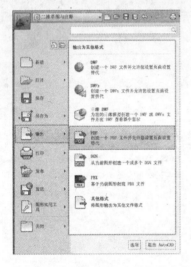

图 1-11　【菜单浏览器】按钮的菜单

> **提示**
>
> 单击【菜单浏览器】按钮，在弹出菜单的【搜索】文本框中输入关键字，然后单击【搜索】按钮，就可以显示与关键字相关的命令。

2. 快速访问工具栏

AutoCAD 2011 的快速访问工具栏中包含最常用操作的快捷按钮，方便用户使用。在默认状态中，快速访问工具栏中包含 7 个快捷按钮，分别为【新建】按钮、【打开】按钮、【保存】按钮、【另存为】按钮、【放弃】按钮、【重做】按钮和【打印】按钮。

如果想在快速访问工具栏中添加或删除其他按钮，可以右击快速访问工具栏，在弹出的快捷菜单中选择【自定义快速访问工具栏】命令，在弹出的【自定义用户界面】对话框中进行设置即可。

【例 1-1】 在快速访问工具栏中添加【打印预览】按钮并删除【重做】按钮。

(1) 启动 AutoCAD 2011，右击快速访问工具栏，在弹出的快捷菜单中选择【更多命令】命令，弹出【自定义用户界面】对话框，如图 1-12 所示。

(2) 展开命令列表，在【按类别过滤命令列表】下拉列表框中选择【文件】选项。

(3) 在【所有文件中的自定义设置】选项区域的列表框中展开 ACAD|【工作空间】节点，选择【二维草图与注释】选项，在对话框右侧将显示工作空间内容。

(4) 在命令列表框中选择【打印预览】选项，并将其拖动至【工作空间内容】列表框的【快速访问工具栏】上，即可添加该按钮，如图 1-13 所示。

提示

右击快速访问工具栏，在弹出的快捷菜单中选择【工具栏】命令的子命令就可以在工作空间中显示工具栏。

图 1-12　【自定义用户界面】对话框

(5) 在【工作空间内容】列表框的【快速访问工具栏】上，右击【重做】按钮，在弹出的菜单中选择【从工作空间中删除】命令，即可将该按钮删除，如图 1-14 所示。

图 1-13　添加按钮　　　　　　　　　　　图 1-14　删除按钮

3. 标题栏

标题栏位于应用程序窗口的最上面，用于显示当前正在运行的程序名及文件名等信息，如果是 AutoCAD 默认的图形文件，其名称为 DrawingN.dwg(N 是数字)。

标题栏中的信息中心提供了多种信息来源。在文本框中输入需要帮助的问题，然后单击【搜索】按钮，就可以获取相关的帮助；单击【通讯中心】按钮，可以获取最新的软件更新、产品支持通告和其他服务的直接连接；单击【收藏夹】按钮，可以保存一些重要的信息。

单击标题栏右端的按钮，可以最小化、最大化或关闭应用程序窗口。标题栏最左边是应用程序的小图标，单击它将会弹出一个 AutoCAD 窗口控制下拉菜单，可以执行最小化或最大化窗口、恢复窗口、移动窗口、关闭 AutoCAD 等操作。

4. 绘图窗口

在 AutoCAD 中，绘图窗口是绘图工作区域，所有的绘图结果都反映在这个窗口中。可以根据需要关闭其他窗口元素，例如工具栏、选项板等，以增大绘图空间。如果图纸比较大，需要查看未显示部分时，可以单击窗口右边与下边滚动条上的箭头，或拖动滚动条上的滑块来移动图纸。

在绘图窗口中除了显示当前的绘图结果外，还显示了当前使用的坐标系类型以及坐标原点、X 轴、Y 轴、Z 轴的方向等。默认情况下，坐标系为世界坐标系(WCS)。

5.【功能区】选项板

【功能区】选项板是一种特殊的选项板，位于绘图窗口的上方，用于显示与基于任务的工作空间关联的按钮和控件。默认状态下，在【二维草图和注释】空间中，【功能区】选项板有7 个选项卡：常用、插入、注释、参数化、视图、管理和输出。每个选项卡包含若干个面板，每个面板又包含许多由图标表示的命令按钮，如图 1-15 所示。

图 1-15 【功能区】选项板

如果某个面板中没有足够的空间显示所有的工具按钮，单击下方的三角按钮 ，可展开折叠区域，显示其他相关的命令按钮，如图 1-16 所示为单击【绘图】面板右下角的三角按钮后的效果。

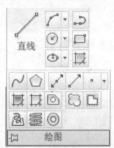

图 1-16 展开【绘图】面板

> **提示**
>
> 在面板选项卡上右击，在弹出的快捷菜单中选择【显示面板标题】命令，将显示面板的标题，如果取消选择该命令，将不显示面板的标题。

如果在选项卡后面单击【最小化为面板标题】按钮 ，选项板区域将只显示面板标题，如图 1-17 所示。如果再次单击该按钮，将只显示选项卡名称，如图 1-18 所示。此时，再单击该按钮，将恢复默认样式。

图 1-17 最小化为面板标题

图 1-18 只显示选项卡名称

> **提示**
>
> 在【功能区】选项板的各个面板中，如果某个按钮后面带有下三角按钮，表示该按钮下面还包含其他相关的按钮。为了表述的方便，在使用到这些按钮时，本书将统一为直接单击按钮。

6. 命令行与文本窗口

【命令行】窗口位于绘图窗口的底部，用于接收输入的命令，并显示 AutoCAD 提示信息。在 AutoCAD 2011 中，【命令行】窗口可以拖放为浮动窗口，如图 1-19 所示。

计算机 基础与实训教材系列

处于浮动状态的【命令行】窗口随拖放位置的不同，其标题显示的方向也不同，图 1-19 所示为【命令行】窗口靠近绘图窗口左边时的显示情况。如果将【命令行】窗口拖放到绘图窗口的右边，这时【命令行】窗口的标题栏将位于右边，如图 1-20 所示。

图 1-19　AutoCAD 2011 的【命令行】窗口　　　图 1-20　【命令行】窗口位于绘图窗口右边时的状态

AutoCAD 文本窗口是记录 AutoCAD 命令的窗口，是放大的【命令行】窗口，它记录了已执行的命令，也可以用来输入新命令。在 AutoCAD 2011 中，在快速访问工具栏中选择【显示菜单栏】命令，在菜单中选择【视图】|【显示】|【文本窗口】命令、执行 TEXTSCR 命令或按 F2 键来打开 AutoCAD 文本窗口，它记录了对文档进行的所有操作，如图 1-21 所示。

提示

将光标移至命令行提示窗口的上边缘，当其变成 ⇼ 形状时，按住鼠标左键向上拖动鼠标就可以增加命令窗口显示的行数。

图 1-21　AutoCAD 文本窗口

7. 状态栏

状态栏如图 1-22 所示，用来显示 AutoCAD 当前的状态，如当前光标的坐标、命令和按钮的说明等。

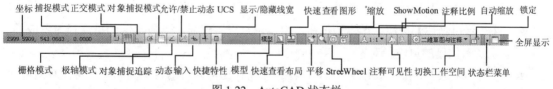

图 1-22　AutoCAD 状态栏

在绘图窗口中移动光标时，状态栏的【坐标】区将动态地显示当前坐标值。坐标显示取决于所选择的模式和程序中运行的命令，共有【相对】、【绝对】和【无】3 种模式。

状态栏中包括如【捕捉】、【栅格】、【正交】、【极轴】、【对象捕捉】、【对象追踪】、DUCS、DYN、【线宽】、【快捷特性】10 个状态转换按钮，其功能如下。

- ◉　【捕捉】按钮：单击该按钮，打开捕捉设置，此时光标只能在 X 轴、Y 轴或极轴方向移动固定的距离(即精确移动)。单击【菜单浏览器】按钮，在弹出的菜单中选择【工

具】|【草图设置】命令，在打开的【草图设置】对话框的【捕捉和栅格】选项卡中设置 X 轴、Y 轴或极轴捕捉间距。

- 【栅格】按钮：单击该按钮，打开栅格显示，此时屏幕上将布满小点。其中，栅格的 X 轴和 Y 轴间距也可通过【草图设置】对话框的【捕捉和栅格】选项卡进行设置。

- 【正交】按钮：单击该按钮，打开正交模式，此时只能绘制垂直直线或水平直线。

- 【极轴】按钮：单击该按钮，打开极轴追踪模式。在绘制图形时，系统将根据设置显示一条追踪线，可在该追踪线上根据提示精确移动光标，从而进行精确绘图。默认情况下，系统预设了 4 个极轴，与 X 轴的夹角分别为 0°、90°、180°、270°(即角增量为 90°)。可以使用【草图设置】对话框的【极轴追踪】选项卡设置角度增量。

- 【对象捕捉】按钮：单击该按钮，打开对象捕捉模式。因为所有几何对象都有一些决定其形状和方位的关键点，所以，在绘图时可以利用对象捕捉功能，自动捕捉这些关键点。可以使用【草图设置】对话框的【对象捕捉】选项卡设置对象的捕捉模式。

- 【对象追踪】按钮：单击该按钮，打开对象追踪模式，可以通过捕捉对象上的关键点，并沿正交方向或极轴方向拖动光标，此时可以显示光标当前位置与捕捉点之间的相对关系。若找到符合要求的点，直接单击即可。

- DUCS 按钮：单击该按钮，可以允许或禁止动态 UCS。

- DYN 按钮：单击该按钮，将在绘制图形时自动显示动态输入文本框，方便绘图时设置精确数值。

- 【线宽】按钮：单击该按钮，打开线宽显示。在绘图时如果为图层和所绘图形设置了不同的线宽，打开该开关，可以在屏幕上显示线宽，以标识各种具有不同线宽的对象。

- 【快捷特性】按钮：单击该按钮，可以显示对象的快捷特性面板，能帮助用户快捷地编辑对象的一般特性。通过【草图设置】对话框的【快捷特性】选项卡可以设置快捷特性面板的位置模式和大小。

在 AutoCAD 2011 的状态栏中包括一个图形状态栏，含有【注释比例】、【注释可见性】和【自动缩放】3 个按钮，其功能如下。

- 【注释比例】按钮：单击该按钮，可以更改可注释对象的注释比例。

- 【注释可见性】按钮：单击该按钮，可以用来设置仅显示当前比例的可注释对象或显示所有比例的可注释对象。

- 【自动缩放】按钮：可在更改注释比例时自动将比例添加至可注释对象。

此外，状态栏中其他按钮的功能如下所示。

- 【快速查看布局】(【快速查看图形】)按钮：单击该按钮，可以浏览和操控当前图形的模型或布局个性特征。

- SteeringWheel 按钮：单击该按钮，可以打开控制盘来追踪光标在绘图窗口中的移动，并且提供了控制二维和三维图形显示的工具。

- ShowMotion 按钮：单击该按钮，可以访问当前图形中已存储的并按类别组织起来的一系列活动的命名视图。

◉ 【全屏显示】按钮：单击该按钮，可以隐藏 AutoCAD 窗口中【功能区】选项板等界面元素，使 AutoCAD 的绘图窗口全屏显示。

1.3　图形文件的基本操作

在 AutoCAD 中，图形文件的基本操作一般包括创建新文件、打开已有的图形文件、保存文件、加密文件及关闭图形文件等。

1.3.1　创建新图形文件

在快速访问工具栏中单击【新建】按钮，或单击【菜单浏览器】按钮，在弹出的菜单中选择【新建】|【图形】命令，可以创建新图形文件，此时将打开【选择样板】对话框，如图 1-23 所示。

在【选择样板】对话框中，可以在样板列表框中选中某一个样板文件，这时在右侧的【预览】框中将显示出该样板的预览图像，单击【打开】按钮，可以将选中的样板文件作为样板来创建新图形。例如，以样板文件 Tutorial –mMfg 创建新图形文件后，可以得到如图 1-24 的效果。样板文件中通常包含与绘图相关的一些通用设置，如图层、线型、文字样式等，使用样板创建新图形不仅提高了绘图的效率，而且还保证了图形的一致性。

图 1-23　【选择样板】对话框

图 1-24　创建新图形文件

1.3.2　打开图形文件

在快速访问工具栏中单击【打开】按钮，或单击【菜单浏览器】按钮，在弹出的菜单中选择【打开】|【图形】命令，可以打开已有的图形文件，此时将打开【选择文件】对话框，如图 1-25 所示。

在【选择文件】对话框的文件列表框中，选择需要打开的图形文件，在右侧的【预览】框中将显示出该图形的预览图像。在默认情况下，打开的图形文件的格式都为.dwg 格式。图形文

件可以以【打开】、【以只读方式打开】、【局部打开】和【以只读方式局部打开】4 种方式
打开。如果以【打开】和【局部打开】方式打开图形时，可以对图形文件进行编辑；如果以【以
只读方式打开】和【以只读方式局部打开】方式打开图形，则无法对图形文件进行编辑。

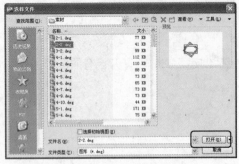

图 1-25 【选择文件】对话框

> **提示**
>
> AutoCAD 支持多文档环境，可同时打开
> 多个图形文件。在快速访问工具栏选择【显
> 示菜单栏】命令，在弹出的菜单中选择【窗
> 口】菜单中的子命令可以控制多个图形文件
> 的显示方式，例如，以层叠、水平平铺或垂
> 直平铺等形式在窗口中排列。

1.3.3 保存图形文件

在 AutoCAD 中，可以使用多种方式将所绘图形以文件形式存入磁盘。例如，在快速访问
工具栏中单击【保存】按钮，或单击【菜单浏览器】按钮，在弹出的菜单中选择【保存】
命令，以当前使用的文件名保存图形；也可以单击【菜单浏览器】按钮，在弹出的菜单中选
择【另存为】|【AutoCAD 图形】命令，将当前图形以新的名称保存。

在第一次保存创建的图形时，系统将打开【图形另存为】对话框，如图 1-26 所示。默认情况下，
文件以【AutoCAD 2010 图形(*.dwg)】格式保存，也可以在【文件类型】下拉列表框中选择其他格式。

图 1-26 【图形另存为】对话框

> **提示**
>
> 按下 Ctrl+Shift+S 组合键，打
> 开【图形另存为】对话框，同样可
> 以将图形文件保存在不同的位置或
> 以不同的文件名进行保存。

1.3.4 加密保护绘图数据

在 AutoCAD 2011 中，保存文件时可以使用密码保护功能，对文件进行加密保存。

单击【菜单浏览器】按钮，在弹出的菜单中选择【保存】或【另存为】|【AutoCAD 图
形】命令时，将打开【图形另存为】对话框。在该对话框中单击【工具】按钮，在弹出的菜单

中选择【安全选项】命令，此时将打开【安全选项】对话框，如图 1-27 所示。在【密码】选项卡中，可以在【用于打开此图形的密码或短语】文本框中输入密码，然后单击【确定】按钮打开【确认密码】对话框，并在【再次输入用于打开此图形的密码】文本框中输入确认密码，如图 1-28 所示。

图 1-27　【安全选项】对话框

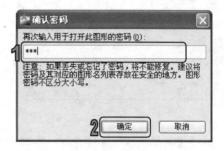

图 1-28　【确认密码】对话框

　　为文件设置了密码后，在打开文件时系统将打开【密码】对话框，如图 1-29 所示，要求输入正确的密码，否则将无法打开，这对于需要保密的图纸非常重要。

　　在进行加密设置时，可以在此选择 40 位、128 位等多种加密长度。可在【密码】选项卡中单击【高级选项】按钮，在打开的【高级选项】对话框中进行设置，如图 1-30 所示。

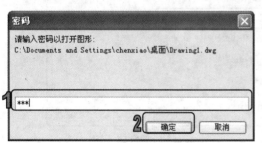

图 1-29　【密码】对话框

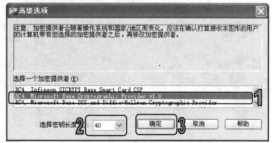

图 1-30　【高级选项】对话框

1.4　上机练习

　　打开已绘制好的任意图形文件，将其保存在 D 盘并设置权限密码。通过该上机实战，练习打开、保存和加密文件等操作。

　　(1) 启动 AutoCAD 2011，在快速访问工具栏中单击【打开】按钮，打开【选择文件】对话框，选择【3-2.dwg】文件，如图 1-31 所示。

　　(2) 单击【打开】按钮，打开【3-2.dwg】文件，如图 1-32 所示。

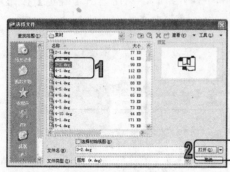

图 1-31　选择文件

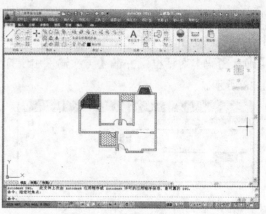

图 1-32　打开图形文件

(3) 单击【菜单浏览器】按钮，在弹出的菜单中选择【另存为】|【AutoCAD 图形】命令，打开【图形另存为】对话框，在【保存于】下拉列表框中选择保存路径，在此选择 D 盘，并在【文件名】下拉列表框中设置文件名，如图 1-33 所示。

(4) 单击【工具】按钮，在弹出的菜单中选择【安全选项】命令，打开【安全选项】对话框，在【密码】选项卡的【用于打开此图形的密码或短语】文本框中输入密码，如图 1-34 所示。

图 1-33　设置保存路径

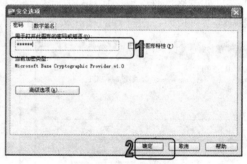

图 1-34　设置密码

(5) 单击【确定】按钮，打开【确认密码】对话框，再次输入相同的密码。单击【确定】按钮，即可将文件保存在 D 盘。

①.5　习题

1. AutoCAD 2011 提供了一些示例图形文件(位于 AutoCAD 2011 安装目录下的 Sample 子目录)，打开并浏览这些图形，试着将某些图形文件换名保存在自己的目录中。

2. 打开一个 AutoCAD 图形文件，将其输出为 wmf 文件格式。

绘图基础知识

学习目标

AutoCAD 以输入命令为主要手段来完成图形的绘制,但有时为了规范绘图,提高绘图效率,还应掌握绘图环境的设置,坐标系的使用方法等。

本章重点

- ◉ 命令的使用
- ◉ 设置绘图环境
- ◉ 绘图方法
- ◉ 坐标系的使用

2.1 AutoCAD 中命令的使用

在 AutoCAD 中,菜单命令、工具按钮、命令和系统变量都是相互对应的。可以选择某一菜单命令,或单击某个工具按钮,或在命令行中输入命令和系统变量来执行相应命令。可以说,命令是 AutoCAD 绘制与编辑图形的核心。

2.1.1 使用鼠标操作执行命令

在绘图窗口中,光标通常显示为"十"字线形式。当光标移至菜单选项、工具或对话框内时,它会变成一个箭头。无论光标是"十"字线形式还是箭头形式,当单击或按住鼠标键时,都会执行相应的命令或动作。在 AutoCAD 中,鼠标键是按照下述规则定义的。

- ◉ 拾取键:通常指鼠标左键,用于指定屏幕上的点,也可以用来选择 Windows 对象、AutoCAD 对象、工具按钮和菜单命令等。

- ⊙ 回车键：指鼠标右键，相当于 Enter 键，用于结束当前使用的命令，此时系统将根据当前绘图状态而弹出不同的快捷菜单。
- ⊙ 弹出菜单：当使用 Shift 键和鼠标右键的组合时，系统将弹出一个快捷菜单，用于设置捕捉点的方法。对于 3 键鼠标，弹出按钮通常是鼠标的中间按钮。

②.1.2 使用键盘输入命令

在 AutoCAD 2011 中，大部分的绘图、编辑功能都需要通过键盘输入来完成。通过键盘可以输入命令、系统变量。此外，键盘还是输入文本对象、数值参数、点的坐标或进行参数选择的唯一方法。

②.1.3 使用"命令行"

在 AutoCAD 2011 中，默认情况下【命令行】是一个可固定的窗口，可以在当前命令行提示下输入命令、对象参数等内容。对于大多数命令，【命令行】中可以显示执行完的两条命令提示(也叫命令历史)，而对于一些输出命令，例如 TIME、LIST 命令，需要在放大的【命令行】或【AutoCAD 文本窗口】中显示。

在【命令行】窗口中右击，AutoCAD 将显示一个快捷菜单，如图 2-1 所示。通过它可以选择最近使用过的 6 个命令、复制选定的文字或全部命令历史、粘贴文字，以及打开【选项】对话框。

图 2-1 命令行快捷菜单

在命令行中，还可以使用 BackSpace 或 Delete 键删除命令行中的文字；也可以选中命令历史，并执行【粘贴到命令行】命令，将其粘贴到命令行中。

②.1.4 使用命令系统变量

在 AutoCAD 中，系统变量用于控制某些功能和设计环境、命令的工作方式，它可以打开或关闭捕捉、栅格或正交等绘图模式，设置默认的填充图案，或存储当前图形和 AutoCAD 配置的有关信息。

系统变量通常是 6~10 个字符长的缩写名称。许多系统变量有简单的开关设置。例如

GRIDMODE 系统变量用来显示或关闭栅格，当在命令行的【输入 GRIDMODE 的新值 <1>:】提示下输入 0 时，可以关闭栅格显示；输入 1 时，可以打开栅格显示。有些系统变量则用来存储数值或文字，例如 DATE 系统变量用来存储当前日期。

　　可以在对话框中修改系统变量，也可以直接在命令行中修改系统变量。例如要使用 ISOLINES 系统变量修改曲面的线框密度，可在命令行提示下输入该系统变量名称并按 Enter 键，然后输入新的系统变量值并按 Enter 键即可，详细操作如下。

> 命令: ISOLINES　(输入系统变量名称)
> 输入 ISOLINES 的新值 <4>: 32　(输入系统变量的新值)

2.1.5　命令的重复、终止与撤销

　　在 AutoCAD 中，可以方便地重复执行同一条命令，或撤销前面执行的一条或多条命令。此外，撤销前面执行的命令后，还可以通过重做来恢复前面执行的命令。

1. 重复命令

　　可以使用多种方法来重复执行 AutoCAD 命令。例如，要重复执行上一个命令，可以按 Enter 键或空格键，或在绘图区域中右击，在弹出的快捷菜单中选择【重复】命令。要重复执行最近使用的 6 个命令中的某一个命令，可以在命令窗口或文本窗口中右击，在弹出的快捷菜单中选择【近期使用的命令】的 6 个子命令之一。要多次重复执行同一个命令，可以在命令提示下输入 MULTIPLE 命令，然后在命令行的【输入要重复的命令名：】提示下输入需要重复执行的命令，这样，AutoCAD 将重复执行该命令，直到按 Esc 键为止。

2. 终止命令

　　在命令执行过程中，可以随时按 Esc 键终止执行任何命令，因为 Esc 键是 Windows 程序用于取消操作的标准键。

3. 撤销命令

　　有多种方法可以放弃最近一个或多个操作，最简单的就是使用 UNDO 命令来放弃单个操作，也可以一次撤销前面进行的多步操作。这时可在命令提示行中输入 UNDO 命令，然后在命令行中输入要放弃的操作数目。例如，要放弃最近的 5 个操作，应输入 5。AutoCAD 将显示放弃的命令或系统变量设置。

　　执行 UNDO 命令，命令提示行显示如下信息。

> 输入要放弃的操作数目或 [自动(A)/控制(C)/开始(BE)/结束(E)/标记(M)/后退(B)] <1>:

　　此时，可以使用【标记(M)】选项来标记一个操作，然后用【后退(B)】选项放弃在标记的操作之后执行的所有操作；也可以使用【开始(BE)】选项和【结束(E)】选项来放弃一组预先定

义的操作。

如果要重做使用 UNDO 命令放弃的最后一个操作，可以使用 REDO 命令或在快速访问工具栏选择【显示菜单栏】命令，在弹出的菜单中选择【编辑】|【重做】命令或在快速访问工具栏中单击【重做】按钮。

 提示 --------

> 在 AutoCAD 的命令行中，可以通过输入命令执行相应的菜单命令。此时，输入的命令可以是大写、小写或同时使用大小写，为了统一，本书全部使用大写。

2.2 设置绘图环境

在使用 AutoCAD 绘图前，经常需要对绘图环境的某些参数进行设置，使其更符合自己的使用习惯，从而提高绘图效率。

2.2.1 设置图形界限

图形界限就是绘图区域，也称为图限。现实中的图纸都有一定的规格尺寸，如 A4，为了将绘制的图纸方便地打印输出，在绘图前应设置好图形界限。在 AutoCAD 2011 中，可以在快速访问工具栏选择【显示菜单栏】命令，在弹出的菜单中选择【格式】|【图形界限】命令(LIMITS)来设置图形界限。

在世界坐标系下，图形界限由一对二维点确定，即左下角点和右上角点。在发出 LIMITS 命令时，命令提示行将显示如下提示信息：

> 指定左下角点或 [开(ON)/关(OFF)] <0.0000,0.0000>:

通过选择【开(ON)】或【关(OFF)】选项可以决定能否在图形界限之外指定一点。如果选择【开(ON)】选项，那么将打开图形界限检查，就不能在图形界限之外结束一个对象，也不能使用【移动】或【复制】命令将图形移到图形界限之外，但可以指定两个点(中心和圆周上的点)来画圆，圆的一部分可能在界限之外；如果选择【关(OFF)】选项，AutoCAD 禁止图形界限检查，可以在图限之外画对象或指定点。

【例2-1】在 AutoCAD 中将绘图界限设置为 594×420。

(1) 在快速访问工具栏选择【显示菜单栏】命令，在弹出的菜单中选择【格式】|【图形界限】命令，发出 LIMITS 命令。

(2) 在命令行的【指定左下角点或 [开(ON)/关(OFF)] <0.0000,0.0000>:】提示下，按 Enter 键，保持默认设置。

(3) 在命令行的【指定右上角点 <420.0000,297.0000>:】提示下，输入绘图图限的右上角点 (594,420)。

(4) 在状态栏中单击【栅格】按钮，使用栅格显示图限区域，效果如图 2-2 所示。

图 2-2 使用栅格显示图限区域

提示

打开图形界限检查时，无法在图形界限之外指定点。因为界限检查只是检查输入点，所以对象(例如圆)的某些部分可能会延伸出图形界限。

2.2.2 设置图形单位

在 AutoCAD 中，可以采用 1:1 的比例因子绘图，因此，所有的直线、圆和其他对象都可以以真实大小来绘制。例如，一个零件长 200cm，可以按 200cm 的真实大小来绘制，在需要打印时，再将图形按图纸大小进行缩放。

在 AutoCAD 2011 中，可以在快速访问工具栏选择【显示菜单栏】命令，在弹出的菜单中选择【格式】|【单位】命令(UNITS)，在打开的【图形单位】对话框中设置绘图时使用的长度单位、角度单位，以及单位的显示格式和精度等参数，如图 2-3 所示。

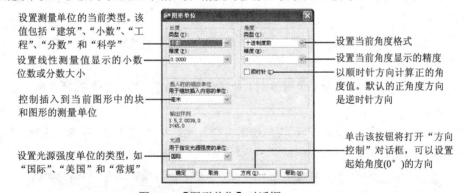

图 2-3 【图形单位】对话框

在长度的测量单位类型中，【工程】和【建筑】类型是以英尺和英寸显示，每一图形单位代表 1 英寸。其他类型，如【科学】和【分数】没有这样的设定，每个图形单位都可以代表任何真实的单位。

如果块或图形创建时使用的单位与该选项指定的单位不同，则在插入这些块或图形时，将对其按比例缩放。插入比例是源块或图形使用的单位与目标图形使用的单位之比。如果插入块时不按指定单位缩放，请选择【无单位】选项。

在【图形单位】对话框中，单击【方向】按钮，可以利用打开的【方向控制】对话框设置起始角度(0°角)的方向，如图 2-4 所示。默认情况下，角度的 0°方向是指向右(即正东方或 3 点钟)的方向，如图 2-5 所示。逆时针方向为角度增加的正方向。

图 2-4　【方向控制】对话框　　　　　　　　　　图 2-5　默认的 0°角方向

在【方向控制】对话框中，当选中【其他】单选按钮时，可以单击【拾取角度】按钮，切换到图形窗口中，通过拾取两个点来确定基准角度的 0°方向。

【例 2-2】 设置图形单位，要求长度单位为小数点后两位，角度单位为十进制度数后一位小数，并以图 2-6 所示经过 A 点和 B 点的直线(从左上角到右下角)方向为角度的基准角度。

(1) 在快速访问工具栏选择【显示菜单栏】命令，在弹出的菜单中选择【格式】|【单位】命令，打开【图形单位】对话框。

(2) 在【长度】选项区域的【类型】下拉列表框中选择【小数】，在【精度】下拉列表框中选择 0.00。

(3) 在【角度】选项区域的【类型】下拉列表框中选择【十进制度数】，在【精度】下拉列表框中选择 0.0。

(4) 单击【方向】按钮，打开【方向控制】对话框，并在【基准角度】选项区域中选中【其他】单选按钮。

(5) 单击【拾取角度】按钮，切换到绘图窗口，然后单击交点 A 和 B，这时【方向控制】对话框的【角度】文本框中将显示角度值 321.9°，如图 2-7 所示。

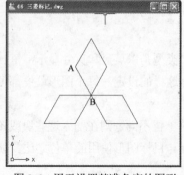

图 2-6　用于设置基准角度的图形　　　　　　　图 2-7　设置基准角度

(6) 单击【确定】按钮，依次关闭【方向控制】对话框和【图形单位】对话框。

2.2.3 设置参数选项

单击【菜单浏览器】按钮，在弹出的菜单中单击【选项】按钮(OPTIONS)，打开【选项】对话框。在该对话框中包含【文件】、【显示】、【打开和保存】、【打印和发布】、【系统】、【用户系统配置】、【草图】、【三维建模】、【选择集】和【配置】10 个选项卡，如图 2-8 所示。

图 2-8 【选项】对话框

> **知识点**
>
> 在没有执行任何命令时，可在绘图区域或命令行窗口中右击，在弹出的快捷菜单中选择【选项】命令，也将打开【选项】对话框。

- 【文件】选项卡：用于确定 AutoCAD 搜索支持文件、驱动程序文件、菜单文件和其他文件时的路径以及用户定义的一些设置。
- 【显示】选项卡：用于设置窗口元素、布局元素、显示精度、显示性能、十字光标大小和参照编辑的褪色度等显示属性。
- 【打开和保存】选项卡：用于设置是否自动保存文件，以及自动保存文件时的时间间隔，是否维护日志，以及是否加载外部参照等。
- 【打印和发布】选项卡：用于设置 AutoCAD 的输出设备。默认情况下，输出设备为 Windows 打印机。但在很多情况下，为了输出较大幅面的图形，也可能使用专门的绘图仪。
- 【系统】选项卡：用于设置当前三维图形的显示特性，设置定点设备、是否显示 OLE 特性对话框、是否显示所有警告信息、是否检查网络连接、是否显示启动对话框、是否允许长符号名等。
- 【用户系统配置】选项卡：用于设置是否使用快捷菜单和对象的排序方式。
- 【草图】选项卡：用于设置自动捕捉、自动追踪、自动捕捉标记框颜色和大小、靶框大小。

- ◉ 【三维建模】选项卡：用于对三维绘图模式下的三维十字光标、UCS 图标、动态输入、三维对象、三维导航等选项进行设置。
- ◉ 【选择集】选项卡：用于设置选择集模式、拾取框大小以及夹点大小等。
- ◉ 【配置】选项卡：用于实现新建系统配置文件、重命名系统配置文件以及删除系统配置文件等操作。

②.2.4 设置工作空间

在 AutoCAD 中可以自定义工作空间来创建绘图环境，以便显示用户需要的工具栏、菜单和可固定的窗口。

1. 自定义用户界面

在快速访问工具栏选择【显示菜单栏】命令，在弹出的菜单中选择【工具】|【自定义】|【界面】命令，打开【自定义用户界面】对话框，可以重新设置图形环境使其满足需求，如图 2-9 所示。

【自定义用户界面】对话框包括两个选项卡，其中【自定义】选项卡控制如何创建或修改用户界面元素，【传输】选项卡控制移植或传输自定义设置。

> **提示**
>
> 【自定义用户界面】对话框的左侧窗格以树形结构显示工作界面的组成元素，右侧窗格显示所选元素的特性。

图 2-9 【自定义用户界面】对话框

【例 2-3】在【功能区】选项板的【常用】选项卡中创建一个自定义面板，效果如图 2-10 所示。

图 2-10 创建自定义面板

(1) 在快速访问工具栏选择【显示菜单栏】命令，在弹出的菜单中选择【工具】|【自定义】|【界面】命令，打开【自定义用户界面】对话框。

(2) 在【自定义】选项卡的【所有文件中的自定义设置】选项区域的列表框中右击【功能区】|【面板】节点，在弹出的快捷菜单中选择【新建面板】命令。

(3) 在对话框右侧的【特性】选项区域的【名称】文本框中输入自定义工具栏名称，如【我的面板】，在【说明】文本框中输入自定义工具栏的注释文字，如图 2-11 所示。

(4) 在左侧【命令列表】选项区域中的【按类别】下拉列表框中选择【文件】选项，然后在下方对应的列表框中选中【另存为】命令，将其拖动到【我的面板】上，就为新建的工具栏添加了第一个工具按钮，如图 2-12 所示。

图 2-11　新建面板

图 2-12　添加第一个工具按钮

(5) 重复步骤(4)，使用同样的方法添加其他工具按钮，如图 2-13 所示。

(6) 在【所有文件中的自定义设置】列表中将【我的面板】拖动至【常用】选项卡中，如图 2-14 所示。

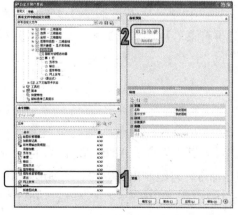

图 2-13　添加其他工具按钮

图 2-14　拖动至选项卡

(7) 单击【确定】按钮完成设置，效果如图 2-10 所示。

2. 锁定工具栏和选项板

在 AutoCAD 中可以锁定工具栏和选项板的位置，防止它们移动。锁定工具栏和选项板有以下两种方法。

- 单击状态栏的【锁定】图标 🔒，在弹出的菜单中选择需要锁定的对象。锁定对象后，状态栏上的【锁定】图标变为 🔒。
- 在快速访问工具栏选择【显示菜单栏】命令，在弹出的菜单中选择【窗口】|【锁定位置】命令的子命令。

3. 保存工作空间

在设置完工作空间后，可以将其保存，以便在需要时使用该空间。在快速访问工具栏选择【显示菜单栏】命令，在弹出的菜单中选择【工具】|【工作空间】|【将当前工作空间另存为】命令，打开【保存工作空间】对话框，在其中设置空间名称后，单击【保存】按钮即可保存该工作空间，如图 2-15 所示。

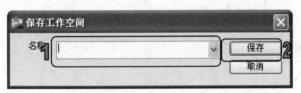

图 2-15　【保存工作空间】对话框

> **提示**
>
> 在保存了工作空间后，在快速访问工具栏选择【显示菜单栏】命令，在弹出的菜单中选择【工具】|【工作空间】|XX(保存的空间名)命令，即可切换到保存的工作空间。

2.3　AutoCAD 绘图方法

为了满足不同用户的需要，使操作更加灵活方便，AutoCAD 2011 提供了多种方法来实现相同的功能。例如，可以使用菜单栏、工具栏、【屏幕菜单】、绘图命令、【菜单浏览器】按钮和选项板 6 种方法来绘制图形对象。

2.3.1　使用菜单栏

【绘图】菜单是绘制图形最基本、最常用的方法，其中包含了 AutoCAD 2011 的大部分绘图命令，如图 2-16 所示。选择该菜单中的命令或子命令，可绘制出相应的二维图形。【修改】菜单用于编辑图形，创建复杂的图形对象，如图 2-17 所示，其中包含了 AutoCAD 2011 的大部分编辑命令，通过选择该菜单中的命令或子命令，可以完成对图形的所有编辑操作。

左侧竖排：计算机 基础与实训教材系列

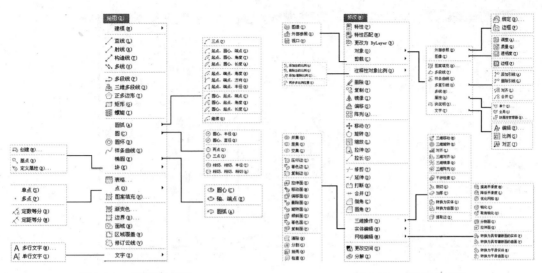

图 2-16 【绘图】菜单   图 2-17 【修改】菜单

2.3.2 使用工具栏

工具栏中的每个工按钮都与菜单栏中的菜单命令对应，单击按钮即可执行相应的绘图命令，如图 2-18 和图 2-19 所示分别为【绘图】工具栏和【修改】工具栏。

图 2-18 【绘图】工具栏

图 2-19 【修改】工具栏

2.3.3 使用"屏幕菜单"

【屏幕菜单】是 AutoCAD 2011 的另一种菜单形式，如图 2-20 所示。选择其中的【绘制 1】和【绘制 2】子菜单，可以使用绘图相关工具。【绘制 1】和【绘制 2】子菜单中的每个命令分别与 AutoCAD 2011 的绘图命令相对应，如图 2-21 所示。

计算机 基础与实训教材系列

图 2-20　屏幕菜单　　　　　图 2-21　屏幕菜单的【绘制 1】和【绘制 2】子菜单

提示

系统默认不显示【屏幕菜单】，单击【菜单浏览器】按钮，在弹出的菜单中单击【选项】按钮，打开【选项】对话框，在【显示】选项卡的【窗口元素】选项区域中选中【显示屏幕菜单】复选框即可显示【屏幕菜单】。

2.3.4　使用【菜单浏览器】按钮

单击【菜单浏览器】按钮，在弹出的菜单中选择相应的命令，同样可以执行相应的绘图命令，如图 2-22 所示。

提示

单击【菜单浏览器】按钮，在弹出的菜单中单击【退出 AutoCAD】按钮，就可以关闭 AutoCAD 应用程序。

图 2-22　【菜单浏览器】按钮

2.3.5 使用【功能区】选项板

【功能区】选项板集成了【常用】、【插入】、【注释】、【参数化】、【视图】、【管理】和【输出】等选项卡，在这些选项卡的面板中单击按钮即可执行相应的图形绘制或编辑操作，如图 2-23 所示。

图 2-23 【功能区】选项板

2.4 使用坐标系

在绘图过程中常常需要使用某个坐标系作为参照，拾取点的位置，来精确定位某个对象。AutoCAD 提供的坐标系可以用来准确地设计并绘制图形。

2.4.1 认识坐标系

在 AutoCAD 2011 中，坐标系分为世界坐标系(WCS)和用户坐标系(UCS)。这两种坐标系下都可以通过坐标(x,y)来精确定位点。

默认情况下，在开始绘制新图形时，当前坐标系为世界坐标系即 WCS，它包括 X 轴和 Y 轴(如果在三维空间工作，还有一个 Z 轴)。WCS 坐标轴的交汇处显示"口"形标记，但坐标原点并不在坐标系的交汇点，而位于图形窗口的左下角，所有的位移都是相对于原点计算的，并且沿 X 轴正向及 Y 轴正向的位移规定为正方向，如图 2-24 左图所示。

在 AutoCAD 中，为了能够更好地辅助绘图，经常需要修改坐标系的原点和方向，这时世界坐标系将变为用户坐标系即 UCS。UCS 的原点以及 X 轴、Y 轴、Z 轴方向都可以移动及旋转，甚至可以依赖于图形中某个特定的对象。尽管用户坐标系中 3 个轴之间仍然互相垂直，但是在方向及位置上却都更灵活。另外，UCS 没有"口"形标记。

要设置 UCS，可在快速访问工具栏选择【显示菜单栏】命令，在弹出的菜单中选择【工具】菜单中的【命名 UCS】和【新建 UCS】命令及其子命令，或在【功能区】选项板中选择【视图】选项卡，在 UCS 面板中单击【原点】按钮(UCS)。例如，在快速访问工具栏选择【显示菜单栏】命令，在弹出的菜单中选择【工具】|【新建 UCS】|【原点】命令，在图 2-24 左图所示中单击圆心 O，这时世界坐标系变为用户坐标系并移动到 O 点，O 点也就成了新坐标系的原点，如图 2-24 右图所示。

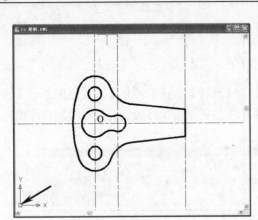
默认情况下，世界坐标系(WCS)的原点位于窗口的左下角

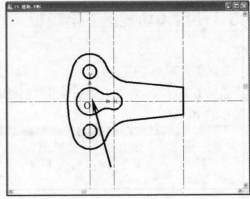
用户坐标系(UCS)的原点

图 2-24　世界坐标系(WCS)和用户坐标系(UCS)

②.4.2　坐标的表示方法

在 AutoCAD 2011 中，点的坐标可以使用绝对直角坐标、绝对极坐标、相对直角坐标和相对极坐标 4 种方法表示，它们的特点如下。

- ◎　绝对直角坐标：是从点(0,0)或(0,0,0)出发的位移，可以使用分数、小数或科学记数等形式表示点的 X、Y、Z 坐标值，坐标间用逗号隔开，例如点(8.3,5.8)和(3.0,5.2,8.8)等。
- ◎　绝对极坐标：是从点(0,0)或(0,0,0)出发的位移，但给定的是距离和角度，其中距离和角度用【<】分开，且规定 X 轴正向为 0°，Y 轴正向为 90°，例如点(4.27<60)、(34<30)等。
- ◎　相对直角坐标和相对极坐标：相对坐标是指相对于某一点的 X 轴和 Y 轴位移，或距离和角度。它的表示方法是在绝对坐标表达方式前加上@号，如(@-13,8)和(@11<24)。其中，相对极坐标中的角度是新点和上一点连线与 X 轴的夹角。

②.4.3　坐标的显示

在绘图窗口中移动光标的十字指针时，状态栏上将动态地显示当前指针的坐标。在 AutoCAD 2011 中，坐标显示取决于所选择的模式和程序中运行的命令，共有 3 种模式。

- ◎　模式 0，【关】：显示上一个拾取点的绝对坐标。此时，指针坐标将不能动态更新，只有在拾取一个新点时，显示才会更新。但是，从键盘输入一个新点坐标时，不会改变该显示方式。
- ◎　模式 1，【绝对】：显示光标的绝对坐标，该值是动态更新的，默认情况下，显示方式是打开的。

- 模式 2，【相对】：显示一个相对极坐标。当选择该方式时，如果当前处在拾取点状态，系统将显示光标所在位置相对于上一个点的距离和角度。当离开拾取点状态时，系统将恢复到模式 1。

在实际绘图过程中，可以根据需要随时按下 F6 键、Ctrl＋D 组合键或单击状态栏的坐标显示区域，在这 3 种方式间切换，如图 2-25 所示。

35.4456, -16.1738, 0.0000	88.1689, 19.0239, 0.0000	22.0000<300, 0.0000
模式 0，关	模式 1，绝对	模式 2，相对极坐标

图 2-25　坐标的 3 种显示方式

 提示 ....

当选择【模式 0】时，坐标显示呈现灰色，表示坐标显示是关闭的，但是上一个拾取点的坐标仍然是可读的。在一个空的命令提示符或一个不接收距离及角度输入的提示符下，只能在【模式 0】和【模式 1】之间切换。在一个接收距离及角度输入的提示符下，可以在所有模式间循环切换。

②.4.4　创建与使用用户坐标系

在 AutoCAD 2011 中，可以很方便地创建和命名用户坐标系。

1. 创建用户坐标系

在 AutoCAD 中，在快速访问工具栏选择【显示菜单栏】命令，在弹出的菜单中选择【工具】|【新建 UCS】命令的子命令，或选择【功能区】选项板的【视图】选项卡，在 UCS 面板中单击相应的按钮，都可以方便地创建 UCS，各按钮含义分别如下。

- 【世界】命令(按钮)：从当前的用户坐标系恢复到世界坐标系。WCS 是所有用户坐标系的基准，不能被重新定义。
- 【上一个】命令(按钮)：从当前的坐标系恢复到上一个坐标系统。
- 【面】命令(按钮)：将 UCS 与实体对象的选定面对齐。要选择一个面，可单击该面的边界内或面的边界，被选中的面将亮显，UCS 的 X 轴将与找到的第一个面上的最近的边对齐。
- 【对象】命令(按钮)：根据选取的对象快速简单地建立 UCS，使对象位于新的 XY 平面，其中 X 轴和 Y 轴的方向取决于选择的对象类型。该选项不能用于三维实体、三维多段线、三维网格、视口、多线、面域、样条曲线、椭圆、射线、参照线、引线和多行文字等对象。对于非三维面的对象，新 UCS 的 XY 平面与绘制该对象时生效的 XY 平面平行，但 X 轴和 Y 轴可作不同的旋转。
- 【视图】命令(按钮)：以垂直于观察方向(平行于屏幕)的平面为 XY 平面，建立新的坐标系，UCS 原点保持不变。常用于注释当前视图时使文字以平面方式显示。

- ◉ 【原点】命令(按钮)：通过移动当前 UCS 的原点，保持其 X 轴、Y 轴和 Z 轴方向不变，从而定义新的 UCS。可以在任何高度建立坐标系，如果没有给原点指定 Z 轴坐标值，将使用当前标高。

- ◉ 【Z 轴矢量】命令(按钮)：用特定的 Z 轴正半轴定义 UCS。需要选择两点，第一点作为新的坐标系原点，第二点决定 Z 轴的正向，XY 平面垂直于新的 Z 轴。

- ◉ 【三点】命令(按钮)：通过在三维空间的任意位置指定 3 点，确定新 UCS 原点及其 X 轴和 Y 轴的正方向，Z 轴由右手定则确定。其中第 1 点定义了坐标系原点，第 2 点定义了 X 轴的正方向，第 3 点定义了 Y 轴的正方向。

- ◉ X/Y/Z 命令(按钮)：旋转当前的 UCS 轴来建立新的 UCS。在命令行提示信息中输入正或负的角度以旋转 UCS，用右手定则来确定绕该轴旋转的正方向。

2. 命名用户坐标系

在快速访问工具栏选择【显示菜单栏】命令，在弹出的菜单中选择【工具】|【命名 UCS】命令，或选择【功能区】选项板的【视图】选项卡，在 UCS 面板中单击【已命名】按钮，打开 UCS 对话框，选择【命名 UCS】选项卡，如图 2-26 所示。在【当前 UCS】列表中选择【世界】、【上一个】或某个 UCS 选项，然后单击【置为当前】按钮，可将其置为当前坐标系，这时在该 UCS 前面将显示【▶】标记。也可以单击【详细信息】按钮，在【UCS 详细信息】对话框中查看坐标系的详细信息，如图 2-27 所示。

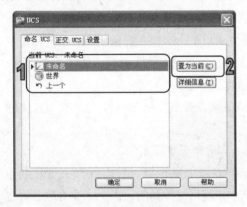 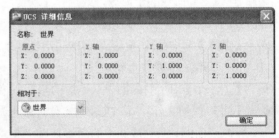

图 2-26 【命名 UCS】选项卡　　图 2-27 【UCS 详细信息】对话框

此外，在【当前 UCS】列表中的坐标系选项上右击，将弹出一个快捷菜单，可以重命名坐标系、删除坐标系和将坐标系置为当前坐标系。

3. 使用正交 UCS

在 UCS 对话框中，选择【正交 UCS】选项卡，在【当前 UCS】列表中可以选择需要使用的正交坐标系，如俯视、仰视、左视、右视、主视和后视等，如图 2-28 所示。【深度】表示正交UCS的XY平面与通过坐标系统变量指定的坐标系统原点平行平面之间的距离，【相对于】下拉列表框用于指定定义正交 UCS 的基准坐标系。

4. 设置 UCS

使用 UCS 对话框的【设置】选项卡可以设置 UCS 图标和 UCS，如图 2-29 所示。其中各选项的含义如下所示。

- ⊙ 【开】复选框：指定显示当前视口的 UCS 图标。
- ⊙ 【显示于 UCS 原点】复选框：在当前视口坐标系的原点处显示 UCS 图标。如果不选中此选项，则在视口的左下角显示 UCS 图标。
- ⊙ 【应用到所有活动视口】复选框：指定将 USC 图标设置应用到当前图形中的所有活动视口。
- ⊙ 【UCS 与视口一起保存】复选框：指定将坐标系设置与视口一起保存。
- ⊙ 【修改 UCS 时更新平面视图】复选框：指定在修改视口中的坐标系时恢复平面视图。

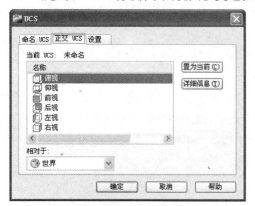
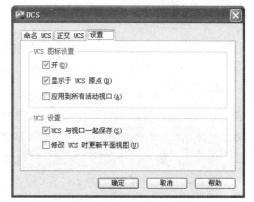

图 2-28　【正交 UCS】选项卡　　　　图 2-29　【设置】选项卡

2.5　上机练习

绘制如图 2-30 所示的图形。通过该实验，练习坐标的表示方法。

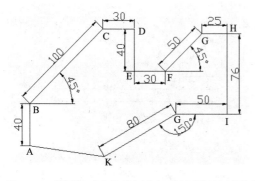

图 2-30　利用相对直角坐标和相对极坐标绘制图形

知识点

　　在二维空间中，使用直角坐标方式输入点的坐标值时，只需输入点的 X、Y 坐标值，Z 坐标值由系统自动分配为 0。

(1) 在【二维草图和注释】空间的【功能区】选项板中选择【常用】选项卡，在【绘图】

面板中单击【直线】按钮 ，或在命令行中输入 LINE 命令。

(2) 在【指定第一点:】提示下输入点 A 的直角坐标(0,0)。

(3) 在【指定下一点或[放弃(U)]:】提示下输入点 B 的相对直角坐标(@0,40)。

(4) 在【指定下一点或[放弃(U)]:】提示下输入点 C 的相对极坐标(@100<45)。

(5) 在【指定下一点或[闭合(C)/放弃(U)]:】提示下分别输入点 D、E、F、G、H、I、G 和 K 的坐标(@30,0)、(@0,-40)、(@30,0)、(@50<45)、(@25,0)、(@0,-76)、(@-50,0)和(@-80<30)。

(6) 在【指定下一点或[闭合(C)/放弃(U)]:】提示下输入 C，然后按 Enter 键，即可创建封闭的图形。

②.6　习题

1. 系统变量 UCSICON 用于设置坐标系图标的显示模式，它有 0(不显示图标)和 1(显示图标)等不同的值。试将该变量设成不同的值，并观察结果。

2. 以样板文件 acadiso.dwt 开始一幅新图形，并对其进行如下设置。

- 绘图界限：将绘图界限设成横装 A3 图幅(尺寸：420×297)，并使所设绘图界限有效。
- 绘图单位：将长度单位设为小数，精度为小数点后 1 位；将角度单位设为十进制度数，精度为小数点后 1 位，其余保持默认设置。
- 保存图形：将图形以文件名 A3 保存。

3. 在 AutoCAD 2011 中，使用相对直角坐标和相对极坐标的表示法创建如图 2-31 所示的正五角星。

4. 使用 4 种坐标表示法来创建如图 2-32 所示的三角形 OAB。

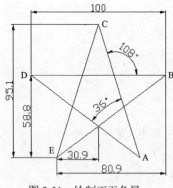

图 2-31　绘制正五角星

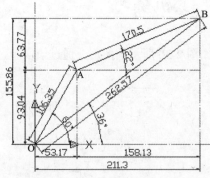

图 2-32　绘制三角形

使用和管理图层

学习目标

在 AutoCAD 中，图形中通常包含多个图层，每个图层都表明了一种图形对象的特性，包括颜色、线型和线宽等属性；图形显示控制功能是设计人员必须要掌握的技术。在绘图过程中，使用不同的图层和图形显示控制功能可以方便地控制对象的显示和编辑，提高绘图效率。

本章重点

- ◉ 创建图层
- ◉ 设置图层
- ◉ 管理图层
- ◉ 控制图形显示

3.1 创建和设置图层

在一个复杂的图形中，有许多不同类型的图形对象，为了方便区分和管理，可以通过创建多个图层，将特性相似的对象绘制在同一个图层上。例如，将图形的所有尺寸标注绘制在标注图层上。

3.1.1 图层的特点

在 AutoCAD 2011 中，图层具有以下特点：

- ◉ 在一幅图形中可指定任意数量的图层。系统对图层数没有限制，对每一图层上的对象数也没有任何限制。
- ◉ 每个图层有一个名称，加以区别。当开始绘制新图时，AutoCAD 自动创建名为 0 的图层，这是 AutoCAD 的默认图层，其余图层需要自定义。

- ◉ 一般情况下，相同图层上的对象应该具有相同的线型、颜色。可以改变各图层的线型、颜色和状态。
- ◉ AutoCAD 允许建立多个图层，但只能在当前图层上绘图。
- ◉ 各图层具有相同的坐标系、绘图界限及显示时的缩放倍数。可以对位于不同图层上的对象同时进行编辑操作。
- ◉ 可以对各图层进行打开、关闭、冻结、解冻、锁定与解锁等操作，以决定各图层的可见性与可操作性。

 知识点

> 每个图形都包括名为 0 的图层，该图层不能删除或者命名。它有两个用途：确保每个图形中至少包括一个图层；提供与块中的控制颜色相关的特殊图层。

③.1.2 创建新图层

默认情况下，图层 0 将被指定使用 7 号颜色(白色或黑色，由背景色决定)、Continuous 线型、【默认】线宽及 NORMAL 打印样式。在绘图过程中，如果要使用更多的图层来组织图形，就需要先创建新图层。

在快速访问工具栏选择【显示菜单栏】命令，在弹出的菜单中选择【格式】|【图层】命令，或在【功能区】选项板中选择【常用】选项卡，在【图层】面板中单击【图层特性】按钮，打开【图层特性管理器】选项板，如图 3-1 所示。单击【新建图层】按钮，在图层列表中将出现一个名称为【图层 1】的新图层。默认情况下，新建图层与当前图层的状态、颜色、线性及线宽等设置相同；单击【冻结的新图层视口】按钮，也可以创建一个新图层，只是该图层在所有的视口中都被冻结。

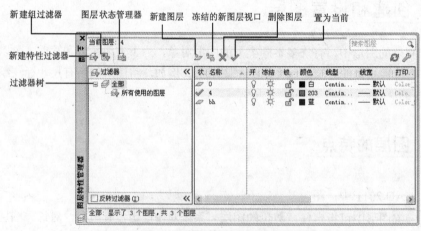

图 3-1 【图层特性管理器】选项板

当创建了图层后，图层的名称将显示在图层列表框中，如果要更改图层名称，可以单击该图层名，然后输入一个新的图层名并按 Enter 键确认。

 知识点

在为创建的图层命名时，在图层的名称中不能包含通配符(*和?)和空格，也不能与其他图层重名。

(3).1.3 设置图层的颜色

颜色在图形中具有非常重要的作用，可用来表示不同的组件、功能和区域。图层的颜色实际上是图层中图形对象的颜色。每个图层都拥有自己的颜色，对不同的图层可以设置相同的颜色，也可以设置不同的颜色，绘制复杂图形时就可以很容易区分图形的各部分。

新建图层后，要改变图层的颜色，可在【图层特性管理器】选项板中单击图层的【颜色】列对应的图标，打开【选择颜色】对话框，如图 3-2 所示。

 提示

在【索引颜色】选项卡中，单击 ByLayer 按钮，可以确定颜色为随层方式，即所绘图形实体的颜色总是与所在图层的颜色一致。

图 3-2 【选择颜色】对话框

在【选择颜色】对话框中，可以使用【索引颜色】、【真彩色】和【配色系统】3 个选项卡为图层设置颜色。

- ◎ 【索引颜色】选项卡：可以使用 AutoCAD 的标准颜色(ACI 颜色)。在 ACI 颜色表中，每一种颜色用一个 ACI 编号(1~255 之间的整数)标识。【索引颜色】选项卡实际上是一张包含 256 种颜色的颜色表。
- ◎ 【真彩色】选项卡：使用 24 位颜色定义显示 16M 色。指定真彩色时，可以使用 RGB 或 HSL 颜色模式。如果使用 RGB 颜色模式，则可以指定颜色的红、绿、蓝组合；如果使用 HSL 颜色模式，则可以指定颜色的色调、饱和度和亮度要素，如图 3-3 所示。在这两种颜色模式下，可以得到同一种所需的颜色，但是组合颜色的方式不同。

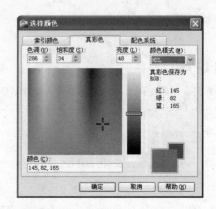

图 3-3　RGB 和 HSL 颜色模式

⦿　【配色系统】选项卡：使用标准 Pantone 配色系统设置图层的颜色，如图 3-4 所示。

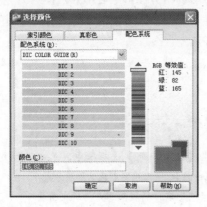

图 3-4　【配色系统】选项卡

提示

在快速访问工具栏选择【显示菜单栏】命令，在弹出的菜单中选择【工具】|【选项】命令，打开【选项】对话框，在【文件】选项卡的【搜索路径、文件名和文件位置】列表中展开【配色系统位置】选项，然后单击【添加】按钮，在打开的文本框中输入配色系统文件的路径即可在系统中安装配色系统。

③.1.4　使用与管理线型

线型是指图形基本元素中线条的组成和显示方式，如虚线和实线等。在 AutoCAD 中既有简单线型，也有由一些特殊符号组成的复杂线型，以满足不同国家或行业标准的使用要求。

1. 设置图层线型

在绘制图形时要使用线型来区分图形元素，这就需要对线型进行设置。默认情况下，图层的线型为 Continuous。要改变线型，可在图层列表中单击【线型】列的 Continuous，打开【选择线型】对话框，在【已加载的线型】列表框中选择一种线型即可将其应用到图层中，如图 3-5 所示。

2. 加载线型

默认情况下，在【选择线型】对话框的【已加载的线型】列表框中只有 Continuous 一种线型，如果要使用其他线型，必须将其添加到【已加载的线型】列表框中。可单击【加载】按钮打开【加载或重载线型】对话框，如图 3-6 所示，从当前线型库中选择需要加载的线型，然后单击【确定】按钮。

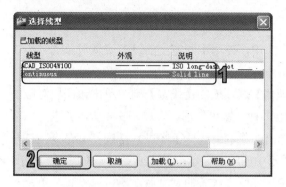

图 3-5 【选择线型】对话框

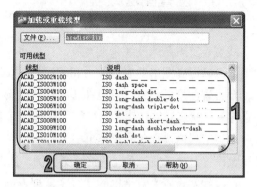

图 3-6 【加载或重载线型】对话框

 提示

AutoCAD 中的线型包含在线型库定义文件 acad.lin 和 acadiso.lin 中。其中，在英制测量系统下，使用线型库定义文件 acad.lin；在公制测量系统下，使用线型库定义文件 acadiso.lin。用户可以根据需要，单击【加载或重载线型】对话框中的【文件】按钮，打开【选择线型文件】对话框，选择合适的线型库定义文件。

3. 设置线型比例

在快速访问工具栏选择【显示菜单栏】命令，在弹出的菜单中选择【格式】|【线型】命令，打开【线型管理器】对话框，可设置图形中的线型比例，从而改变非连续线型的外观，如图 3-7 所示。

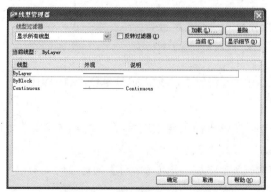

图 3-7 【线型管理器】对话框

 提示

在【线型管理器】对话框的【线型】列表中显示了已加载的线型，双击线型名称可以对其进行重命名。但是 ByLayer、ByBlock、Continuous 和依赖外部参照的线型不能重命名。

【线型管理器】对话框显示了当前使用的线型和可选择的其他线型。当在线型列表中选择了某一线型后，并且单击【显示细节】按钮，可以在【详细信息】选项区域中设置线型的【全局比例因子】和【当前对象缩放比例】。其中，【全局比例因子】用于设置图形中所有线型的

计算机基础与实训教材系列

比例，【当前对象缩放比例】用于设置当前选中线型的比例。

③.1.5 设置图层线宽

线宽设置就是改变线条的宽度。在 AutoCAD 中，使用不同宽度的线条表现对象的大小或类型，可以提高图形的表达能力和可读性。

要设置图层的线宽，可以在【图层特性管理器】选项板的【线宽】列中单击该图层对应的线宽【——默认】，打开【线宽】对话框，有 20 多种线宽可供选择，如图 3-8 所示。也可以在快速访问工具栏选择【显示菜单栏】命令，在弹出的菜单中选择【格式】|【线宽】命令，打开【线宽设置】对话框，通过调整线宽比例，使图形中的线宽显示得更宽或更窄，如图 3-9 所示。

在【线宽设置】对话框的【线宽】列表框中选择所需线条的宽度后，还可以设置其单位和显示比例等参数，各选项的功能如下。

- ◎ 【列出单位】选项区域：设置线宽的单位，可以是【毫米】或【英寸】。
- ◎ 【显示线宽】复选框：设置是否按照实际线宽来显示图形，也可以单击状态栏上的【线宽】按钮来显示或关闭线宽。
- ◎ 【默认】下拉列表框：设置默认线宽值，即关闭显示线宽后 AutoCAD 所显示的线宽。
- ◎ 【调整显示比例】选项区域：通过调节显示比例滑块，可以设置线宽的显示比例大小。

图 3-8 【线宽】对话框

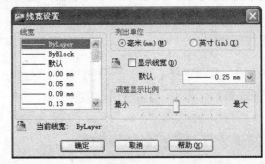

图 3-9 【线宽设置】对话框

【例 3-1】 创建图层【中心线层】，要求该图层颜色为【洋红】，线型为 ACAD_IS004W100，线宽为 0.20 毫米，如图 3-10 所示。

(1) 在快速访问工具栏选择【显示菜单栏】命令，在弹出的菜单中选择【格式】|【图层】命令，打开【图层特性管理器】选项板。

(2) 单击选项板上方的【新建图层】按钮，创建一个新图层，并在【名称】列对应的文本框中输入【中心线层】。

(3) 在【图层特性管理器】选项板中单击【颜色】列的图标，打开【选择颜色】对话框，在标准颜色区中单击洋红色，这时【颜色】文本框中将显示颜色的名称【洋红】，单击【确定】按钮。

(4) 在【图层特性管理器】 选项板中单击【线型】列上的 Continuous，打开【选择线型】对话框。单击【加载】按钮，打开【加载或重载线型】对话框，在【可用线型】列表框中选择线型 ACAD_IS004W100，然后单击【确定】按钮。

图 3-10　创建中心线层

(5) 在【选择线型】对话框的【已加载的线型】列表框中选择 ACAD_IS004W100，然后单击【确定】按钮。

(6) 在【图层特性管理器】选项板中单击【线宽】列的线宽，打开【线宽】对话框，在【线宽】列表框中选择 0.20mm，然后单击【确定】按钮。

(7) 设置完毕后，单击【确定】按钮。

③.2　管理图层

在 AutoCAD 中建立完图层后，需要对其进行管理，包括图层的切换、重命名、删除及图层的显示控制等。

③.2.1　设置图层特性

使用图层绘制图形时，新对象的各种特性将默认为随层，由当前图层的默认设置决定。也可以单独设置对象的特性，新设置的特性将覆盖原来随层的特性。在【图层特性管理器】选项板中，每个图层都包含状态、名称、打开/关闭、冻结/解冻、锁定/解锁、线型、颜色、线宽和打印样式等特性，如图 3-11 所示。在 AutoCAD 2011 中，图层的各列属性可以显示或隐藏，只需右击图层列表的标题栏，在弹出的快捷菜单中选择或取消选择命令即可。

图 3-11　图层特性

- ⊙ 状态：显示图层和过滤器的状态。其中，被删除的图层标识为 ✖，当前图层标识为 ✔。
- ⊙ 名称：即图层的名字，是图层的唯一标识。默认情况下，图层的名称按图层 0、图层 1、图层 2……的编号依次递增，可以根据需要为图层定义能够表达用途的名称。
- ⊙ 开关状态：单击【开】列对应的小灯泡图标 💡，可以打开或关闭图层。在开状态下，灯泡的颜色为黄色，图层上的图形可以显示，也可以在输出设备上打印；在关状态下，灯泡的颜色为灰色，图层上的图形不能显示，也不能打印输出。在关闭当前图层时，系统将显示一个消息对话框，警告正在关闭当前层。
- ⊙ 冻结：单击图层【冻结】列对应的太阳 ☀ 或雪花 ❄ 图标，可以冻结或解冻图层。图层被冻结时显示雪花 ❄ 图标，此时图层上的图形对象不能被显示、打印输出和编辑修改。图层被解冻时显示太阳 ☀ 图标，此时图层上的图形对象能够被显示、打印输出和编辑。
- ⊙ 锁定：单击【锁定】列对应的关闭 🔒 或打开 🔓 小锁图标，可以锁定或解锁图层。图层在锁定状态下并不影响图形对象的显示，且不能对该图层上已有图形对象进行编辑，但可以绘制新图形对象。此外，在锁定的图层上可以使用查询命令和对象捕捉功能。
- ⊙ 颜色：单击【颜色】列对应的图标，可以使用打开的【选择颜色】对话框来选择图层颜色。
- ⊙ 线型：单击【线型】列显示的线型名称，可以使用打开的【选择线型】对话框来选择所需要的线型。
- ⊙ 线宽：单击【线宽】列显示的线宽值，可以使用打开的【线宽】对话框来选择所需要的线宽。
- ⊙ 打印样式：通过【打印样式】列确定各图层的打印样式，如果使用的是彩色绘图仪，则不能改变这些打印样式。
- ⊙ 打印：单击【打印】列对应的打印机图标，可以设置图层是否能够被打印，在保持图形显示可见性不变的前提下控制图形的打印特性。打印功能只对没有冻结和关闭的图层起作用。
- ⊙ 说明：单击【说明】列两次，可以为图层或组过滤器添加必要的说明信息。

③.2.2　置为当前层

在【图层特性管理器】选项板的图层列表中，选择某一图层后，单击【置为当前】按钮 ✔，或在【功能区】选项板中选择【常用】选项卡，在【图层】面板的【图层控制】下拉列表框中选择某一图层，都可将该层设置为当前层。

在【功能区】选项板中选择【常用】选项卡，在【图层】面板中单击【更改为当前图层】按钮 🔳，选择要更改到当前图层的对象，并按 Enter 键，可以将对象更改为当前图层。

③.2.3　保存与恢复图层状态

图层设置包括图层状态和图层特性。图层状态包括图层是否打开、冻结、锁定、打印和在新视口中自动冻结。图层特性包括颜色、线型、线宽和打印样式。可以选择要保存的图层状态和图层特性。例如，可以选择只保存图形中图层的【冻结/解冻】设置，忽略所有其他设置。恢复图层状态时，除了每个图层的冻结或解冻设置以外，其他设置仍保持当前设置。

1. 保存图层状态

如果要保存图层状态，可在【图层特性管理器】选项板的图层列表中右击要保存的图层，在弹出的快捷菜单中选择【保存图层状态】命令，打开【要保存的新图层状态】对话框，如图 3-12 所示。在【新图层状态名】文本框中输入图层状态的名称，在【说明】文本框中输入相关的图层说明文字，然后单击【确定】按钮即可。

2. 恢复图层状态

如果改变了图层的显示等状态，还可以恢复以前保存的图层设置。在【图层特性管理器】选项板的图层列表中右击要恢复的图层，在弹出的快捷菜单中选择【恢复图层状态】命令，打开 【图层状态管理器】对话框，选择需要恢复的图层状态后，单击【恢复】按钮即可，如图 3-13 所示。

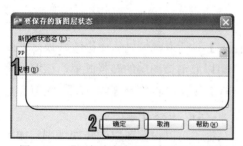

图 3-12　【要保存的新图层状态】对话框

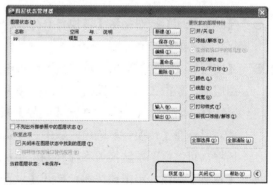

图 3-13　【图层状态管理器】对话框

③.2.4　转换图层

使用【图层转换器】可以转换图层，实现图形的标准化和规范化。【图层转换器】能够转换当前图形中的图层，使之与其他图形的图层结构或 CAD 标准文件相匹配。例如，如果打开一个与本公司图层结构不一致的图形时，可以使用【图层转换器】转换图层名称和属性，以符合本公司的图形标准。

在快速访问工具栏选择【显示菜单栏】命令，在弹出的菜单中选择【工具】|【CAD 标准】|

【图层转换器】命令，或在【功能区】选项板中选择【工具】选项卡，在【标准】面板中单击【图层转换器】按钮，打开【图层转换器】对话框，如图 3-14 所示，主要选项的功能如下。

- ◉ 【转换自】选项区域：显示当前图形中即将被转换的图层结构，可以在列表框中选择，也可以通过【选择过滤器】来选择。
- ◉ 【转换为】选项区域：显示可以将当前图形的图层转换成的图层名称。单击【加载】按钮打开【选择图形文件】对话框，可以从中选择作为图层标准的图形文件，并将该图层结构显示在【转换为】列表框中。单击【新建】按钮打开【新图层】对话框，如图 3-15 所示，可以从中创建新的图层作为转换匹配图层，新建的图层也会显示在【转换为】列表框中。
- ◉ 【映射】按钮：单击该按钮，可以将在【转换自】列表框中选中的图层映射到【转换为】列表框中，并且当图层被映射后，将从【转换自】列表框中删除。

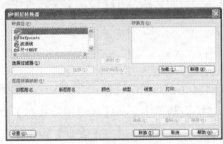

图 3-14　【图层转换器】对话框　　　图 3-15　【新图层】对话框

- ◉ 【映射相同】按钮：将【转换自】列表框中和【转换为】列表框中名称相同的图层进行转换映射。
- ◉ 【图层转换映射】选项区域：显示已经映射的图层名称和相关的特性值。当选中一个图层后，单击【编辑】按钮，将打开【编辑图层】对话框，可以从中修改转换后的图层特性，如图 3-16 所示。单击【删除】按钮，可以取消该图层的转换映射，该图层将重新显示在【转换自】选项区域中。单击【保存】按钮，将打开【保存图层映射】对话框，可以将图层转换关系保存到一个标准配置文件*. dws 中。
- ◉ 【设置】按钮：单击该按钮，打开【设置】对话框，可以设置图层的转换规则，如图 3-17 所示。
- ◉ 【转换】按钮：单击该按钮将开始转换图层并关闭【图层转换】对话框。

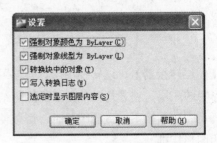

图 3-16　【编辑图层】对话框　　　图 3-17　【设置】对话框

3.2.5 使用图层工具管理图层

在 AutoCAD 2011 中使用图层管理工具可以更加方便地管理图层。单击【菜单浏览器】按钮，在弹出的菜单中选择【格式】|【图层工具】命令中的子命令(如图 3-18 所示)，或在【功能区】选项板中选择【常用】选项卡，在【图层】面板中单击相应的按钮(如图 3-19 所示)，都可以通过图层工具来管理图层。

图 3-18 【图层工具】子命令

图 3-19 【图层】面板

【图层】面板中的各按钮与【图层工具】子命令的功能相对应，各主要按钮的功能如下所示。

- ◉ 【隔离】按钮：单击该按钮，可以将选定对象的图层隔离。
- ◉ 【取消隔离】按钮：单击该按钮，恢复由【隔离】命令隔离的图层。
- ◉ 【关】按钮：单击该按钮，将选定对象的图层关闭。
- ◉ 【冻结】按钮：单击该按钮，将选定对象的图层冻结。
- ◉ 【匹配】按钮：单击该按钮，将选定对象的图层更改为选定目标对象的图层。
- ◉ 【上一个】按钮：单击该按钮，恢复上一个图层设置。
- ◉ 【锁定】按钮：单击该按钮，锁定选定对象的图层。
- ◉ 【解锁】按钮：单击该按钮，将选定对象的图层解锁。
- ◉ 【打开所有图层】按钮：单击该按钮，打开图形中的所有图层。
- ◉ 【解冻所有图层】按钮：单击该按钮，解冻图形中的所有图层。
- ◉ 【更改为当前图层】按钮：单击该按钮，将选定对象的图层更改为当前图层。
- ◉ 【将对象复制到新图层】按钮：单击该按钮，将图元复制到不同的图层。
- ◉ 【图层漫游】按钮：单击该按钮，隔离每个图层。
- ◉ 【隔离到当前视口】按钮：单击该按钮，将对象的图层隔离到当前视口。
- ◉ 【合并】按钮：单击该按钮，合并两个图层，并从图形中删除第一个图层。
- ◉ 【删除】按钮：单击该按钮，从图形中永久删除图层。

【例3-2】不显示图3-20中的【标注层】图层，并要求确定阳台填充图案所在的图层。

(1) 打开如图3-20所示的图形文件，在【功能区】选项板中选择【常用】选项卡，在【图层】面板中单击【关】按钮。

(2) 在命令行的【选择要关闭的图层上的对象或 [设置(S)/放弃(U)]:】提示下，选择任意一个标注对象。

(3) 在命令行的【图层 '标注层' 为当前图层，是否关闭它？[是(Y)/否(N)] <否(N)>:】提示下，输入 y，并按 Enter 键，关闭标注层，此时绘图窗口中将不显示【标注层】图层，如图3-21所示。

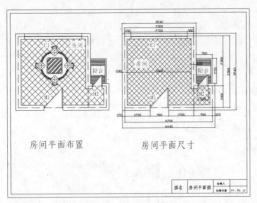

图3-20　原始图形

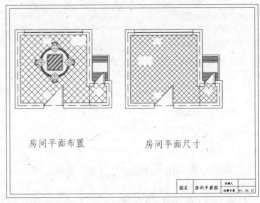

图3-21　不显示标注层

(4) 在【功能区】选项板中选择【常用】选项卡，在【图层】面板中单击【图层漫游】按钮，打开【层漫游】对话框。

(5) 在【层漫游】对话框中单击【选择对象】按钮，在绘图窗口选择左上角的填充图案。

(6) 按 Enter 键返回至【层漫游】对话框，此时，只在填充图案所在的图层上亮显，用户即可确定它所在的图层，即填充图案在轮廓层。

③.3　控制图形显示

在 AutoCAD 2011 中，可以使用多种方法来观察绘图窗口中绘制的图形，以便灵活观察图形的整体效果或局部细节。

③.3.1　缩放与平移

按一定的比例、观察位置和角度显示图形的区域称为视图。在 AutoCAD 中，可以通过缩放与平移视图来方便地观察图形。

1．缩放视图

通过缩放视图，可以放大或缩小图形的屏幕显示尺寸，而图形的真实尺寸保持不变。在快速访问工具栏选择【显示菜单栏】命令，在弹出的菜单中选择【视图】|【缩放】命令(ZOOM)中的子命令或单击状态栏中的【缩放】按钮 ，都可以缩放视图。

2．平移视图

通过平移视图，可以重新定位图形，以便清楚地观察图形的其他部分。单击状态栏中的【平移】按钮 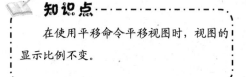，可实现图形的实时平移；选择【视图】|【平移】命令(PAN)中的子命令，不仅可以向左、右、上、下 4 个方向平移视图，还可以使用【实时】和【定点】命令平移视图。

【例 3-3】放大图 3-22 所示图形中右上角的填充图案。

(1) 在快速访问工具栏选择【显示菜单栏】命令，在弹出的菜单中选择【视图】|【缩放】|【动态】命令，此时，在绘图窗口中将显示图形范围，如图 3-22 所示。

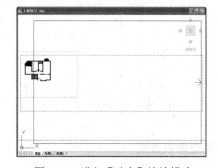

图 3-22　进入【动态】缩放模式

> **知识点**
>
> 在使用平移命令平移视图时，视图的显示比例不变。

(2) 当视图框包含一个【×】时，在屏幕上拖动视图框以平移到不同的区域。

(3) 要缩放到不同的大小，可单击鼠标左键，这时视图框中的【×】将变成一个箭头。左右移动指针调整视图框尺寸，上下移动光标可调整视图框位置。如果视图框较大，则显示出的图像较小；如果视图框较小，则显示出的图像较大，最后调整结果如图 3-23 所示。

(4) 调整完毕，再次单击鼠标左键。

(5) 当视图框指定的区域正是用户想查看的区域，按下 Enter 键确认，则视图框所包围的图像就成为当前视图，如图 3-24 所示。

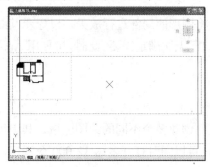

图 3-23　调整视图框大小和位置

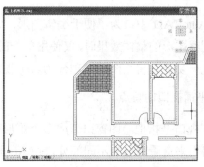

图 3-24　放大后的效果

3.3.2　使用命名视图

在一张工程图纸上可以创建多个视图。当要查看、修改图纸上的某一部分视图时，将该视图恢复出来即可。

1. 命名视图

在快速访问工具栏选择【显示菜单栏】命令，在弹出的菜单中选择【视图】|【命名视图】命令(VIEW)，打开【视图管理器】对话框，如图 3-25 所示。使用该对话框可以创建、设置、重命名以及删除命名视图。

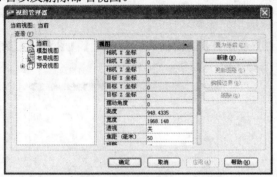

提示

在【视图管理器】对话框中单击【新建】按钮，打开【新建视图】对话框，可以用来创建新的命名视图。

图 3-25　【视图管理器】对话框

2. 恢复命名视图

在 AutoCAD 中，可以一次命名多个视图，当需要重新使用一个已命名视图时，只需将该视图恢复到当前视口即可。如果绘图窗口中包含多个视口，也可以将视图恢复到活动视口中，或将不同的视图恢复到不同的视口中，以同时显示模型的多个视图。

恢复视图时可以恢复视口的中点、查看方向、缩放比例因子和透视图(镜头长度)等设置，如果在命名视图时将当前的 UCS 随视图一起保存起来，当恢复视图时也可以恢复 UCS。

3.3.3　使用平铺视口

在 AutoCAD 中，为了便于编辑图形，常常需要将图形的局部进行放大，以显示其细节。当需要观察图形的整体效果时，仅使用单一的绘图视口已无法满足需要。此时，可使用 AutoCAD 的平铺视口功能，将绘图窗口划分为若干视口。

1. 平铺视口的特点

平铺视口是指把绘图窗口分成多个矩形区域，从而创建多个不同的绘图区域，其中每一个区域都可用来查看图形的不同部分。在 AutoCAD 中，可以同时打开多达 32 000 个视口，屏幕上还可保留菜单栏和命令提示窗口。

在 AutoCAD 2011 中，在快速访问工具栏选择【显示菜单栏】命令，在弹出的菜单中选择【视图】|【视口】子菜单中的命令，或在【功能区】选项板中选择【视图】选项卡，在【视口】面板中单击相应的按钮，都可以在模型空间创建和管理平铺视口，如图 3-26 所示。

图 3-26　【视口】菜单和面板

2. 创建平铺视口

在快速访问工具栏选择【显示菜单栏】命令，在弹出的菜单中选择【视图】|【视口】|【新建视口】命令(VPOINTS)，或在【视口】面板中单击【新建】按钮，打开【视口】对话框，如图 3-27 所示。使用【新建视口】选项卡可以显示标准视口配置列表及创建并设置新的平铺视口。

在【视口】对话框中，使用【命名视口】选项卡，可以显示图形中已命名的视口配置。当选择一个视口配置后，配置的布局情况将显示在预览窗口中，如图 3-28 所示。

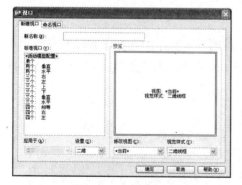

图 3-27　【视口】对话框　　　　　　　图 3-28　【命名视口】选项卡

3. 分割与合并视口

在 AutoCAD 2011 中，在快速访问工具栏选择【显示菜单栏】命令，在弹出的菜单中选择【视图】|【视口】子菜单中的命令，可以在不改变视口显示的情况下，分割或合并当前视口。例如，选择【视图】|【视口】|【一个视口】命令，可以将当前视口扩大到充满整个绘图窗口；选择【视图】|【视口】|【两个视口】、【三个视口】或【四个视口】命令，可以将当前视口分

割为 2 个、3 个或 4 个视口。例如绘图窗口分割为 4 个视口，效果如图 3-29 所示。

选择【视图】|【视口】|【合并】命令，系统要求选定一个视口作为主视口，然后选择一个相邻视口，并将该视口与主视口合并。例如，将图 3-34 所示图形的右边两个视口合并为一个视口，其结果如图 3-30 所示。

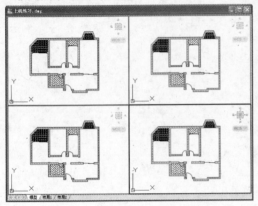 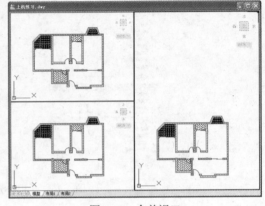

图 3-29　将绘图窗口分割为 4 个视口　　　　　图 3-30　合并视口

③.3.4　使用鸟瞰视图

【鸟瞰视图】属于定位工具，它提供了一种可视化平移和缩放视图的方法。可以在另外一个独立的窗口中显示整个图形视图以便快速移动到目的区域。在绘图时，如果鸟瞰视图保持打开状态，则可以直接缩放和平移，无需选择菜单选项或输入命令。

1. 使用鸟瞰视图观察图形

在快速访问工具栏选择【显示菜单栏】命令，在弹出的菜单中选择【视图】|【鸟瞰视图】命令(DSVIEWER)，打开鸟瞰视图，如图 3-31 所示。此时可以使用其中的矩形框来设置图形观察范围。例如，要放大图形，可缩小矩形框；要缩小图形，可放大矩形框。

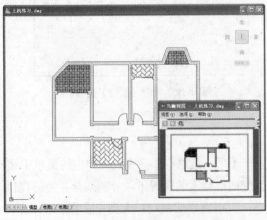

图 3-31　使用鸟瞰视图观察图形

> **提示**
>
> 使用鸟瞰视图观察图形的方法与使用动态视图缩放图形的方法相似，但使用鸟瞰视图观察图形是在一个独立的窗口中进行的，其结果反映在绘图窗口的当前视口中。

2. 改变鸟瞰视图中的图像大小

在鸟瞰视图中，可使用【视图】菜单中的命令或单击工具栏中的相应工具按钮，显示整个图形或递增调整图像大小来改变鸟瞰视图中图像的大小，但这些改变并不会影响到绘图区域中的视图，其功能如下。

- ⊙ 【放大】命令：拉近视图，将鸟瞰视图放大一倍，从而更清楚地观察对象的局部细节。
- ⊙ 【缩小】命令：拉远视图，将鸟瞰视图缩小一半，以观察到更大的视图区域。
- ⊙ 【全局】命令：在鸟瞰视图窗口中观察到整个图形。

此外，当鸟瞰视图窗口中显示整幅图形时，【缩放】命令无效；在当前视图快要填满鸟瞰视图窗口时，【放大】命令无效；当显示图形范围时，这两个命令可能同时无效。

3. 改变鸟瞰视图的更新状态

默认情况下，AutoCAD 自动更新鸟瞰视图窗口以反映在图形中所作的修改。当绘制复杂的图形时，关闭动态更新功能可以提高程序性能。

在【鸟瞰视图】窗口中，使用【选项】菜单中的命令，可以改变鸟瞰视图的更新状态，包括以下选项。

- ⊙ 【自动视口】命令：自动地显示模型空间的当前有效视口，该命令不被选中时，鸟瞰视图就不会随有效视口的变化而变化。
- ⊙ 【动态更新】命令：控制鸟瞰视图的内容是否随绘图区中图形的改变而改变，该命令被选中时，绘图区中的图形可以随鸟瞰视图动态更新。
- ⊙ 【实时缩放】命令：控制在鸟瞰视图中缩放时绘图区中的图形显示是否适时变化，该命令被选中时，绘图区中的图形显示可以随鸟瞰视图适时变化。

3.4 上机练习

创建标题栏、辅助线、轮廓线、标注等图层，通过该实验，练习创建和设置图层的操作。

(1) 启动 AutoCAD 2011，在【功能区】选项板中选择【常用】选项卡，在【图层】面板中单击【图层特性】按钮，打开【图层特性管理器】选项板。

(2) 单击【新建图层】按钮，创建一个新图层，并在【名称】列对应的文本框中输入【标题栏层】。

(3) 在【图层特性管理器】选项板中单击【颜色】列的图标，打开【选择颜色】对话框，在标准颜色区中单击蓝色，这时【颜色】文本框中将显示颜色的名称【蓝色】，如图 3-32 所示，然后单击【确定】按钮。

(4) 使用相同的方法，创建【辅助线层】，设置颜色为【洋红】，线型为 ACAD_ISO04W100，线宽为【默认】；创建【标注层】，设置颜色为【蓝色】，线型为 Continuous，线宽为【默认】；创建【文字注释层】，设置颜色为【蓝色】，线型为 Continuous，线宽为【默认】。然后按同样的方法，创建其他图层，其中【轮廓层】和【图框层】的宽度为 0.3mm，如图 3-33 所示。

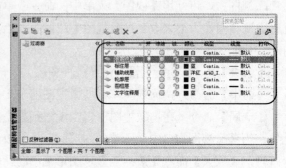

图 3-32　选择颜色　　　　　　　　　　图 3-33　设置绘图文件的图层

(5) 设置完毕，单击【确定】按钮，关闭【图层特性管理器】选项板。

3.5　习题

1. 参照表 3-1 所示的要求创建各图层。

表 3-1　图层设置要求

图 层 名	线 型	颜 色
轮廓线层	Continuous	白色
中心线层	Center	红色
辅助线层	Dashed	蓝色

2. AutoCAD 2011 提供了一些示例图形文件(位于 AutoCAD 2011 安装目录下的 Sample 子目录)，打开其中的某个图形，将各图层设置成关闭(或打开)、冻结(或解冻)、锁定(或解锁)，观看设置效果。

3. AutoCAD 2011 提供了很多示例图形(位于 AutoCAD 2011 安装目录的 Sample 子目录)，这些图形均比较复杂。试分别打开这些图形，利用显示缩放和显示移动等功能浏览和分析这些图形。

绘制二维图形

学习目标

绘图是 AutoCAD 的主要功能，也是最基本的功能，而二维平面图形的形状都很简单，创建起来也很容易，它们是整个 AutoCAD 的绘图基础。因此，只有熟练地掌握二维平面图形的绘制方法和技巧，才能够更好地绘制出复杂的图形。

本章重点

- ◉ 绘制直线、射线和构造线
- ◉ 绘制矩形和正多边形
- ◉ 绘制圆、圆弧、椭圆、椭圆弧和圆环
- ◉ 绘制与编辑多线
- ◉ 绘制与编辑多段线
- ◉ 绘制与编辑样条曲线

4.1 绘制点

在 AutoCAD 2011 中，点对象可用作捕捉和偏移对象的节点或参考点。可以通过【单点】、【多点】、【定数等分】和【定距等分】4 种方法创建点对象。

4.1.1 绘制单点和多点

在 AutoCAD 2011 中，在快速访问工具栏选择【显示菜单栏】命令，在弹出的菜单中选择【绘图】|【点】|【单点】命令(POINT)，可以在绘图窗口中一次指定一个点；选择【绘图】|【点】|【多点】命令，或在【功能区】选项板中选择【常用】选项卡，在【绘图】面板中单击【多点】按钮 ，可以在绘图窗口中一次指定多个点，直到按 Esc 键结束。

【例 4-1】在绘图窗口的任意位置创建 4 个点，如图 4-1 所示。

(1) 在快速访问工具栏选择【显示菜单栏】命令，在弹出的菜单中选择【绘图】|【点】|【多点】命令，发出 POINT 命令，命令行提示中将显示当前点模式: PDMODE=0　PDSIZE=0.0000。

(2) 在命令行的【指定点:】提示下，使用鼠标指针在屏幕上拾取点 A、B、C 和 D 点。

(3) 按 Esc 键结束绘制点命令，结果如图 4-1 所示。

在绘制点时，命令提示行的 PDMODE 和 PDSIZE 两个系统变量显示了当前状态下点的样式和大小。在快速访问工具栏选择【显示菜单栏】命令，在弹出的菜单中选择【格式】|【点样式】命令，通过打开的【点样式】对话框对点样式和大小进行设置，如图 4-2 所示。

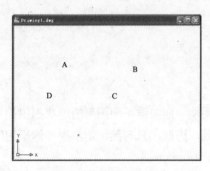

图 4-1　创建的点对象

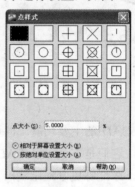

图 4-2　【点样式】对话框

例如，将系统变量 PDMODE 设置为 35，PDSIZE 设置为 30 后，【例 4-1】中创建的点将如图 4-3 所示。

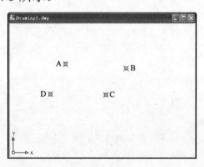

图 4-3　改变点的样式和大小

> **提示**
>
> 　　【点样式】对话框的第一行点样式的 PDMODE 值分别为 0~4；第 2 行分别为 32~36；第 3 行分别为 64~68；第 4 行分别为 96~100。

④.1.2　定数等分对象

在 AutoCAD 2011 中，在快速访问工具栏选择【显示菜单栏】命令，在弹出的菜单中选择【绘图】|【点】|【定数等分】命令(DIVIDE)，或在【功能区】选项板中选择【常用】选项卡，在【绘图】面板中单击【定数等分】按钮 ，都可以在指定的对象上绘制等分点或在等分点处插入块。在使用该命令时应注意以下两点。

⊙ 因为输入的是等分数，而不是放置点的个数，所以如果将所选对象分成 N 份，则实际上只生成 N－1 个点。

⊙ 每次只能对一个对象操作，而不能对一组对象操作。

【例 4-2】在图 4-4 所示的基础上绘制如图 4-5 所示的线段图。

图 4-4　原始图形 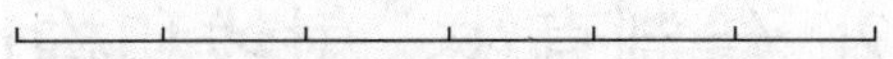　　　　　　　　　　　　　图 4-5　绘制线段图

(1) 在【功能区】选项板中选择【常用】选项卡，在【绘图】面板中单击【定数等分】按钮，发出 DIVIDE 命令。

(2) 在命令行的【选择要定数等分的对象:】提示下，拾取直线作为要等分的对象。

(3) 在命令行的【输入线段数目或 [块(B)]:】提示下，输入等分段数 6，然后按 Enter 键，等分结果如图 4-6 所示。

(4) 在【功能区】选项板中选择【常用】选项卡，在【绘图】面板中单击【多点】按钮，发出 DIVIDE 命令。

(5) 在命令行的【指定点:】提示下，使用鼠标指针在屏幕上拾取点直线的两个起始点和终点，效果如图 4-7 所示。

图 4-6　等分直线 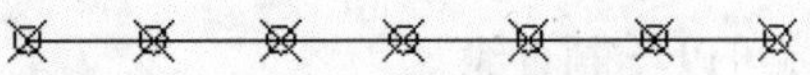　　　　　　　　　　　　　图 4-7　绘制多点

(6) 在命令行中输入 PDMODE，将其设置为 4，此时效果如图 4-5 所示。

④.1.3　定距等分对象

在 AutoCAD 2011 中，在快速访问工具栏选择【显示菜单栏】命令，在弹出的菜单中选择【绘图】|【点】|【定距等分】命令(MEASURE)，在【功能区】选项板中选择【常用】选项卡，在【绘图】面板中单击【定距等分】按钮，都可以在指定的对象上按指定的长度绘制点或插入块。

【例 4-3】　在图 4-8 中按 AB 的长度定距等分直线，效果如图 4-9 所示。

(1) 在命令行中输入 PDMODE，将其设置为 4，修改点的样式。

(2) 在【功能区】选项板中选择【常用】选项卡，在【绘图】面板中单击【定距等分】按钮，发出 MEASURE 命令。

(3) 在命令行的【选择要定距等分的对象:】提示下，拾取直线。

(4) 在命令行的【指定线段长度或 [块(B)]:】提示下，分别拾取点 A 和点 B，效果如图 4-9 所示。

计算机 基础与实训教材系列

A   B

图 4-8　定距等分对象的原始图形   图 4-9　等距等分对象

图形由对象组成，可以使用定点设备指定点的位置或在命令行输入坐标值来绘制对象。在 AutoCAD 中，直线、射线和构造线是最简单的一组线性对象。

直线是各种绘图中最常用、最简单的一类图形对象，只要指定了起点和终点即可绘制一条直线。在 AutoCAD 中，可以用二维坐标(x,y)或三维坐标(x,y,z)来指定端点，也可以混合使用二维坐标和三维坐标。如果输入二维坐标，AutoCAD 将会用当前的高度作为 Z 轴坐标值。

在快速访问工具栏选择【显示菜单栏】命令，在弹出的菜单中选择【绘图】|【直线】命令(LINE)，或在【功能区】选项板中，选择【常用】选项卡，在【绘图】面板中单击【直线】按钮，就可以绘制直线。

【例 4-4】使用【直线】命令绘制如图 4-10 所示的图形。

(1) 在快速访问工具栏选择【显示菜单栏】命令，在弹出的菜单中选择【绘图】|【直线】命令，或在【功能区】选项板中选择【常用】选项卡，在【绘图】面板中单击【直线】按钮，发出 LINE 命令。

(2) 在【指定第一点:】提示行下，在绘图窗口的任意位置单击，指定 A 点的坐标。

(3) 依次在【指定下一点或 [放弃(U)]:】提示行中输入其他点坐标: (@0,-35)、(@-20,0)、(@0,-40)、(@20,0)、(@0,-30)、(@-50,0)、(@0,20)、(@-40,0)、(@0,-20)、(@60,0)、(@0,40)、(@50<30)、(@-14<120)、(@40<30)、(@14<120)和(@40<30)。

(4) 在【指定下一点或 [闭合(C)/放弃(U)]:】提示行输入字母 C，然后按 Enter 键即可得到封闭的图形。

 提示

在绘制折线时，如果在【指定下一点或 [闭合(C)/放弃(U)]:】提示下输入字母 U，可删除上一条直线。

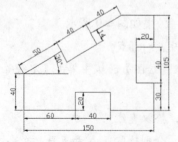

图 4-10　使用直线工具绘制图形

4.2.2 绘制射线

射线为一端固定，另一端无限延伸的直线。在快速访问工具栏选择【显示菜单栏】命令，在弹出的菜单中选择【绘图】|【射线】命令(RAY)，或在【功能区】选项板中，选择【常用】选项卡，在【绘图】面板中单击【射线】按钮，指定射线的起点和通过点即可绘制一条射线。在 AutoCAD 中，射线主要用于绘制辅助线。

指定射线的起点后，可在【指定通过点:】提示下指定多个通过点，绘制以起点为端点的多条射线，直到按 Esc 键或 Enter 键退出为止。

4.2.3 绘制构造线

构造线为两端可以无限延伸的直线，没有起点和终点，可以放置在三维空间的任何地方，主要用于绘制辅助线。在快速访问工具栏选择【显示菜单栏】命令，在弹出的菜单中选择【绘图】|【构造线】命令(XLINE)，或在【功能区】选项板中选择【常用】选项卡，在【绘图】面板中单击【构造线】按钮，都可绘制构造线。

【例4-5】使用【射线】和【构造线】命令，绘制如图 4-11 所示图形中的辅助线。

(1) 在快速访问工具栏选择【显示菜单栏】命令，在弹出的菜单中选择【绘图】|【构造线】命令，发出 XLINE 命令。

(2) 在【指定点或[水平(H)/垂直(V)/角度(A)/二等分(B)/偏移(O)]:】提示下输入 H，并在【指定通过点:】提示下输入坐标(100,100)，绘制一条水平构造线。

(3) 按 Enter 键，结束构造线的绘制命令。再次按 Enter 键，重新发出 XLINE 命令。以相似的方法，绘制经过点(100,100)的垂直构造线。

(4) 在快速访问工具栏选择【显示菜单栏】命令，在弹出的菜单中选择【工具】|【草图设置】命令，打开【草图设置】对话框。选择【极轴追踪】选项卡，并选中【启用极轴追踪】复选框，然后在【增量角】下拉列表框中选择45，单击【确定】按钮，如图 4-12 所示。

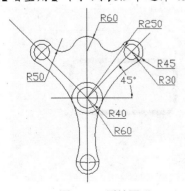

图4-11 原始图形

图4-12 【草图设置】对话框

(5) 在快速访问工具栏选择【显示菜单栏】命令，在弹出的菜单中选择【绘图】|【射线】命令，发出 RAY 命令，在【指定起点:】提示下输入坐标(100,100)。

(6) 移动光标，当角度显示为 45°时单击，绘制垂直构造线右侧的射线，如图 4-13 所示。

(7) 按 Enter 键或 Esc 键，结束绘图命令。

(8) 使用同样的方法，绘制另一条射线，如图 4-14 所示。

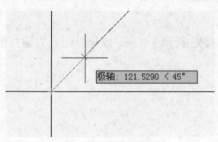

图 4-13　绘制射线

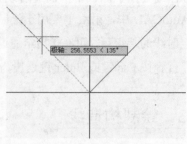

图 4-14　绘制另一条射线

4.3　绘制矩形和正多边形

在 AutoCAD 中，矩形及多边形的各边并非单一对象，它们构成一个单独的对象。使用 RECTANGE 命令可以绘制矩形，使用 POLYGON 命令可以绘制多边形。

4.3.1　绘制矩形

在快速访问工具栏选择【显示菜单栏】命令，在弹出的菜单中选择【绘图】|【矩形】命令(RECTANGLE)，或在【功能区】选项板中选择【常用】选项卡，在【绘图】面板中单击【矩形】按钮 ，即可绘制出倒角矩形、圆角矩形、有厚度的矩形等多种矩形，如图 4-15 所示。

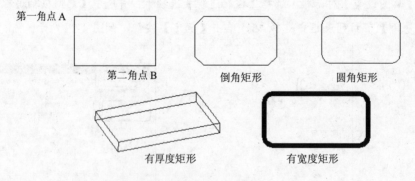

图 4-15　矩形的各种样式

绘制矩形时，命令行显示如下提示信息。

指定第一个角点或 [倒角(C)/标高(E)/圆角(F)/厚度(T)/宽度(W)]:

默认情况下，通过指定两个点作为矩形的对角点来绘制矩形。当指定了矩形的第 1 个角点后，命令行显示【指定另一个角点或 [面积(A)/尺寸(D)/旋转(R)]:】提示信息，这时可直接指定另一个角点来绘制矩形。也可以选择【面积(A)】选项，通过指定矩形的面积和长度(或宽度)绘制矩形；也可以选择【尺寸(D)】选项，通过指定矩形的长度、宽度和矩形另一角点的方向绘制矩形；也可以选择【旋转(R)】选项，通过指定旋转的角度和拾取两个参考点绘制矩形。该命令提示中其他选项的功能如下：

- ⊙ 【倒角(C)】选项：绘制一个带倒角的矩形，此时需要指定矩形的两个倒角距离。当设定了倒角距离后，仍返回【指定第一个角点或 [倒角(C)/标高(E)/圆角(F)/厚度(T)/宽度(W)]:】提示，提示用户完成矩形绘制。
- ⊙ 【标高(E)】选项：指定矩形所在的平面高度。默认情况下，矩形在 XY 平面内。该选项一般用于三维绘图。
- ⊙ 【圆角(F)】选项：绘制一个带圆角的矩形，此时需要指定矩形的圆角半径。
- ⊙ 【厚度(T)】选项：按已设定的厚度绘制矩形，该选项一般用于三维绘图。
- ⊙ 【宽度(W)】选项：按已设定的线宽绘制矩形，此时需要指定矩形的线宽。

【例 4-6】绘制一个标高为 10，厚度为 20，圆角半径为 10，大小为 100×80 的矩形，如图 4-16 所示。

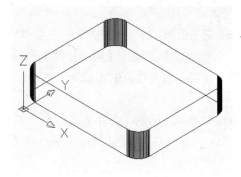
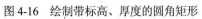

提示

在绘制带圆角或倒角的矩形时，如果矩形的长度和宽度太小而无法使用当前设置创建矩形时，那么绘制出来的矩形将不进行圆角或倒角。

图 4-16 绘制带标高、厚度的圆角矩形

(1) 在快速访问工具栏选择【显示菜单栏】命令，在弹出的菜单中选择【绘图】|【矩形】命令，或在【功能区】选项板中选择【常用】选项板，在【绘图】面板中单击【矩形】按钮▭。

(2) 在【指定第一个角点或[倒角(C)/标高(E)/圆角(F)/厚度(T)/宽度(W)]:】提示下输入 E，创建带标高的矩形。

(3) 在【指定矩形的标高 <0.0000>:】提示下输入 10，指定矩形的标高为 10。

(4) 在【指定第一个角点或[倒角(C)/标高(E)/圆角(F)/厚度(T)/宽度(W)]:】提示下输入 T，创建带厚度的矩形。

(5) 在【指定矩形的厚度 <0.0000>:】提示下输入 20，指定矩形的厚度为 20。

(6) 在【指定第一个角点或[倒角(C)/标高(E)/圆角(F)/厚度(T)/宽度(W)]:】提示下输入 F,创建圆角矩形。

(7) 在【指定矩形的圆角半径 <0.0000>:】提示下输入 10,指定矩形的圆角半径为 10。

(8) 在【指定第一个角点或[倒角(C)/标高(E)/圆角(F)/厚度(T)/宽度(W)]:】提示下输入(0,0),指定矩形第一个角点。

(9) 在【指定另一个角点或[面积(A)/尺寸(D)/旋转(R)]:】提示下输入(100,80),指定矩形的对角点。

(10) 在快速访问工具栏选择【显示菜单栏】命令,在弹出的菜单中选择【视图】|【三维视图】|【东南等轴测】命令,查看绘制好的三维图形,效果如图 4-16 所示。

④.3.2 绘制正多边形

在快速访问工具栏选择【显示菜单栏】命令,在弹出的菜单中选择【绘图】|【正多边形】命令(POLYGON),或在【功能区】选项板中选择【常用】选项卡,在【绘图】面板中单击【正多边形】按钮⬡,可以绘制边数为 3~1024 的正多边形。指定了正多边形的边数后,其命令行显示如下提示信息。

> 指定正多边形的中心点或 [边(E)]:

默认情况下,可以使用多边形的外接圆或内切圆来绘制多边形。当指定多边形的中心点后,命令行显示【输入选项 [内接于圆(I)/外切于圆(C)] <I>:】提示信息。选择【内接于圆】选项,表示绘制的多边形将内接于假想的圆;选择【外切于圆】选项,表示绘制的多边形外切于假想的圆。

此外,如果在命令行的提示下选择【边(E)】选项,可以以指定的两个点作为多边形一条边的两个端点来绘制多边形。采用【边】选项绘制多边形时,AutoCAD 总是从第 1 个端点到第 2 个端点,沿当前角度方向绘制出多边形。

【例4-7】绘制如图 4-17 所示的二极管符号。

(1) 在状态栏中单击【极轴追踪】按钮,启用【极轴追踪】功能。

(2) 在快速访问工具栏选择【显示菜单栏】命令,在弹出的菜单中选择【绘图】|【正多边形】命令,或在【功能区】选项板中选择【常用】选项卡,在【绘图】面板中单击【正多边形】按钮⬡,发出 POLYGON 命令。

(3) 在命令行的【输入边的数目 <4>:】提示下,输入正多边形的边数 3。

(4) 在命令行的【指定正多边形的中心点或[边(E)]:】提示下,在屏幕上任意拾取一点作为正三角的中心点。

(5) 在命令行的【输入选项 [内接于圆(I)/外切于圆(C)] <I>:】提示下,按 Enter 键,使用外切于圆方式绘制正三角形。

(6) 在命令行的【指定圆的半径:】提示下,将鼠标指针向右移动,当屏幕上显示【极轴:200<0° 】时，单击指定点，完成正三角形的绘制，如图 4-18 所示。

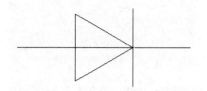

图 4-17 绘制二级管符号

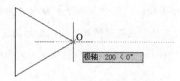

图 4-18 绘制正三角形

(7) 在快速访问工具栏选择【显示菜单栏】命令，在弹出的菜单中选择【绘图】|【直线】命令，以 O 点为起点，分别以点(@0,20)、(@0,-20)、(@-60,0)和(@30,0)为终点，绘制直线，效果如图 4-17 所示。

4.4 绘制曲线对象

在 AutoCAD 2011 中，圆、圆弧、椭圆、椭圆弧和圆环都属于曲线对象，其绘制方法相对线性对象要复杂一些，但方法也比较多。

4.4.1 绘制圆

在快速访问工具栏选择【显示菜单栏】命令，在弹出的菜单中选择【绘图】|【圆】命令中的子命令，或在【功能区】选项板中选择【常用】选项卡，在【绘图】面板中单击圆的相关按钮 ，都可绘制圆。在 AutoCAD 2011 中，可以使用 6 种方法绘制圆，如图 4-19 所示。

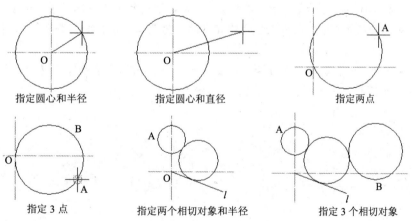

图 4-19 圆的 6 种绘制方法

如果在命令提示要求后输入半径或者直径时所输入的值无效，如英文字母、负值等，系统将显示【需要数值距离或第二点】、【值必须为正且非零】等信息，并提示重新输入值或者退出该命令。

> **提示**
>
> 使用【相切、相切、半径】命令时，系统总是在距拾取点最近的部位绘制相切的圆。因此，拾取相切对象时，拾取的位置不同，得到的结果可能也不相同，如图 4-20 所示。

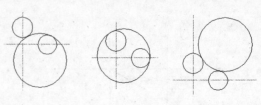

图 4-20 使用【相切、相切、半径】命令绘图的不同效果

【例 4-8】在图 4-14 所示的图形中，绘制图 4-11 中的圆。

(1) 启动 AutoCAD 2011，打开图 4-14 所示的文件。

(2) 在快速访问工具栏选择【显示菜单栏】命令，在弹出的菜单中选择【绘图】|【圆】|【圆心、半径】命令，以点(100,100)为圆心，绘制一个半径为 40 的圆，如图 4-21 所示。

(3) 在快速访问工具栏选择【显示菜单栏】命令，在弹出的菜单中选择【绘图】|【圆】|【圆心、半径】命令，以点(100,100)为圆心，分别绘制半径为 60 和 250 的圆，如图 4-22 所示。

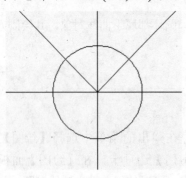 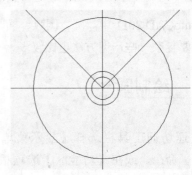

图 4-21 绘制半径为 40 的圆   图 4-22 绘制半径为 60 和 250 的圆

(4) 在快速访问工具栏选择【显示菜单栏】命令，在弹出的菜单中选择【绘图】|【圆】|【圆心、半径】命令，以辅助线与半径为 250 的圆相交的点为圆心，分别绘制半径为 30 和 45 的圆，如图 4-23 所示。

(5) 在快速访问工具栏选择【显示菜单栏】命令，在弹出的菜单中选择【绘图】|【直线】命令，以小圆与大圆的交点为端点，绘制直线，效果如图 4-24 所示。

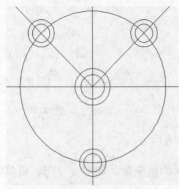 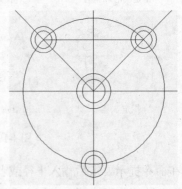

图 4-23 绘制多个同心圆   图 4-24 绘制直线

(6) 在快速访问工具栏选择【显示菜单栏】命令，在弹出的菜单中选择【绘图】|【圆】|【圆心、半径】命令，以刚绘制的直线与垂直辅助线的交点为圆心，绘制半径为 60 的圆，效果如图 4-25 所示。

(7) 在快速访问工具栏选择【显示菜单栏】命令，在弹出的菜单中选择【绘图】|【圆】|【相切、相切、半径】命令，绘制两个与半径分别为 60 和 45 的圆相切的圆，且半径为 50，效果如图 4-26 所示。

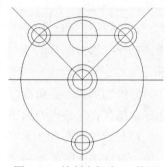

图 4-25　绘制半径为 60 的圆

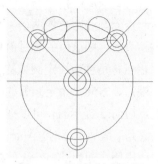

图 4-26　绘制两个相切圆

(8) 在快速访问工具栏选择【显示菜单栏】命令，在弹出的菜单中选择【绘图】|【圆】|【相切、相切、相切】命令，绘制两个与半径分别为 45、60 和 45 的圆相切的圆，效果如图 4-27 所示。

(9) 选择半径为 250 的圆和上面一条水平直线，按 Delete 键将其删除，效果如图 4-28 所示。

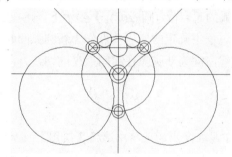

图 4-27　绘制两个相切圆 2

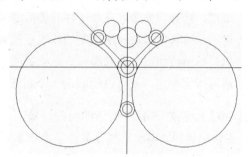

图 4-28　删除多余的对象

(10) 在快速访问工具栏选择【显示菜单栏】命令，在弹出的菜单中选择【修改】|【修剪】命令，对图形进行修剪操作，效果如图 4-11 所示。

4.4.2　绘制圆弧

在快速访问工具栏选择【显示菜单栏】命令，在弹出的菜单中选择【绘图】|【圆弧】命令中的子命令，或在【功能区】选项板中选择【常用】选项卡，在【绘图】面板中单击圆弧的相关按钮 ，都可绘制圆弧。在 AutoCAD 2011 中，圆弧的绘制方法有 11 种，相应命令的功能如下。

⊙　三点：以给定的 3 个点绘制一段圆弧，需要指定圆弧的起点、通过的第二个点和端点。

- ⊙ 起点、圆心、端点：指定圆弧的起点、圆心和端点绘制圆弧。
- ⊙ 起点、圆心、角度：指定圆弧的起点、圆心和角度绘制圆弧。此时，需要在【指定包含角:】提示下输入角度值。如果当前环境设置逆时针为角度方向，并输入正的角度值，则所绘制的圆弧是从起始点绕圆心沿逆时针方向绘出；如果输入负角度值，则沿顺时针方向绘制圆弧。
- ⊙ 起点、圆心、长度：指定圆弧的起点、圆心和弦长绘制圆弧。此时，所给定的弦长不得超过起点到圆心距离的两倍。另外，在命令行的【指定弦长:】提示下，所输入的值如果为负值，则该值的绝对值将作为对应整圆的空缺部分圆弧的弦长。
- ⊙ 起点、端点、角度：指定圆弧的起点、端点和角度绘制圆弧。
- ⊙ 起点、端点、方向：指定圆弧的起点、端点和方向绘制圆弧。当命令行显示【指定圆弧的起点切向:】提示时，可以拖动鼠标动态地确定圆弧在起始点处的切线方向与水平方向的夹角。拖动鼠标时，AutoCAD 会在当前光标与圆弧起始点之间形成一条橡皮筋线，此橡皮筋线即为圆弧在起始点处的切线。拖动鼠标确定圆弧在起始点处的切线方向后，单击拾取键即可得到相应的圆弧。
- ⊙ 起点、端点、半径：指定圆弧的起点、端点和半径绘制圆弧。
- ⊙ 圆心、起点、端点：指定圆弧的圆心、起点和端点绘制圆弧。
- ⊙ 圆心、起点、角度：指定圆弧的圆心、起点和角度绘制圆弧。
- ⊙ 圆心、起点、长度：指定圆弧的圆心、起点和长度绘制圆弧。
- ⊙ 继续：选择该命令，在命令行的【指定圆弧的起点或 [圆心(C)]:】提示下直接按 Enter 键，系统将以最后一次绘制的线段或圆弧过程中确定的最后一点作为新圆弧的起点，以最后所绘线段方向或圆弧终止点处的切线方向为新圆弧在起始点处的切线方向，然后再指定一点，就可以绘制出一个圆弧。

【例 4-9】绘制如图 4-29 所示的电铃符号。

(1) 在快速访问工具栏选择【显示菜单栏】命令，在弹出的菜单中选择【绘图】|【圆弧】|【圆心、起点和角度】命令，以点(100,100)为圆心，以点(100,90)为圆弧起点，绘制包含角为 180°的圆弧，效果如图 4-30 所示。

图 4-29　绘制电铃　　　　　　　　图 4-30　绘制圆弧

(2) 在快速访问工具栏选择【显示菜单栏】命令，在弹出的菜单中选择【绘图】|【直线】命令，绘制经过圆弧两个端点的直线，效果如图 4-31 所示。

(3) 在快速访问工具栏选择【显示菜单栏】命令，在弹出的菜单中选择【绘图】|【直线】命令，绘制经过点(100,104)、(94,104)和(94,122)的直线，效果如图 4-32 所示。

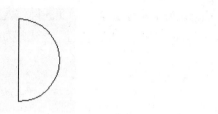

图 4-31　绘制直线 1　　　　　　　　　　图 4-32　绘制直线 2

(4) 在快速访问工具栏选择【显示菜单栏】命令，在弹出的菜单中选择【绘图】|【直线】命令，绘制经过点(100,96) (94,96)和(94,78)的直线，效果如图 4-29 所示。

4.4.3　绘制椭圆

在快速访问工具栏选择【显示菜单栏】命令，在弹出的菜单中选择【绘图】|【椭圆】子菜单中的命令，或在【功能区】选项板中选择【常用】选项卡，在【绘图】面板中单击椭圆的相关按钮 ，都可绘制椭圆，如图 4-33 所示。可以选择【绘图】|【椭圆】|【中心点】命令，指定椭圆中心、一个轴的端点(主轴)以及另一个轴的半轴长度绘制椭圆；也可以选择【绘图】|【椭圆】|【轴、端点】命令，指定一个轴的两个端点(主轴)和另一个轴的半轴长度绘制椭圆。

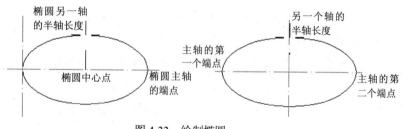

图 4-33　绘制椭圆

4.4.4　绘制椭圆弧

在 AutoCAD 2011 中，椭圆弧的绘图命令和椭圆的绘图命令都是 ELLIPSE，但命令行的提示不同。在快速访问工具栏选择【显示菜单栏】命令，在弹出的菜单中选择【绘图】|【椭圆】|【椭圆弧】命令，或在【功能区】选项板中选择【常用】选项卡，在【绘图】面板中单击【椭圆弧】按钮 ，都可绘制椭圆弧，此时命令行的提示信息如下。

> 指定椭圆的轴端点或 [圆弧(A)/中心点(C)]: _a
> 指定椭圆弧的轴端点或 [中心点(C)]:

从【指定椭圆弧的轴端点或 [中心点(C)]:】提示开始，后面的操作就是确定椭圆形状的过程，与前面介绍的绘制椭圆的过程完全相同。确定椭圆形状后，将出现如下提示信息。

> 指定起始角度或 [参数(P)]:

该命令提示中的选项功能如下。

- ⊙ 【指定起始角度】选项：通过给定椭圆弧的起始角度来确定椭圆弧。命令行将显示【指定终止角度或 [参数(P)/包含角度(I)]:】提示信息。其中，选择【指定终止角度】选项，要求给定椭圆弧的终止角，用于确定椭圆弧另一端点的位置；选择【包含角度】选项，使系统根据椭圆弧的包含角来确定椭圆弧。选择【参数(P)】选项，将通过参数确定椭圆弧另一个端点的位置。
- ⊙ 【参数(P)】选项：通过指定的参数来确定椭圆弧。命令行将显示【指定起始参数或 [角度(A)]:】提示。其中，选择【角度】选项，切换到用角度来确定椭圆弧的方式；如果输入参数即执行默认项，系统将使用公式 $P(n) = c + a \times \cos(n) + b \times \sin(n)$ 来计算椭圆弧的起始角。其中，n 是输入的参数，c 是椭圆弧的半焦距，a 和 b 分别是椭圆的长半轴与短半轴的轴长。

④.4.5 绘制圆环

绘制圆环是创建填充圆环或实体填充圆的一个捷径。在 AutoCAD 中，圆环实际上是由具有一定宽度的多段线封闭形成的。

要创建圆环，可在快速访问工具栏选择【显示菜单栏】命令，在弹出的菜单中选择【绘图】|【圆环】命令(DONUT)，或在【功能区】选项板中选择【常用】选项卡，在【绘图】面板中单击【圆环】按钮◎，指定它的内径和外径，然后通过指定不同的圆心来连续创建直径相同的多个圆环对象，直到按 Enter 键结束命令。如果要创建实体填充圆，应将内径值指定为 0。

【例4-10】在坐标原点绘制一个内径为 10，外径为 15 的圆环，如图 4-34 所示。

(1) 在快速访问工具栏选择【显示菜单栏】命令，在弹出的菜单中选择【绘图】|【圆环】命令。

(2) 在命令行的【指定圆环的内径<5.000>:】提示下输入 10，将圆环的内径设置为 10。

(3) 在命令行的【指定圆环的外径<51.000>:】提示下输入 15，将圆环的外径设置为 15。

(4) 在命令行的【指定圆环的中心点或 <退出>:】提示下，输入(0,0)，指定圆环的圆点为坐标系原点，如图 4-34 所示。

(5) 按 Enter 键，结束圆环绘制命令。圆环对象与圆不同，通过拖动其夹点只能改变形状，而不能改变大小，如图 4-35 所示。

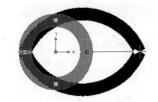

图 4-34　绘制圆环　　　　　　　图 4-35　通过拖动夹点改变圆环形状

4.5　绘制与编辑多线

多线是一种由多条平行线组成的组合对象。平行线之间的间距和数目是可以调整的，多线常用于绘制建筑图中的墙体、电子线路图等平行线对象。

4.5.1　绘制多线

在快速访问工具栏选择【显示菜单栏】命令，在弹出的菜单中选择【绘图】|【多线】命令(MLINE)，可以绘制多线。执行 MLINE 后，命令行显示如下提示信息：

> 当前的设置：对正=上，比例=20.00，样式=STANDARD
> 指定起点或 [对正(J)/比例(S)/样式(ST)]:

在该提示信息中，第一行说明当前的绘图格式：对正方式为上，比例为 20.00，多线样式为标准型(STANDARD)；第二行为绘制多线时的选项，各选项意义如下。

- 对正(J)：指定多线的对正方式。此时命令行显示【输入对正类型 [上(T)/无(Z)/下(B)]＜上＞:】提示信息。【上(T)】选项表示当从左向右绘制多线时，多线上最顶端的线将随着光标移动；【无(Z)】选项表示绘制多线时，多线的中心线将随着光标点移动；【下(B)】选项表示当从左向右绘制多线时，多线上最底端的线将随着光标移动。
- 比例(S)：指定所绘制的多线的宽度相对于多线的定义宽度的比例因子，该比例不影响多线的线型比例。
- 样式(ST)：指定绘制的多线的样式，默认为标准(STANDARD)型。当命令行显示【输入多线样式名或 [?]:】提示信息时，可以直接输入已有的多线样式名，也可以输入【？】，显示已定义的多线样式。

4.5.2　使用【多线样式】对话框

在快速访问工具栏选择【显示菜单栏】命令，在弹出的菜单中选择【格式】|【多线样式】命令(MLSTYLE)，打开【多线样式】对话框，如图 4-36 所示。可以根据需要创建多线样式，设置其线条数目和线的拐角方式。该对话框中各选项的功能如下。

图 4-36 【多线样式】对话框

提示

当选中一种多线样式后，在【多线样式】对话框的【说明】和【预览】区域中还将显示该多线样式的说明信息和样式预览。

- ◉ 【样式】列表框：显示已经加载的多线样式。
- ◉ 【置为当前】按钮：在【样式】列表中选择需要使用的多线样式后，单击该按钮，可以将其设置为当前样式。
- ◉ 【新建】按钮：单击该按钮，打开【创建新的多线样式】对话框，可以创建新多线样式，如图 4-37 所示。
- ◉ 【修改】按钮：单击该按钮，打开【修改多线样式】对话框，可以修改创建的多线样式。
- ◉ 【重命名】按钮：重命名【样式】列表中选中的多线样式名称，但不能重命名标准(STANDARD)样式。
- ◉ 【删除】按钮：删除【样式】列表中选中的多线样式。
- ◉ 【加载】按钮：单击该按钮，打开【加载多线样式】对话框，如图 4-38 所示。可以从中选取多线样式并将其加载到当前图形中，也可以单击【文件】按钮，打开【从文件加载多线样式】对话框，选择多线样式文件。默认情况下，AutoCAD 2011 提供的多线样式文件为 acad.mln。

图 4-37 【创建新的多线样式】对话框

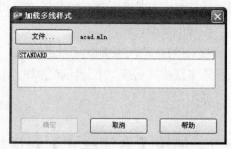

图 4-38 【加载多线样式】对话框

- ◉ 【保存】按钮：打开【保存多线样式】对话框，可以将当前的多线样式保存为一个多线文件(*.mln)。

4.5.3 创建多线样式

在【创建新的多线样式】对话框中单击【继续】按钮，将打开【新建多线样式】对话框，可以创建新多线样式的封口、填充和元素特性等内容，如图 4-39 所示。该对话框中各选项的功能如下。

图 4-39 【新建多线样式】对话框

- 【说明】文本框：用于输入多线样式的说明信息。当在【多线样式】列表中选中多线时，说明信息将显示在【说明】区域中。

- 【封口】选项区域：用于控制多线起点和端点处的样式。可以为多线的每个端点选择一条直线或弧线，并输入角度。其中，【直线】穿过整个多线的端点，【外弧】连接最外层元素的端点，【内弧】连接成对元素，如果有奇数个元素，则中心线不相连，如图 4-40 所示。

- 【填充】选项区域：用于设置是否填充多线的背景。可以从【填充颜色】下拉列表框中选择所需的填充颜色作为多线的背景。如果不使用填充色，则在【填充颜色】下拉列表框中选择【无】选项即可。

- 【显示连接】复选框：选中该复选框，可以在多线的拐角处显示连接线，否则不显示，如图 4-41 所示。

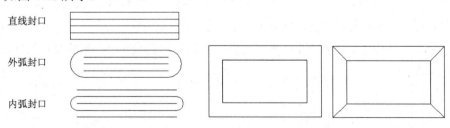

图 4-40 多线的封口样式 　　图 4-41 不显示连接与显示连接对比

- 【图元】选项区域：可以设置多线样式的元素特性，包括多线的线条数目、每条线的颜色和线型等特性。其中，【图元】列表框中列举了当前多线样式中各线条元素及其特性，包括线条元素相对于多线中心线的偏移量、线条颜色和线型。如果要增加多线中线条的数目，可单击【添加】按钮，在【图元】列表中将加入一个偏移量为 0 的新线条元素；通过【偏移】文本框设置线条元素的偏移量；在【颜色】下拉列表框中设置当前线条的颜色；单击【线型】按钮，使用打开的【线型】对话框设置线元素的线型。如果要删除某一线条，可在【图元】列表框中选中该线条元素，然后单击【删除】按钮即可。

④.5.4 编辑多线

多线编辑命令是一个专用于多线对象的编辑命令，在快速访问工具栏选择【显示菜单栏】命令，在弹出的菜单中选择【修改】|【对象】|【多线】命令，可打开【多线编辑工具】对话框。该对话框中的各个图像按钮形象地说明了编辑多线的方法，如图 4-42 所示。

图 4-42 【多线编辑工具】对话框

使用 3 种十字型工具▦、▦和▦可以消除各种相交线，如图 4-43 所示。当选择十字型中的某种工具后，还需要选取两条多线，AutoCAD 总是切断所选的第一条多线，并根据所选工具切断第二条多线。在使用【十字合并】工具时可以生成配对元素的直角，如果没有配对元素，则多线将不被切断。

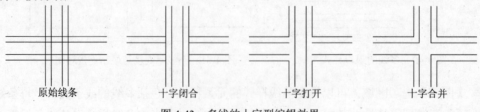

图 4-43 多线的十字型编辑效果

使用 T 字型工具、、和角点结合工具也可以消除相交线，如图 4-44 所示。此外，角点结合工具还可以消除多线一侧的延伸线，从而形成直角。使用该工具时，需要选取两条多线，只需在要保留的多线某部分上拾取点，AutoCAD 就会将多线剪裁或延伸到它们的相交点。

原始线条　　　　　T 型闭合　　　　　T 型打开　　　　　T 型合并　　　　　角点结合

图 4-44　多线的 T 型编辑效果

使用添加顶点工具可以为多线增加若干顶点，使用删除顶点工具可以从包含 3 个或更多顶点的多线上删除顶点，若当前选取的多线只有两个顶点，那么该工具将无效。

使用剪切工具、可以切断多线。其中，【单个剪切】工具用于切断多线中的一条，只需简单地拾取要切断的多线某一元素上的两点，则这两点中的连线即被删除(实际上是不显示)；【全部剪切】工具用于切断整条多线。

此外，使用【全部接合】工具可以重新显示所选两点间的任何切断部分。

【练习 4-1】绘制如图 4-45 所示的带框箭头。

(1) 在快速访问工具栏选择【显示菜单栏】命令，在弹出的菜单中选择【格式】|【多线样式】命令，打开【多线样式】对话框。

(2) 单击【新建】按钮，打开【创建新的多线样式】对话框，在【新样式名】文本框中输入 P，如图 4-46 所示。

(3) 单击【继续】按钮，打开【新建多线样式：P】对话框，单击【添加】按钮，在【偏移】文本框中输入 0.25，在【颜色】下拉列表框中选择【选择颜色】命令，打开【选择颜色】对话框。

图 4-45　绘制带框的箭头

图 4-46　新建样式名

(4) 选择【索引颜色】选项卡，在最后一排灰度色块中选择第 6 个色块，如图 4-47 所示。

(5) 单击【确定】按钮，返回【新建多线样式：P】对话框，单击【添加】按钮，在【偏移】文本框中输入-0.25，在【填充颜色】下拉列表框中选择【红】命令，并且选择【显示连接】复选框，如图 4-48 所示。

(6) 单击【确定】按钮，完成样式的设置。

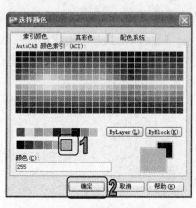

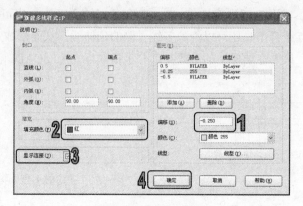

图 4-47　【选择颜色】对话框　　　　　　　　图 4-48　新建多线样式

(7) 在快速访问工具栏选择【显示菜单栏】命令，在弹出的菜单中选择【绘图】|【多线】命令，在【指定起点或 [对正(J)/比例(S)/样式(ST)]:】提示下输入 J，在【输入对正类型[上(T)/无(Z)/下(B)]:】提示下输入 Z，在【指定起点或 [对正(J)/比例(S)/样式(ST)]】提示下输入 S，在【输入多线比例 <0.00>:】提示下输入 6，将多线的比例设置为 6。

(8) 在【指定起点或 [对正(J)/比例(S)/样式(ST)]:】提示下输入 ST，在【输入多线样式名或 [?]:】提示下输入 P。

(9) 在【指定起点或 [对正(J)/比例(S)/样式(ST)]:】提示下分别输入坐标(100,100)、(135,100)、(150,120)、(135,140)和(100,140)，并按 C 键，封闭图形。

(10) 使用同样的方法，绘制箭头的另一部分，各点的坐标分别为(135,80)、(165,120)、(135,160)和(200,120)，效果如图 4-45 所示。

④.6　绘制与编辑多段线

在 AutoCAD 中，【多段线】是一种非常有用的线段对象，它是由多段直线段或圆弧段组成的一个组合体，既可以一起编辑，也可以分别编辑，还可以具有不同的宽度。

④.6.1　绘制多段线

在快速访问工具栏选择【显示菜单栏】命令，在弹出的菜单中选择【绘图】|【多段线】命令(PLINE)，可以绘制多段线。执行 PLINE 命令，并在绘图窗口中指定了多段线的起点后，命令行显示如下提示信息：

> 指定下一个点或 [圆弧(A)/闭合(C)/半宽(H)/长度(L)/放弃(U)/宽度(W)]:

默认情况下，当指定了多段线另一端点的位置后，将从起点到该点绘出一段多段线。该命令提示中其他选项的功能如下。

- 圆弧(A)：从绘制直线方式切换到绘制圆弧方式。
- 半宽(H)：设置多段线的半宽度，即多段线的宽度等于输入值的 2 倍。其中，可以分别指定对象的起点半宽和端点半宽。
- 长度(L)：指定绘制的直线段的长度。此时，AutoCAD 将以该长度沿着上一段直线的方向绘制直线段。如果前一段线对象是圆弧，则该段直线的方向为上一圆弧端点的切线方向。
- 放弃(U)：删除多段线上的上一段直线段或者圆弧段，以方便及时修改在绘制多段线过程中出现的错误。
- 宽度(W)：设置多段线的宽度，可以分别指定对象的起点半宽和端点半宽。具有宽度的多段线填充与否可以通过 FILL 命令来设置。如果将模式设置成【开(ON)】，则绘制的多段线是填充的；如果将模式设置成【关(OFF)】，则所绘制的多段线是不填充的。
- 闭合(C)：封闭多段线并结束命令。此时，系统将以当前点为起点，以多段线的起点为端点，以当前宽度和绘图方式(直线方式或者圆弧方式)绘制一段线段，以封闭该多段线，然后结束命令。

在绘制多段线时，如果在【指定下一个点或 [圆弧(A)/半宽(H)/长度(L)/放弃(U)/宽度(W)]:】命令提示下输入 A，可以切换到圆弧绘制方式，命令行显示如下提示信息。

指定圆弧的端点或
[角度(A)/圆心(CE)/闭合(CL)/方向(D)/半宽(H)/直线(L)/半径(R)/第二个点(S)/放弃(U)/宽度(W)]:

该命令提示中各选项的功能说明如下。

- 角度(A)：根据圆弧对应的圆心角来绘制圆弧段。选择该选项后需要在命令行提示下输入圆弧的包含角。圆弧的方向与角度的正负有关，同时也与当前角度的测量方向有关。
- 圆心(CE)：根据圆弧的圆心位置来绘制圆弧段。选择该选项，需要在命令行提示下指定圆弧的圆心。当确定了圆弧的圆心位置后，可以再指定圆弧的端点、包含角或对应弦长中的一个条件来绘制圆弧。
- 闭合(CL)：根据最后点和多段线的起点为圆弧的两个端点，绘制一个圆弧，以封闭多段线。闭合后，将结束多段线绘制命令。
- 方向(D)：根据起始点处的切线方向来绘制圆弧。选择该选项，可通过输入起始点方向与水平方向的夹角来确定圆弧的起点切向。也可以在命令行提示下确定一点，系统将把圆弧的起点与该点的连线作为圆弧的起点切向。当确定了起点切向后，再确定圆弧另一个端点即可绘制圆弧。
- 半宽(H)：设置圆弧起点的半宽度和终点的半宽度。
- 直线(L)：将多段线命令由绘制圆弧方式切换到绘制直线的方式。此时将返回到【指定下一个点或 [圆弧(A)/半宽(H)/长度(L)/放弃(U)/宽度(W)]:】提示。
- 半径(R)：可根据半径来绘制圆弧。选择该选项后，需要输入圆弧的半径，并通过指定端点和包含角中的一个条件来绘制圆弧。

计算机 基础与实训教材系列

- ⊙ 第二个点(S)：可根据 3 点来绘制一个圆弧。
- ⊙ 放弃(U)：取消上一次绘制的圆弧。
- ⊙ 宽度(W)：设置圆弧的起点宽度和终点宽度。

【练习 4-2】绘制如图 4-49 所示的方向箭头。

图 4-49　绘制方向箭头

计算机 基础与实训教材系列

(1) 在快速访问工具栏选择【显示菜单栏】命令，在弹出的菜单中选择【绘图】|【多段线】命令，发出 PLINE 命令。

(2) 在命令行的【指定起点:】提示下，在绘图窗口单击，确定多段线的起点。

(3) 在命令行的【指定下一个点或 [圆弧(A)/半宽(H)/长度(L)/放弃(U)/宽度(W)]:】提示下输入多段线的点坐标(@0,3400)、(@-2160,0)和(@0,-1250)。

(4) 在命令行的【指定下一个点或 [圆弧(A)/半宽(H)/长度(L)/放弃(U)/宽度(W)]:】提示下输入 W。

(5) 在命令行的【指定起点宽度 <0.0000>:】提示下输入多段线的起点宽度为 50。

(6) 在命令行的【指定端点宽度 <50.0000>:】提示下输入 0。

(7) 在命令行的【指定下一点或 [圆弧(A)半宽(H)/长度(L)/放弃(U)/宽度(W)] :】提示下，输入坐标(@0,-150)，绘制一条垂直线段。

(8) 在命令行的【指定下一点或 [圆弧(A)半宽(H)/长度(L)/放弃(U)/宽度(W)]:】提示下，按Enter 键，完成图形的绘制，结果如图 4-49 所示。

④.6.2　编辑多段线

在 AutoCAD 2011 中，可以一次编辑一条或多条多段线。在快速访问工具栏选择【显示菜单栏】命令，在弹出的菜单中选择【修改】|【对象】|【多段线】命令(PEDIT)，或在【功能区】选项板中选择【常用】选项卡，在【修改】面板中单击【编辑多段线】按钮，调用编辑二维多段线命令。如果只选择一条多段线，命令行显示如下提示信息。

> 输入选项[闭合(C)/合并(J)/宽度(W)/编辑顶点(E)/拟合(F)/样条曲线(S)/非曲线化(D)/线型生成(L)/放弃(U)]:

如果选择多条多段线，命令行则显示如下提示信息。

输入选项[闭合(C)/打开(O)/合并(J)/宽度(W)/拟合(F)/样条曲线(S)/非曲线化(D)/线型生成(L)/放弃(U)]:

编辑多段线时，命令行中主要选项的功能如下。

- 闭合(C)：封闭所编辑的多段线，自动以最后一段的绘图模式(直线或者圆弧)连接原多段线的起点和终点。

- 合并(J)：将直线段、圆弧或者多段线连接到指定的非闭合多段线上。如果编辑的是多个多段线，系统将提示输入合并多段线的允许距离；如果编辑的是单个多段线，系统将连续选取首尾连接的直线、圆弧和多段线等对象，并将它们连成一条多段线。选择该选项时，要连接的各相邻对象必须在形式上彼此首尾相连。

- 宽度(W)：重新设置所编辑的多段线的宽度。当输入新的线宽值后，所选的多段线均变成该宽度。

- 【编辑顶点(E)】选项：编辑多段线的顶点，只能对单个的多段线操作。

- 在编辑多段线的顶点时，系统将在屏幕上使用小叉标记出多段线的当前编辑点，命令行显示如下提示信息。

输入顶点编辑选项
[下一个(N)/上一个(P)/打断(B)/插入(I)/移动(M)/重生成(R)/拉直(S)/切向(T)/宽度(W)/ 退出(X)] <N>:

- 拟合(F)：采用双圆弧曲线拟合多段线的拐角，如图 4-50 所示。

图 4-50 用曲线拟合多段线的前后效果

- 样条曲线(S)：用样条曲线拟合多段线，且拟合时以多段线的各顶点作为样条曲线的控制点，如图 4-51 所示。

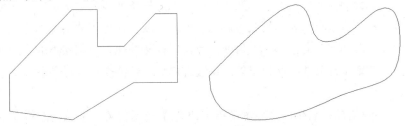

图 4-51 用样条曲线拟合多段线的前后效果

- 非曲线化(D)：删除在执行【拟合】或者【样条曲线】选项操作时插入的额外顶点，并拉直多段线中的所有线段，同时保留多段线顶点的所有切线信息。

计算机 基础与实训教材系列

- 线型生成(L)：设置非连续线型多段线在各顶点处的绘线方式。选择该选项，命令行将显示【输入多段线线型生成选项 [开(ON)/关(OFF)] <关>:】提示信息。当选择 ON 时，多段线以全长绘制线型；当选择 OFF 时，多段线的各个线段独立绘制线型，当长度不足以表达线型时，以连续线代替。

- 放弃(U)：取消 PEDIT 命令的上一次操作。用户可重复使用该选项。

4.7　绘制与编辑样条曲线

样条曲线是一种通过或接近指定点的拟合曲线。在 AutoCAD 中，其类型是非均匀关系基本样条曲线(Non-Uniform Rational Basis Splines, NURBS)，适于表达具有不规则变化曲率半径的曲线。

4.7.1　绘制样条曲线

在快速访问工具栏选择【显示菜单栏】命令，在弹出的菜单中选择【绘图】|【样条曲线】命令(SPLINE)，或在【功能区】选项板中选择【常用】选项卡，在【绘图】面板中单击【样条曲线】按钮~，即可绘制样条曲线。此时，命令行将显示【指定第一个点或 [对象(O)]:】提示信息。当选择【对象(O)】时，可以将多段线编辑得到的二次或者三次拟合样条曲线转换成等价的样条曲线。默认情况下，可以指定样条曲线的起点，然后在指定样条曲线上的另一个点后，系统将显示如下提示信息。

> 指定下一点或 [闭合(C)/拟合公差(F)] <起点切向>:

可以通过继续定义样条曲线的控制点创建样条曲线，也可以使用其他选项，其功能如下。

- 起点切向：在完成控制点的指定后按 Enter 键，要求确定样条曲线在起始点处的切线方向，同时在起点与当前光标点之间出现一根橡皮筋线，表示样条曲线在起点处的切线方向。如果在【指定起点切向:】提示下移动鼠标，样条曲线在起点处的切线方向的橡皮筋线也会随着光标点的移动发生变化，同时样条曲线的形状也发生相应的变化。可在该提示下直接输入表示切线方向的角度值，或者通过移动鼠标的方法来确定样条曲线起点处的切线方向，即单击拾取一点，以样条曲线起点到该点的连线作为起点的切向。当指定了样条曲线在起点处的切线方向后，还需要指定样条曲线终点处的切线方向。

- 闭合(C)：封闭样条曲线，并显示【指定切向:】提示信息，要求指定样条曲线在起点同时也是终点处的切线方向(因为样条曲线的起点与终点重合)。当确定了切线方向后，即可绘出一条封闭的样条曲线。

- 拟合公差(F)：设置样条曲线的拟合公差。拟合公差是指实际样条曲线与输入的控制点之间所允许偏移距离的最大值。当给定拟合公差时，绘出的样条曲线不会全部通过各个控制点，但总是通过起点与终点。这种方法特别适用于拟合点比较多的情况。当输入了拟合公差值后，又返回【指定下一点或 [闭合(C)/拟合公差(F)] 〈起点切向〉:】提示，可根据前面介绍的方法绘制样条曲线，不同的是该样条曲线不再全部通过除起点和终点外的各个控制点。

④.7.2 编辑样条曲线

在快速访问工具栏选择【显示菜单栏】命令，在弹出的菜单中选择【修改】|【对象】|【样条曲线】命令(SPLINEDIT)，或在【功能区】选项板中选择【常用】选项卡，在【修改】面板中单击【编辑样条曲线】按钮 ，就可以编辑选中的样条曲线。样条曲线编辑命令是一个单对象编辑命令，一次只能编辑一条样条曲线对象。执行该命令并选择需要编辑的样条曲线后，在曲线周围将显示控制点，同时命令行显示如下提示信息。

> 输入选项 [拟合数据(F)/闭合(C)/移动顶点(M)/精度(R)/反转(E)/放弃(U)]:

可以选择某一编辑选项来编辑样条曲线，主要选项的功能如下。

- ◉ 拟合数据(F)：编辑样条曲线所通过的某些控制点。选择该选项后，样条曲线上各控制点的位置均会出现一小方格，且显示如下提示信息。

> 输入拟合数据选项[添加(A)/闭合(C)/删除(D)/移动(M)/清理(P)/相切(T)/公差(L)/退出(X)] 〈退出〉:

- ◉ 移动顶点(M)：移动样条曲线上的当前控制点。与【拟合数据】选项中的【移动】子选项的含义相同。
- ◉ 精度(R)：对样条曲线的控制点进行细化操作，此时命令行显示如下提示信息。

> 输入精度选项 [添加控制点(A)/提高阶数(E)/权值(W)/退出(X)] 〈退出〉:

- ◉ 反转(E)：使样条曲线的方向相反。

【练习 4-3】绘制如图 4-52 所示的涡卷弹簧示意图。

(1) 在【功能区】选项板中选择【常用】选项卡，在【绘图】面板中单击【构造线】按钮，绘制一条水平构造线和一条垂直构造线，如图 4-53 所示。

(2) 在快速访问工具栏选择【显示菜单栏】命令，在弹出的菜单中选择【绘图】|【样条曲线】|【拟合点】命令，指定两条构造线的交点为样条曲线的起点。

(3) 在【指定下一点或[闭合(C)/拟合公差(F)] 〈起点切向〉: 】提示下，依次输入点的坐标(@7<-35)、(@5.5<45) 、(@10<110)、(@7<160)、(@10<205)、(@8<250)、(@14<280)、(@10<330)、(@20<10)、(@17<68)、(@20<115)、(@18<156)、(@22<203)、(@18<250)、(@27<288)、(@36<350)、(@40<58)、(@37<120)、(@38<180)、(@33<230)、(@35<275)、(@44<325)、(@7<340)、(@7<210)和(@4<180)。

(4) 在【指定下一点或[闭合(C)/拟合公差(F)] 〈起点切向〉: 】提示下，按 Enter 键。

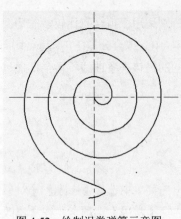

图 4-52　绘制涡卷弹簧示意图　　　　　　　图 4-53　绘制构造线

(5) 在【指定起点切向:】提示下输入 90，指点起点切向。

(6) 在【指定端点切向:】提示下输入 90，指点端点切向，效果如图 4-52 所示。

4.8　上机练习

本章的上机实验通过绘制如图 4-54 所示的徽章，练习多边形、圆、圆弧和圆环等对象的绘制方法。

(1) 在【功能区】选项板中选择【常用】选项卡，在【绘图】面板中单击【圆心、半径】按钮 ，绘制一个半径为 200 的圆。

(2) 在【功能区】选项板中选择【常用】选项卡，在【绘图】面板中单击【正多边形】按钮 ，绘制以圆的圆心为中心点，且内接于该圆的正六边形，如图 4-55 所示。

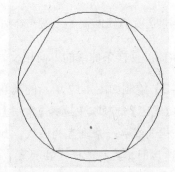

图 4-54　绘制徽章　　　　　　　图 4-55　绘制圆和正六边形

(3) 在【功能区】选项板中选择【常用】选项卡，在【绘图】面板中单击【直线】按钮 ，绘制经过点 H 和点 G 的直线，如图 4-56 所示。

(4) 使用同样的方法，绘制其他顶点之间的连线，如图 4-57 所示。

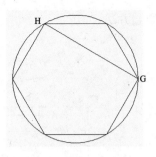

图 4-56　绘制直线

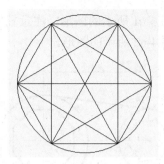

图 4-57　绘制顶点之间的连线

(5) 在【功能区】选项板中选择【常用】选项卡，在【修改】面板中单击【修剪】按钮，修剪图形并删除多余的线条，如图 4-58 所示。

(6) 在【功能区】选项板中选择【常用】选项卡，在【绘图】面板中单击圆弧的【三点】按钮，以 G、H 和圆心 O 为三点，绘制圆弧，如图 4-59 所示。

(7) 使用同样的方法，绘制其他圆弧，如图 4-54 所示。

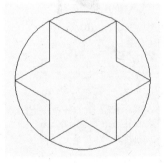

图 4-58　修剪图形

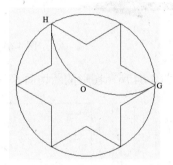

图 4-59　绘制圆弧

4.9　习题

1. 绘制如图 4-60 所示的图形(未标注尺寸的图形由读者确定尺寸)。

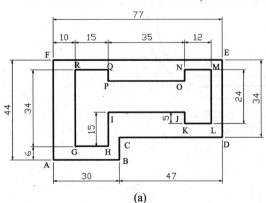

(a)

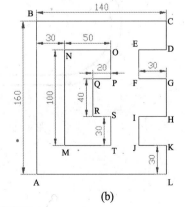

(b)

图 4-60　绘图练习 1

2. 绘制如图 4-61 所示的图形，注意辅助线的绘制方法。

3. 绘制如图 4-62 所示的图形。

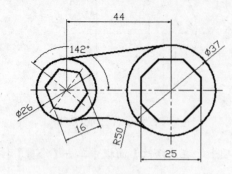

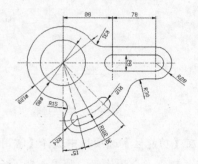

图 4-61　绘图练习 2　　　　　　　　　图 4-62　绘图练习 3

4. 绘制如图 4-63 所示的图形(未标注尺寸的图形由读者确定尺寸)。

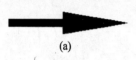

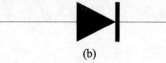

(a)　　　　　　　　　　　　　　　　(b)

图 4-63　绘图练习 1

5. 绘制如图 4-64 所示图形的断切面。

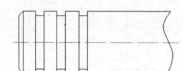

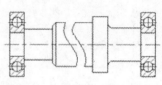

图 4-64　绘制两个断切面

6. 使用【多段线】命令绘制如图 4-65 所示的运动场平面图。

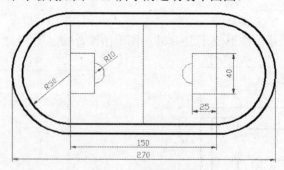

图 4-65　运动场平面图

第5章 精确绘制图形

学习目标

在绘图时，灵活运用 AutoCAD 所提供的绘图工具进行准确定位，可以有效地提高绘图的精确性和效率。在中文版 AutoCAD 2011 中，可以使用系统提供的对象捕捉、对象捕捉追踪等功能，在不输入坐标的情况下快速、精确地绘制图形。

本章重点

- ◉ 使用捕捉、栅格和正交功能定位点的方法
- ◉ 使用对象捕捉方法
- ◉ 使用自动追踪
- ◉ 使用动态输入
- ◉ 使用快捷特性

5.1 使用捕捉、栅格和正交模式

在绘制图形时，尽管可以通过移动光标来指定点的位置，但却很难精确指定点的某一位置。因此，要精确定位点，必须使用坐标或捕捉功能。第 2 章已经详细介绍了使用坐标精确定位点的方法，本节主要介绍如何使用系统提供的栅格、捕捉和正交功能来精确定位点。

5.1.1 设置栅格和捕捉

【捕捉】用于设定鼠标光标移动的间距。【栅格】是一些标定位置的小点，起坐标纸的作用，可以提供直观的距离和位置参照，如图 5-1 所示。在 AutoCAD 中，使用【捕捉】和【栅格】功能，可以提高绘图效率。

1. 打开或关闭捕捉和栅格功能

打开或关闭【捕捉】和【栅格】功能有以下几种方法。

◉ 在 AutoCAD 程序窗口的状态栏中，单击【捕捉】和【栅格】按钮。

◉ 按 F7 键打开或关闭栅格，按 F9 键打开或关闭捕捉。

◉ 在快速访问工具栏选择【显示菜单栏】命令，在弹出的菜单中选择【工具】|【草图设置】命令，打开【草图设置】对话框，如图 5-2 所示。在【捕捉和栅格】选项卡中选中或取消【启用捕捉】和【启用栅格】复选框。

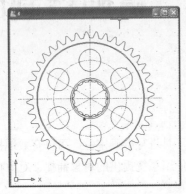

图 5-1　显示栅格

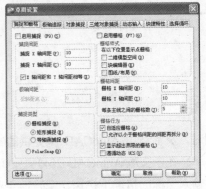

图 5-2　【草图设置】对话框

2. 设置捕捉和栅格参数

利用【草图设置】对话框中的【捕捉和栅格】选项卡，如图 5-2 所示，可以设置捕捉和栅格的相关参数，各选项的功能如下。

◉ 【启用捕捉】复选框：打开或关闭捕捉方式。选中该复选框，可以启用捕捉。

◉ 【捕捉间距】选项区域：设置捕捉间距、捕捉角度以及捕捉基点坐标。

◉ 【启用栅格】复选框：打开或关闭栅格的显示。选中该复选框，可以启用栅格。

◉ 【栅格间距】选项区域：设置栅格间距。如果栅格的 X 轴和 Y 轴间距值为 0，则栅格采用捕捉 X 轴和 Y 轴间距的值。

◉ 【捕捉类型】选项区域：可以设置捕捉类型和样式，包括【栅格捕捉】和【极轴捕捉】两种。【栅格捕捉】单选按钮：选中该单选按钮，可以设置捕捉样式为栅格。当选中【矩形捕捉】单选按钮时，可将捕捉样式设置为标准矩形捕捉模式，光标可以捕捉一个矩形栅格；当选中【等轴测捕捉】单选按钮时，可将捕捉样式设置为等轴测捕捉模式，光标将捕捉到一个等轴测栅格；在【捕捉间距】和【栅格间距】选项区域中可以设置相关参数；PolarSnap 单选按钮：选中该单选按钮，可以设置捕捉样式为极轴捕捉。此时，在启用了极轴追踪或对象捕捉追踪的情况下指定点，光标将沿极轴角或对象捕捉追踪角度进行捕捉，这些角度是相对最后指定的点或最后获取的对象捕捉点计算的，并且在【极轴间距】选项区域中的【极轴距离】文本框中可设置极轴捕捉间距。

◉ 【栅格行为】选项区域：用于设置【视觉样式】下栅格线的显示样式(三维线框除外)。

⑤.1.2　使用 GRID 与 SNAP 命令

在 AutoCAD 2011 中，不仅可以通过【草图设置】对话框设置栅格和捕捉参数，还可以通过 GRID 与 SNAP 命令来设置。

1. 使用 GRID 命令

执行 GRID 命令时，其命令行显示如下提示信息。

> 指定栅格间距(X)或[开(ON)/关(OFF)/捕捉(S)/主(M)/自适应(D)/界限(L)/跟随(F)/纵横向间距(A)]
> <10.0000>:

默认情况下，需要设置栅格间距值。该间距不能设置太小，否则将导致图形模糊及屏幕重画太慢，甚至无法显示栅格。该命令提示中其他选项的功能如下。

- ⊙ 【开(ON)】/【关(OFF)】选项：打开或关闭当前栅格。
- ⊙ 【捕捉(S)】选项：将栅格间距设置为由 SNAP 命令指定的捕捉间距。
- ⊙ 【主(M)】选项：设置每个主栅格线的栅格分块数。
- ⊙ 【自适应(D)】选项：设置是否允许以小于栅格间距的间距拆分栅格。
- ⊙ 【界限(L)】选项：设置是否显示超出界限的栅格。
- ⊙ 【跟随(F)】选项：设置是否跟随动态 UCS 的 XY 平面而改变栅格平面。
- ⊙ 【纵横向间距(A)】选项：设置栅格的 X 轴和 Y 轴间距值。

2. 使用 SNAP 命令

执行 SNAP 命令时，其命令行显示如下提示信息。

> 指定捕捉间距或 [开(ON)/关(OFF)/纵横向间距(A)/样式(S)/类型(T)] <10.0000>:

默认情况下，需要指定捕捉间距，并使用【开(ON)】选项，以当前栅格的分辨率、旋转角和样式激活捕捉模式；使用【关(OFF)】选项，关闭捕捉模式，但保留当前设置。此外，该命令提示中其他选项的功能如下。

- ⊙ 【纵横向间距(A)】选项：在 X 和 Y 方向上指定不同的间距。如果当前捕捉模式为等轴测，则不能使用该选项。
- ⊙ 【样式(S)】选项：设置【捕捉】栅格的样式为【标准】或【等轴测】。【标准】样式显示与当前 UCS 的 XY 平面平行的矩形栅格，X 间距与 Y 间距可能不同；【等轴测】样式显示等轴测栅格，栅格点初始化为 30°和 150°角。等轴测捕捉可以旋转，但不能有不同的纵横向间距值。等轴测包括上等轴测平面(30°和 150°角)、左等轴测平面(90°和 150°角)和右等轴测平面(30°和 90°角)，如图 5-3 所示。
- ⊙ 【类型(T)】选项：指定捕捉类型为极轴或栅格。

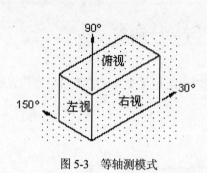

图 5-3   等轴测模式

⑤.1.3   使用正交模式

使用 ORTHO 命令，可以打开正交模式，用于控制是否以正交方式绘图。在正交模式下，可以方便地绘制出与当前 X 轴或 Y 轴平行的线段。打开或关闭正交方式有以下两种方法。

- 在 AutoCAD 程序窗口的状态栏中单击【正交】按钮。
- 按 F8 键打开或关闭。

打开正交功能后，输入的第 1 点是任意的，但当移动光标准备指定第 2 点时，引出的橡皮筋线已不再是这两点之间的连线，而是起点到光标十字线的垂直线中较长的那段线，此时单击，橡皮筋线就变成所绘直线。

⑤.2   使用对象捕捉功能

在绘图的过程中，经常要指定一些已有对象上的点，例如端点、圆心和两个对象的交点等。如果只凭观察来拾取，不可能非常准确地找到这些点。为此，AutoCAD 2011 提供了对象捕捉功能，可以迅速、准确地捕捉到某些特殊点，从而精确地绘制图形。

⑤.2.1   设置对象捕捉模式

在 AutoCAD 中，可以通过【对象捕捉】工具栏和【草图设置】对话框等方式来设置对象捕捉模式。

1.【对象捕捉】工具栏

在绘图过程中，当要求指定点时，单击【对象捕捉】工具栏中相应的特征点按钮，再把光标移到要捕捉对象上的特征点附近，即可捕捉到相应的对象特征点。图 5-4 所示为【对象捕捉】工具栏。

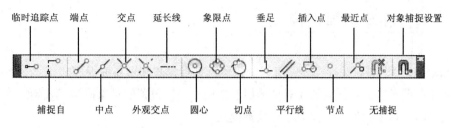

图 5-4 【对象捕捉】工具栏

2. 使用自动捕捉功能

在绘图的过程中，使用对象捕捉的频率非常高。为此，AutoCAD 又提供了一种自动对象捕捉模式。

自动捕捉就是当把光标放在一个对象上时，系统自动捕捉到对象上所有符合条件的几何特征点，并显示相应的标记。如果把光标放在捕捉点上多停留一会，系统还会显示捕捉的提示。这样，在选择点之前，就可以预览和确认捕捉点。

要打开对象捕捉模式，可在【草图设置】对话框的【对象捕捉】选项卡中，选中【启用对象捕捉】复选框，然后在【对象捕捉模式】选项区域中选中相应复选框，如图 5-5 所示。

3. 对象捕捉快捷菜单

当要求指定点时，可以按下 Shift 键或者 Ctrl 键，右击打开对象捕捉快捷菜单，如图 5-6 所示。选择需要的子命令，再把光标移到要捕捉对象的特征点附近，即可捕捉到相应的对象特征点。

图 5-5 在【草图设置】对话框中设置对象捕捉模式

图 5-6 对象捕捉快捷菜单

在对象捕捉快捷菜单中，【点过滤器】子命令中的各命令用于捕捉满足指定坐标条件的点。除此之外的其余各项都与【对象捕捉】工具栏中的各种捕捉模式相对应。

⑤.2.2 运行和覆盖捕捉模式

在 AutoCAD 中，对象捕捉模式又可以分为运行捕捉模式和覆盖捕捉模式。

◉ 在【草图设置】对话框的【对象捕捉】选项卡中，设置的对象捕捉模式始终处于运行状态，直到关闭为止，称为运行捕捉模式。

◉ 如果在点的命令行提示下输入关键字(如 MID、CEN 和 QUA 等)，单击【对象捕捉】工具栏中的工具或在对象捕捉快捷菜单中选择相应命令，只临时打开捕捉模式，称为覆盖捕捉模式，仅对本次捕捉点有效，在命令行中显示一个【于】标记。

要打开或关闭运行捕捉模式，可单击状态栏上的【对象捕捉】按钮。设置覆盖捕捉模式后，系统将暂时覆盖运行捕捉模式。

【例 5-1】绘制如图 5-7 所示的摇柄。

(1) 在快速访问工具栏选择【显示菜单栏】命令，在弹出的菜单中选择【工具】|【草图设置】命令，打开【草图设置】对话框，在【对象捕捉】选项卡的【对象捕捉模式】选项区域中选中【交点】和【切点】两个复选框，即选择这两种捕捉模式，然后单击【确定】按钮。

(2) 建立两个图层，一个是【中心线】，线型加载为 ACAD_IS004W100，颜色为洋红；一个是【轮廓线】，线宽为 0.3。

(3) 将【中心线】层设置为当前层。在【功能区】选项板中选择【常用】选项卡，在【绘图】面板中单击【直线】按钮，绘制一条垂直和一条水平的直线作为辅助线。

(4) 在【功能区】选项板中选择【常用】选项卡，在【修改】面板中单击【偏移】按钮，将水平构造线分别向上、向下偏移 22 个单位，将垂直构造线向左偏移 18 个单位，如图 5-8 所示。

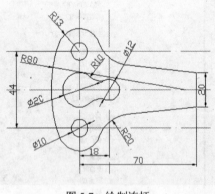

图 5-7　绘制连杆

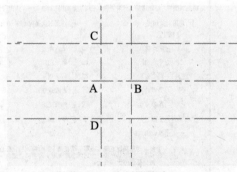

图 5-8　绘制辅助线

(5) 将【轮廓线】层设置为当前层。在【功能区】选项板中选择【常用】选项卡，在【绘图】面板中单击【圆心、直径】按钮，将指针移到辅助线之间的交点处，当显示【交点】标记时，单击拾取该点，绘制直径为 20 的圆，如图 5-9 所示。

图 5-9 绘制直径为 20 的圆

(6) 使用同样的方法，以 B 点为圆心，绘制直径为 12 的圆；以 C 点为圆心，绘制半径分别为 13 的圆和直径为 10 的圆；以 D 点为圆心，绘制半径分别为 13 的圆和直径为 10 的圆，效果如图 5-10 所示。

(7) 将【中心线】层设置为当前层。在【功能区】选项板中选择【常用】选项卡，在【修改】面板中单击【偏移】按钮，将垂直的直线向右偏移 170 个单位，将水平的直线分别向上、向下偏移 10 个单位。

(8) 将【轮廓线】层设置为当前层。在【功能区】选项板中选择【常用】选项卡，在【修改】面板中单击【偏移】按钮，将垂直的直线向右偏移 70 个单位，如图 5-11 所示。

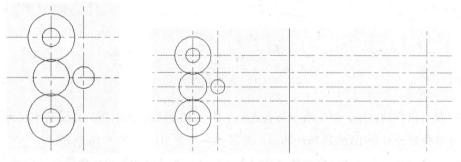

图 5-10 绘制多个圆   图 5-11 偏移直线

(9) 在【功能区】选项板中选择【常用】选项卡，在【绘图】面板中单击【直线】按钮，将指针移动到辅助线的交点外，当显示【交点】标记时，单击拾取该点，再将指针移动到辅助线的另一个交点外，当显示【交点】标记时，单击拾取该点，绘制直线，如图 5-12 所示。

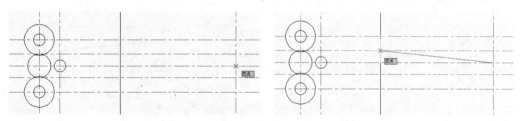

图 5-12 绘制直线

(10) 使用同样的方法绘制另一条直线，如图 5-13 所示。

(11) 在【功能区】选项板中选择【常用】选项卡，在【修改】面板中单击【延伸】按钮，将两条直线延伸，如图 5-14 所示。

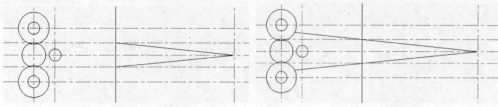

图 5-13　绘制另一条直线　　　　　　　图 5-14　延伸直线

(12) 将【轮廓线】层设置为当前层。在【功能区】选项板中选择【常用】选项卡，在【绘图】面板中单击【相切、相切、半径】按钮 ，将指针移动到圆的左半部分，当显示【递延切点】标记时，单击拾取该点，将鼠标指针移动到另一个圆的左半部分拾取另一切点，绘制半径为 80 的圆，如图 5-15 所示。

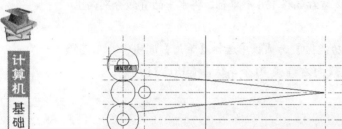
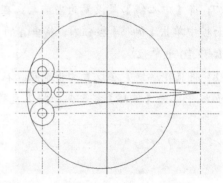

图 5-15　绘制相切圆

(13) 使用同样的方法，绘制两个与直线和半径为 13 的圆相切的圆，且圆的半径为 20；绘制两个与半径分别为 6 和 10 的圆相切的圆，且圆的半径为 10，如图 5-16 所示。

(14) 在【功能区】选项板中选择【常用】选项卡，在【修改】面板中单击【修剪】按钮 ，修剪图形，效果如图 5-17 所示。

(15) 参考第 8 章的内容，对图形进行尺寸标注，最终效果如图 5-7 所示。

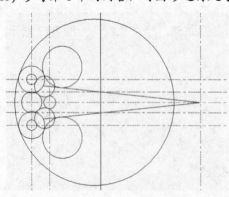
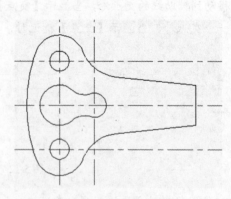

图 5-16　绘制其他相切圆　　　　　　　图 5-17　修剪图形

5.3 使用自动追踪

在 AutoCAD 中，自动追踪可按指定角度绘制对象，或者绘制与其他对象有特定关系的对象。自动追踪功能分极轴追踪和对象捕捉追踪两种，是非常有用的辅助绘图工具。

5.3.1 极轴追踪与对象捕捉追踪

极轴追踪是按事先给定的角度增量来追踪特征点。而对象捕捉追踪则按与对象的某种特定关系来追踪，这种特定的关系确定了一个未知角度。也就是说，如果事先知道要追踪的方向(角度)，则使用极轴追踪；如果事先不知道具体的追踪方向(角度)，但知道与其他对象的某种关系(如相交)，则用对象捕捉追踪。极轴追踪和对象捕捉追踪可以同时使用。

极轴追踪功能可以在系统要求指定一个点时，按预先设置的角度增量显示一条无限延伸的辅助线(这是一条虚线)，这时就可以沿辅助线追踪得到光标点。可在【草图设置】对话框的【极轴追踪】选项卡中对极轴追踪和对象捕捉追踪进行设置，如图 5-18 所示。

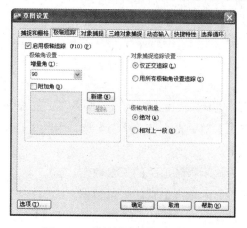

图 5-18 【极轴追踪】选项卡

提示

对象追踪必须与对象捕捉同时工作，即在追踪对象捕捉到点之前，必须先打开对象捕捉功能。

【极轴追踪】选项卡中各选项的功能和含义如下。

- ◉ 【启用极轴追踪】复选框：打开或关闭极轴追踪。也可以使用自动捕捉系统变量或按 F10 键来打开或关闭极轴追踪。
- ◉ 【极轴角设置】选项区域：设置极轴角度。在【增量角】下拉列表框中可以选择系统预设的角度，如果该下拉列表框中的角度不能满足需要，可选中【附加角】复选框，然后单击【新建】按钮，在【附加角】列表中增加新角度。
- ◉ 【对象捕捉追踪设置】选项区域：设置对象捕捉追踪。选中【仅正交追踪】单选按钮，可在启用对象捕捉追踪时，只显示获取的对象捕捉点的正交(水平/垂直)对象捕捉追踪路径；选中【用所有极轴角设置追踪】单选按钮，可以将极轴追踪设置应用到对象捕捉追踪。使用对象捕捉追踪时，光标将从获取的对象捕捉点起沿极轴对齐角度进行追踪。也可以使用系统变量 POLARMODE 对对象捕捉追踪进行设置。

- 【极轴角测量】选项区域：设置极轴追踪对齐角度的测量基准。其中，选中【绝对】单选按钮，可以基于当前用户坐标系(UCS)确定极轴追踪角度；选中【相对上一段】单选按钮，可以基于最后绘制的线段确定极轴追踪角度。

5.3.2 使用临时追踪点和捕捉自功能

在【对象捕捉】工具栏中，还有两个非常有用的对象捕捉工具，即【临时追踪点】和【捕捉自】工具。

- 【临时追踪点】工具 ⚬：可在一次操作中创建多条追踪线，并根据这些追踪线确定所要定位的点。
- 【捕捉自】工具 ：在使用相对坐标指定下一个应用点时，【捕捉自】工具可以提示输入基点，并将该点作为临时参照点，这与通过输入前缀@使用最后一个点作为参照点类似。它不是对象捕捉模式，但经常与对象捕捉一起使用。

5.3.3 使用自动追踪功能绘图

使用自动追踪功能可以快速而精确地定位点，在很大程度上提高了绘图效率。在 AutoCAD 2011 中，要设置自动追踪功能选项，可打开【选项】对话框，在【草图】选项卡的【自动追踪设置】选项区域中进行设置，其中各选项功能如下。

- 【显示极轴追踪矢量】复选框：设置是否显示极轴追踪的矢量数据。
- 【显示全屏追踪矢量】复选框：设置是否显示全屏追踪的矢量数据。
- 【显示自动追踪工具栏提示】复选框：设置在追踪特征点时是否显示工具栏上的相应按钮的提示文字。

【例5-2】绘制如图 5-19 所示的支撑轴。

(1) 在快速访问工具栏选择【显示菜单栏】命令，在弹出的菜单中选择【工具】|【草图设置】命令，打开【草图设置】对话框。

(2) 在【捕捉和栅格】选项卡中选择【启用捕捉】复选框，在【捕捉类型】选项区域中选择 PolarSnap 单选按钮，在【极轴距离】文本框中设置极轴间距为 1，如图 5-20 所示。

(3) 选择【极轴追踪】选项卡，选中【启用极轴追踪】复选框，然后在【增量角】下拉列表框中输入 30，单击【确定】按钮。

(4) 在状态栏中单击【极轴】、【对象捕捉】、【对象追踪】按钮，打开极轴、对象捕捉及对象捕捉追踪功能。

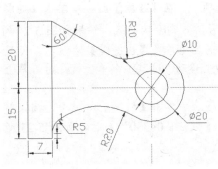

图 5-19　绘制支撑轴

图 5-20　开启【极轴捕捉】功能

(5) 在【功能区】选项板中选择【常用】选项卡，在【绘图】面板中单击【构造线】按钮，然后在绘图窗口中绘制一条水平构造线和一条垂直构造线作为辅助线，如图 5-21 所示。

(6) 在【面板】选项板的【二维绘图】选项区域中单击【构造线】按钮，设置构造线为水平构造线，然后将光标沿着辅助线的交点向上移动，追踪 20 个单位，此时屏幕上将显示【交点:20.0<90°】，如图 5-22 所示，单击鼠标，绘制构造线。

(7) 使用同样的方法，绘制另一条水平构造线，且与构造线 L 的距离为 15。

(8) 在【面板】选项板的【二维绘图】选项区域中单击【构造线】按钮，设置构造线为垂直构造线，然后将光标沿着辅助线的交点向左移动，追踪 30 个单位，此时屏幕上将显示【交点:30.0<180°】，如图 5-23 左图所示，单击鼠标，绘制构造线。

图 5-21　绘制构造线　　　　　　　　　　图 5-22　绘制水平构造线

(9) 将光标沿着辅助线的交点向左移动，追踪 7 个单位，此时屏幕上将显示【交点:7.0<180°】，如图 5-23 右图所示，单击鼠标，绘制另一条构造线。

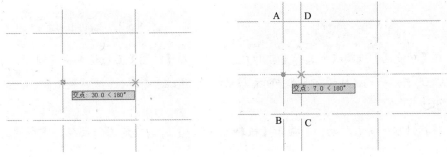

图 5-23　绘制垂直构造线

计算机 基础与实训教材系列

(10) 在【功能区】选项板中选择【常用】选项卡，在【绘图】面板中单击【矩形】按钮□，捕捉交点 A 和 C 为矩形的对角点，绘制矩形，并删除辅助线，结果如图 5-24 所示。

(11) 在【面板】选项板的【二维绘图】选项区域中单击【构造线】按钮，设置构造线为水平构造线，然后将光标沿着矩形的端点 C 向上移动，追踪 1 个单位，此时屏幕上将显示【端点:1.0<90°】，单击鼠标，绘制构造线。

(12) 在【面板】选项板的【二维绘图】选项区域中单击【射线】按钮，捕捉射线的端点 D，然后将指针向右下方移动，当屏幕上显示【极轴 9.0<330°】时，如图 5-25 所示，单击指定射线通过的点，完成射线的绘制。

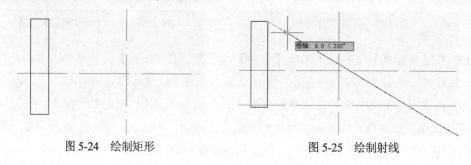

图 5-24　绘制矩形　　　　　　　　　　　图 5-25　绘制射线

(13) 在【功能区】选项板中选择【常用】选项卡，在【绘图】面板中单击【圆心、直径】按钮，捕捉构造线的上交点为圆心，然后水平向左移动指针，当显示【极轴:10.0<180°】时，单击绘制一个直径为 10 的圆，如图 5-26 所示。

(14) 使用同样的方法，绘制另一个同心圆，且直径为 20。

(15) 在【功能区】选项板中选择【常用】选项卡，在【绘图】面板中单击【相切、相切、半径】按钮，绘制与射线和直径为 20 的圆相切的圆，且半径为 10，如图 5-27 所示。

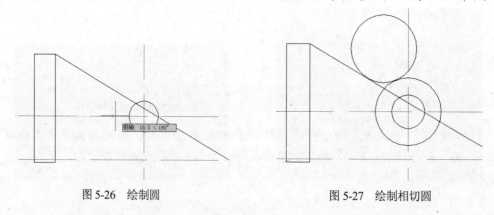

图 5-26　绘制圆　　　　　　　　　　　图 5-27　绘制相切圆

(16) 在【功能区】选项板中选择【常用】选项卡，在【绘图】面板中单击【圆心、半径】按钮，从矩形与水平构造线的交点水平向右移动指针，追踪 5 个单位，此时显示【交点:5.0<0°】，单击指定圆心。

(17) 将指针水平向右移动，当显示【极轴:5.0<0°】时，确定圆的半径，完成圆的绘制，如图 5-28 所示。

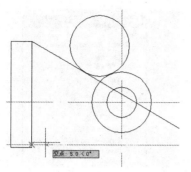
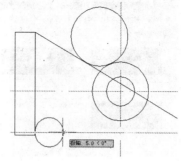

图 5-28 绘制半径为 5 的圆

(18) 在【功能区】选项板中选择【常用】选项卡，在【绘图】面板中单击【相切、相切、半径】按钮 ，绘制与半径为 5 和直径为 20 的圆相切的圆，且半径为 20，如图 5-29 所示。

(19) 在【功能区】选项板中选择【常用】选项卡，在【修改】面板中单击【修剪】按钮 ，修剪图形，效果如图 5-30 所示。

(20) 参考第 8 章的内容，对图形进行尺寸标注，最终效果如图 5-19 所示。

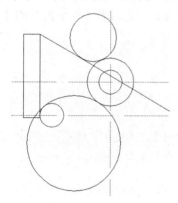
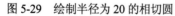
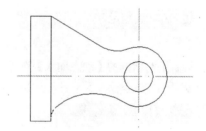

图 5-29 绘制半径为 20 的相切圆   图 5-30 修剪图形

5.4 使用动态输入

在 AutoCAD 2011 中，使用动态输入功能可以在指针位置处显示标注输入和命令提示等信息，从而极大地方便了绘图。

5.4.1 启用指针输入

在【草图设置】对话框的【动态输入】选项卡中，选中【启用指针输入】复选框可以启用指针输入功能，如图 5-31 所示。可以在【指针输入】选项区域中单击【设置】按钮，使用打开的【指针输入设置】对话框设置指针的格式和可见性，如图 5-32 所示。

 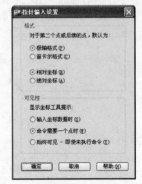

图 5-31　【动态输入】选项卡　　　　　图 5-32　【指针输入设置】对话框

⑤.4.2　启用标注输入

在【草图设置】对话框的【动态输入】选项卡中，选中【可能时启用标注输入】复选框可以启用标注输入功能。在【标注输入】选项区域中单击【设置】按钮，使用打开的【标注输入的设置】对话框可以设置标注的可见性，如图 5-33 所示。

⑤.4.3　显示动态提示

在【草图设置】对话框的【动态输入】选项卡中，选中【动态提示】选项区域中的【在十字光标附近显示命令提示和命令输入】复选框，可以在光标附近显示命令提示，如图 5-34 所示。

 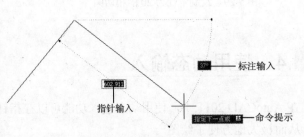

图 5-33　【标注输入的设置】对话框　　　　图 5-34　动态显示命令提示

⑤.5　上机练习

绘制如图 5-35 所示的图形，练习使用捕捉、自动追踪等功能绘制图形的方法。

(1) 在快速访问工具栏选择【显示菜单栏】命令，在弹出的菜单中选择【工具】|【草图设

置】命令，打开【草图设置】对话框。

(2) 在【捕捉和栅格】选项卡中选择【启用捕捉】复选框，在【捕捉类型】选项区域中选择 PolarSnap 单选按钮，在【极轴间距】文本框中设置极轴间距为 1，如图 5-36 所示。

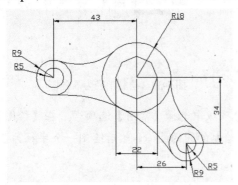

图 5-35　使用捕捉和极轴追踪绘制图形　　　　图 5-36　开启【极轴捕捉】功能

(3) 在状态栏中单击【极轴】、【对象捕捉】、【对象追踪】按钮，打开极轴、对象捕捉及对象追踪功能。

(4) 在【功能区】选项板中选择【常用】选项卡，在【绘图】面板中单击【构造线】按钮，在绘图窗口中绘制一条水平构造线和一条垂直构造线作为辅助线。

(5) 在【功能区】选项板中选择【常用】选项卡，在【绘图】面板中单击【正多边形】按钮，设置正多边形的边数为 8，并捕捉辅助线的交点作为正多边形的中心点。

(6) 设置多边形绘制方式为【内接于圆】方式，然后沿水平方向移动指针，追踪 11 个单位，此时屏幕上将显示【极轴:11.0000<0°】，如图 5-37 所示，然后单击，绘制出一个内接于半径为 11 的圆的正八边形。

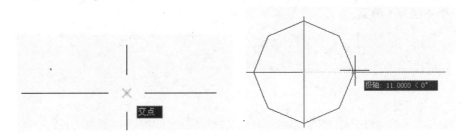

图 5-37　绘制正八边形

(7) 在【功能区】选项板中选择【常用】选项卡，在【绘图】面板中单击【圆心、半径】按钮，以辅助线的交点为圆心，绘制一个半径为 18 的圆。

(8) 在【功能区】选项板中选择【常用】选项卡，在【绘图】面板中单击【圆心、半径】按钮，以辅助线的交点为圆心，并且向左追踪 43 个单位，绘制一个辅助圆，如图 5-38 所示。

(9) 在【功能区】选项板中选择【常用】选项卡，在【绘图】面板中单击【圆心、半径】按钮，以圆与水平直线的交点作为圆心，然后再向左追踪 5 个单位并单击，绘制半径为 5 的圆，如图 5-39 所示。

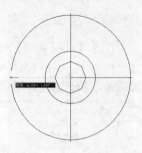

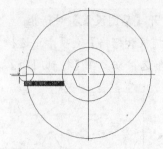

图 5-38　绘制辅助圆　　　　　　　　　　图 5-39　绘制半径为 5 的圆

(10) 删除半径为 43 的圆，在【功能区】选项板中选择【常用】选项卡，在【绘图】面板中单击【圆心、半径】按钮 ，捕捉步骤(8)中绘制的圆的圆心，然后绘制一个半径为 9 的圆，如图 5-40 所示。

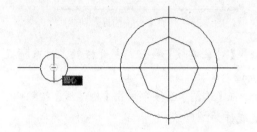

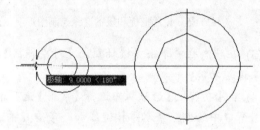

图 5-40　绘制同心圆

(11) 在【功能区】选项板中选择【常用】选项卡，在【绘图】面板中单击【圆心、半径】按钮 ，并且在【对象捕捉】工具栏中单击【临时追踪点】按钮 ，然后从辅助线的交点向右追踪 26 个单位后单击，再垂直向下追踪 34 个单位后单击，确定圆心位置，如图 5-41 所示，然后绘制一个半径为 5 的圆。

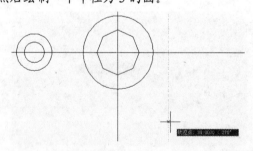

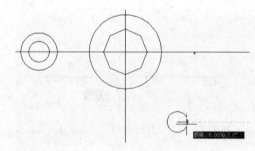

图 5-41　绘制圆

(12) 在【功能区】选项板中选择【常用】选项卡，在【绘图】面板中单击【圆心、半径】按钮 ，捕捉步骤(11)中绘制的圆的圆心，然后绘制一个半径为 9 的圆，如图 5-42 所示。

(13) 在【功能区】选项板中选择【常用】选项卡，在【绘图】面板中单击【相切、相切、半径】按钮 ，绘制与半径为 9 的圆和半径为 18 的圆相切的圆，且半径为 30，如图 5-43 所示。

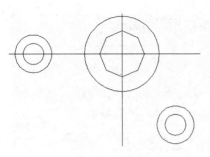

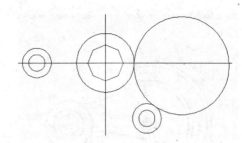

图 5-42　绘制圆　　　　　　　　　　　　　　图 5-43　绘制相切圆

(14) 采用同样的方法，绘制辅助线另一侧的半径为 30 的相切圆，结果如图 5-44 所示。

(15) 在【功能区】选项板中选择【常用】选项卡，在【绘图】面板中单击【相切、相切、半径】按钮 ⊘·，绘制一个与半径为 9、18 和 9 的 3 个圆相外切的圆，如图 5-45 所示。

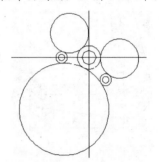

图 5-44　绘制另一个相切圆　　　　　　　　图 5-45　绘制相切圆

(16) 在【功能区】选项板中选择【常用】选项卡，在【修改】面板中单击【修剪】按钮 ，参照图 5-35 所示修剪图形并标注图形尺寸。

5.6　习题

1. 绘制如图 5-46 所示的各图形(图中给出了主要尺寸，其余尺寸由读者确定)。

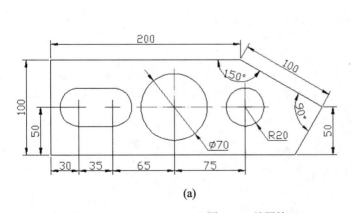

(a)

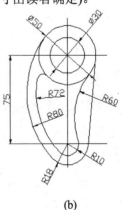

(b)

图 5-46　绘图练习 1

2. 利用极轴追踪和对象捕捉追踪等功能绘制如图 5-47 所示的图形。

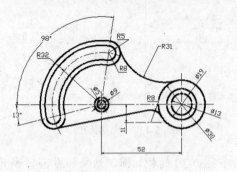

(a)

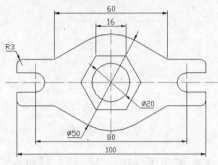

(b)

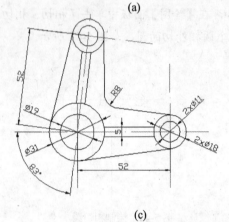

(c)

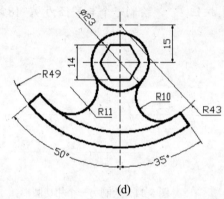

(d)

图 5-47 绘图练习 2

第6章

编辑图形对象

学习目标

在 AutoCAD 中，单纯地使用绘图命令或绘图工具只能绘制一些基本的图形对象。为了绘制复杂图形，很多情况下都必须借助图形编辑命令。AutoCAD 2011 提供了丰富的图形编辑命令，如复制、移动、旋转、镜像、偏移、阵列、拉伸及修剪等。使用这些命令，可以修改已有图形或通过已有图形构造新的复杂图形。

本章重点

- ◉ 选择对象
- ◉ 使用夹点编辑图形
- ◉ 删除、移动、旋转和对齐对象
- ◉ 复制、阵列、偏移和镜像对象
- ◉ 修剪、延伸、缩放、拉伸和拉长对象

6.1 选择对象

在编辑图形之前，首先需要选择要编辑的对象。AutoCAD 用虚线亮显所选的对象，这些对象就构成选择集。选择集可以包含单个对象，也可以包含复杂的对象编组。在 AutoCAD 中，单击【菜单浏览器】按钮，在弹出的菜单中单击【选项】按钮，可以通过打开的【选项】对话框的【选择集】选项卡，设置选择集模式、拾取框的大小及夹点功能。

6.1.1 选择对象的方法

在 AutoCAD 中，选择对象的方法很多。例如，可以通过单击对象逐个拾取，也可利用矩形窗口或交叉窗口选择；可以选择最近创建的对象、前面的选择集或图形中的所有对象，也可

以向选择集中添加对象或从中删除对象。

在命令行输入 SELECT 命令，按 Enter 键，并且在命令行的【选择对象:】提示下输入【？】，将显示如下的提示信息。

> 需要点或窗口(W)/上一个(L)/窗交(C)/框(BOX)/全部(ALL)/栏选(F)/圈围(WP)/圈交(CP)/编组(G)/添加(A)/删除(R)/多个(M)/前一个(P)/放弃(U)/自动(AU)/单个(SI)/子对象/对象

根据提示信息，输入其中的大写字母即可指定对象选择模式。例如，要设置矩形窗口的选择模式，在命令行的【选择对象:】提示下输入 W 即可。常用的选择模式主要有以下几种。

- ◉ 默认情况下，可以直接选择对象，此时光标变为一个小方框(即拾取框)，利用该方框可逐个拾取所需对象。该方法每次只能选取一个对象，不便选取大量对象。
- ◉ 【窗口(W)】选项：可以通过绘制一个矩形区域来选择对象。当指定了矩形窗口的两个对角点时，所有部分均位于这个矩形窗口内的对象将被选中，不在该窗口内或只有部分在该窗口内的对象则不被选中，如图 6-1 所示。

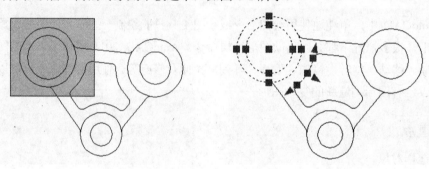

图 6-1　使用【窗口】方式选择对象

- ◉ 【窗交(C)】选项：使用交叉窗口选择对象，与用窗口选择对象的方法类似，但全部位于窗口之内或与窗口边界相交的对象都将被选中。在定义交叉窗口的矩形窗口时，以虚线方式显示矩形，以区别于窗口选择方法，如图 6-2 所示。

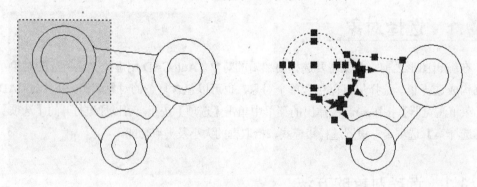

图 6-2　使用【窗交】方式选择对象

- ◉ 【编组(G)】选项：使用组名称来选择一个已定义的对象编组。

6.1.2 过滤选择

在命令行提示下输入 FILTER 命令，将打开【对象选择过滤器】对话框。可以以对象的类型(如直线、圆及圆弧等)、图层、颜色、线型或线宽等特性作为条件，过滤选择符合设定条件的对象，如图 6-3 所示。此时必须考虑图形中对象的这些特性是否设置为随层。

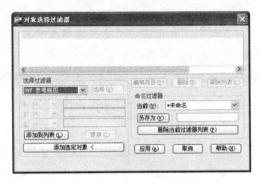

图 6-3 【对象选择过滤器】对话框

【对象选择过滤器】对话框上面的列表框中显示了当前设置的过滤条件。其他各选项的功能如下。

- 【选择过滤器】选项区域：用来设置选择的条件。
- 【编辑项目】按钮：单击该按钮，可编辑过滤器列表框中选中的项目。
- 【删除】按钮：单击该按钮，可删除过滤器列表框中选中的项目。
- 【清除列表】按钮：单击该按钮，可删除过滤器列表框中的所有项目。
- 【命名过滤器】选项区域：用来选择已命名的过滤器。

【例 6-1】选择图 6-4 中的所有半径为 24 和 72 的圆或圆弧。

(1) 在命令提示下输入 FILTER 命令，并按 Enter 键，打开【对象选择过滤器】对话框。

(2) 在【选择过滤器】选项区域的下拉列表框中，选择【** 开始 OR】选项，并单击【添加到列表】按钮，将其添加到过滤器列表框中，表示以下各项目为逻辑【或】关系。

(3) 在【选择过滤器】选项区域的下拉列表框中，选择【圆半径】选项，并在 X 后面的下拉列表框中选择【=】，在对应的文本框中输入 24，表示将圆的半径设置为 24。

(4) 单击【添加到列表】按钮，将设置的圆半径过滤器添加到过滤器列表框中，将显示【对象 = 圆】和【圆半径 =24】两个选项。

(5) 在【选择过滤器】选项区域的下拉列表框中选择【圆弧半径】，并在 X 后面的下拉列表框中选择【=】，在对应的文本框中输入 72，然后将其添加到过滤器列表框中。

(6) 为确保只选择半径为 24 和 72 的圆或圆弧，需要删除过滤器【对象 = 圆】和【对象=圆弧】。可在过滤器列表框中选择【对象 = 圆】和【对象=圆弧】，然后单击【删除】按钮。

(7) 在过滤器列表框中单击【圆弧半径 =72】下面的空白区，并在【选择过滤器】选项区域的下拉列表框中选择【** 结束 OR】选项，然后单击【添加到列表】按钮，将其添加到过滤器列表框中，表示结束逻辑【或】关系。对象选择过滤器设置完毕，在过滤器列表框中显示的完整内容如下：

> ** 开始   OR
>
> 圆半径   =   24
>
> 圆弧半径   =   72
>
> ** 结束   OR

（8）单击【应用】按钮，并在绘图窗口中用窗口选择法框选所有图形，然后按 Enter 键，系统将过滤出满足条件的对象并将其选中，结果如图 6-5 所示。

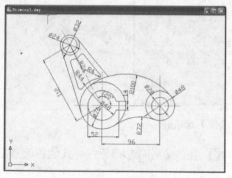

图 6-4   原始图形

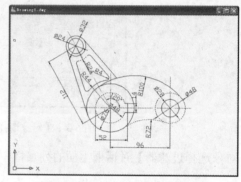

图 6-5   选择符合过滤条件的图形

⑥.1.3 快速选择

在 AutoCAD 中，当需要选择具有某些共同特性的对象时，可利用【快速选择】对话框，根据对象的图层、线型、颜色、图案填充等特性和类型，创建选择集。在快速访问工具栏选择【显示菜单栏】命令，在弹出的菜单中选择【工具】|【快速选择】命令，或在【功能区】选项板中选择【常用】选项卡，在【实用程序】面板中单击【快速选择】按钮，都可打开【快速选择】对话框，如图 6-6 所示。

图 6-6   【快速选择】对话框

对话框中各选项的功能如下。

- ◉ 【应用到】下拉列表框：选择过滤条件的应用范围，可以应用于整个图形，也可以应用到当前选择集中。如果有当前选择集，则【当前选择】选项为默认选项；如果没有当前选择集，则【整个图形】选项为默认选项。

- ◉ 【选择对象】按钮：单击该按钮将切换到绘图窗口中，可以根据当前所指定的过滤条件来选择对象。选择完毕后，按 Enter 键结束选择，并回到【快速选择】对话框中，同时 AutoCAD 会将【应用到】下拉列表框中的选项设置为【当前选择】。

- ◉ 【对象类型】下拉列表框：指定要过滤的对象类型。

- ◉ 【特性】列表框：指定作为过滤条件的对象特性。

- ◉ 【运算符】下拉列表框：控制过滤的范围。运算符包括：=、<>、>、<、全部选择等。其中 > 和 < 运算符对某些对象特性是不可用的。

- ◉ 【值】下拉列表框：设置过滤的特性值。

- ◉ 【如何应用】选项区域：选择其中的【包括在新选择集中】单选按钮，则由满足过滤条件的对象构成选择集；选择【排除在新选择集之外】单选按钮，则由不满足过滤条件的对象构成选择集。

- ◉ 【附加到当前选择集】复选框：指定由 QSELECT 命令所创建的选择集是追加到当前选择集中，还是替代当前选择集。

【例 6-2】选择如图 6-4 中半径为 4 的圆弧。

(1) 在快速访问工具栏选择【显示菜单栏】命令，在弹出的菜单中选择【工具】|【快速选择】命令，打开【快速选择】对话框。

(2) 在【应用到】下拉列表框中，选择【整个图形】选项；在【对象类型】下拉列表框中，选择【圆弧】选项。

(3) 在【特性】列表框中选择【半径】选项，在【运算符】下拉列表框中选择【= 等于】选项，然后在【值】文本框中输入数值 4，表示选择图形中所有半径为 9 的圆。

(4) 在【如何应用】选项区域中选择【包括在新选择集中】单选按钮，按设定条件创建新的选择集。然后单击【确定】按钮，将选中图形中所有符合要求的图形对象，如图 6-7 所示。

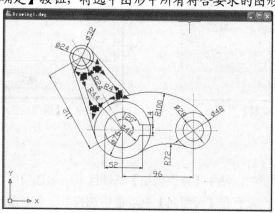

图 6-7 显示选择结果

6.1.4 使用编组

在 AutoCAD 中,可以将图形对象进行编组以创建一种选择集,使编辑对象变得更为灵活。

1. 创建对象编组

编组是已命名的对象选择集,随图形一起保存。一个对象可以作为多个编组的成员。在命令行提示下输入 GROUP,并按 Enter 键,可打开【对象编组】对话框,如图 6-8 所示,其选项的含义如下。

- ◉ 【编组名】列表框:显示了当前图形中已存在的对象编组名称。其中【可选择的】列表示对象编组是否可选。如果一个对象编组是可选的,当选择该对象编组的一个成员对象时,所有成员都将被选中(处于锁定层上的对象除外);如果对象编组是不可选的,则只有选择的对象编组成员被选中。
- ◉ 【编组标识】选项区域:设置编组的名称及说明等,包括以下选项。
- ① 【编组名】文本框:输入或显示选中的对象编组的名称。组名最长可有 31 个字符,包括字母、数字以及特殊符号 *、! 等。
- ② 【说明】文本框:显示选中的对象编组的说明信息。
- ③ 【查找名称】按钮:单击该按钮将切换到绘图窗口,拾取要查找的对象后,该对象所属的组名即显示在【编组成员列表】对话框中,如图 6-9 所示。
- ④ 【亮显】按钮:在【编组名】列表框中选择一个对象编组,单击该按钮可以在绘图窗口中亮显对象编组的所有成员对象。
- ⑤ 【包含未命名的】复选框:控制是否在【编组名】列表框中列出未命名的编组。
- ◉ 【创建编组】选项区域:用来创建一个有名或无名的新组。

图 6-8 【对象编组】对话框

图 6-9 【编组成员列表】对话框

2. 修改编组

在【对象编组】对话框中,使用【修改编组】选项区域中的选项可以修改对象编组中的单个成员或者对象编组本身。只有在【编组名】列表框中选择了一个对象编组后,该选项区域中的按钮才可用,包括以下选项。

- ⊙ 【删除】按钮：单击该按钮，将切换到绘图窗口，选择要从对象编组中删除的对象，然后按 Enter 键或空格键结束选择对象并删除已选对象。

- ⊙ 【添加】按钮：单击该按钮将切换到绘图窗口，选择要加入到对象编组中的对象，选中的对象将被加入到对象编组中。

- ⊙ 【重命名】按钮：单击该按钮，可在【编组标识】选项区域中的【编组名】文本框中输入新的编组名。

- ⊙ 【重排】按钮：单击该按钮，打开【编组排序】对话框，可以重排编组中的对象顺序，如图 6-10 所示。

- ⊙ 【说明】按钮：单击该按钮，可以在【编组标识】选项区域中的【说明】文本框中修改所选对象编组的说明描述。

- ⊙ 【分解】按钮：单击该按钮，可以删除所选的对象编组，但不删除图形对象。

- ⊙ 【可选择的】按钮：单击该按钮，可以控制对象编组的可选择性。

【例 6-3】将图 6-11 中的所有圆创建为一个对象编组 Circle。

(1) 在命令行提示下输入 GROUP 命令，按 Enter 键，打开【对象编组】对话框。

(2) 在【编组标识】选项区域的【编组名】文本框中输入编组名 Circle。

(3) 单击【新建】按钮，切换到绘图窗口，选择图 6-11 所示图形中的所有圆。

(4) 按 Enter 键结束对象选择，返回到【对象编组】对话框，单击【确定】按钮，完成对象编组。此时，如果单击编组中的任一对象，所有其他对象也同时被选中。

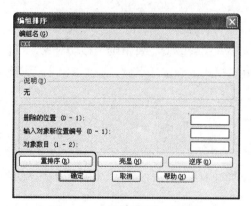

图 6-10 【编组排序】对话框

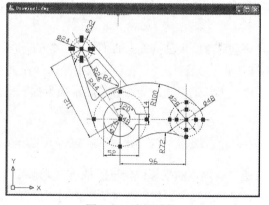

图 6-11 选择对象

6.2 使用夹点编辑图形

在 AutoCAD 2011 中，夹点是一种集成的编辑模式，提供了一种方便快捷的编辑操作途径。例如，使用夹点可以对对象进行拉伸、移动、旋转、缩放及镜像等操作。

6.2.1 拉伸对象

在不执行任何命令的情况下选择对象，显示其夹点，然后单击其中一个夹点，进入编辑状态。此时，AutoCAD 自动将其作为拉伸的基点，进入【拉伸】编辑模式，命令行将显示如下提示信息。

```
** 拉伸 **
指定拉伸点或 [基点(B)/复制(C)/放弃(U)/退出(X)]:
```

其选项的功能如下。

- ⊙ 【基点(B)】选项：重新确定拉伸基点。
- ⊙ 【复制(C)】选项：允许确定一系列的拉伸点，以实现多次拉伸。
- ⊙ 【放弃(U)】选项：取消上一次操作。
- ⊙ 【退出(X)】选项：退出当前的操作。

默认情况下，指定拉伸点(可以通过输入点的坐标或者直接用鼠标指针拾取点)后，AutoCAD 将把对象拉伸或移动到新的位置。因为对于某些夹点，移动时只能移动对象而不能拉伸对象，如文字、块、直线中点、圆心、椭圆中心和点对象上的夹点。

6.2.2 移动对象

移动对象仅仅是位置上的平移，对象的方向和大小并不会改变。要精确地移动对象，可使用捕捉模式、坐标、夹点和对象捕捉模式。在夹点编辑模式下确定基点后，在命令行提示下输入 MO 进入移动模式，命令行将显示如下提示信息。

```
** 移动 **
指定移动点或 [基点(B)/复制(C)/放弃(U)/退出(X)]:
```

通过输入点的坐标或拾取点的方式来确定平移对象的目的点后，即可以基点为平移的起点，以目的点为终点将所选对象平移到新位置。

6.2.3 旋转对象

在夹点编辑模式下，确定基点后，在命令行提示下输入 RO 进入旋转模式，命令行将显示如下提示信息。

```
** 旋转 **
指定旋转角度或 [基点(B)/复制(C)/放弃(U)/参照(R)/退出(X)]:
```

默认情况下，输入旋转的角度值后或通过拖动方式确定旋转角度后，即可将对象绕基点旋转指定的角度。也可以选择【参照】选项，以参照方式旋转对象，这与【旋转】命令中的【对照】选项功能相同。

6.2.4 缩放对象

在夹点编辑模式下确定基点后，在命令行提示下输入 SC 进入缩放模式，命令行将显示如下提示信息。

> ** 比例缩放 **
> 指定比例因子或 [基点(B)/复制(C)/放弃(U)/参照(R)/退出(X)]:

默认情况下，当确定了缩放的比例因子后，AutoCAD 将相对于基点进行缩放对象操作。当比例因子大于 1 时放大对象；当比例因子大于 0 而小于 1 时缩小对象。

6.2.5 镜像对象

与【镜像】命令的功能类似，镜像操作后将删除原对象。在夹点编辑模式下确定基点后，在命令行提示下输入 MI 进入镜像模式，命令行将显示如下提示信息。

> ** 镜像 **
> 指定第二点或 [基点(B)/复制(C)/放弃(U)/退出(X)]:

指定镜像线上的第 2 个点后，AutoCAD 将以基点作为镜像线上的第 1 点，新指定的点为镜像线上的第 2 个点，将对象进行镜像操作并删除原对象。

【例6-4】使用夹点编辑功能绘制如图 6-12 所示的连杆平面图。

(1) 在【功能区】选项板中选择【常用】选项卡，在【绘图】面板中单击【直线】按钮，绘制一条水平直线和一条垂直直线作为辅助线。

(2) 在快速访问工具栏选择【显示菜单栏】命令，在弹出的菜单中选择【工具】|【新建UCS】|【原点】命令，将坐标系原点移到辅助线的交点处，如图 6-13 所示。

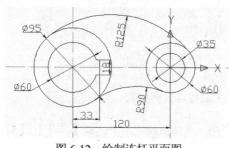

图 6-12 绘制连杆平面图

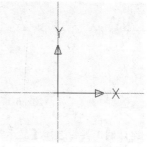

图 6-13 绘制辅助线

(3) 选择所绘制的垂直直线，并单击两条直线的交点，将其作为基点，在命令行中输入 MO，再输入 C，移动并复制垂直直线，然后在命令行中输入(120,0)，即可得到另一条垂直的直线，如图 6-14 所示。

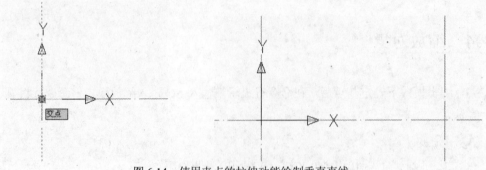

图 6-14　使用夹点的拉伸功能绘制垂直直线

(4) 在【功能区】选项板中选择【常用】选项卡，在【绘图】面板中单击【圆心、直径】按钮 ，以左侧垂直直线与水平直线的交点为圆心，绘制一个直径为 60 的圆，如图 6-15 所示。

(5) 在【功能区】选项板中选择【常用】选项卡，在【绘图】面板中单击【圆心、直径】按钮 ，以右侧垂直直线与水平直线的交点为圆心，绘制一个直径为 35 的圆，如图 6-16 所示。

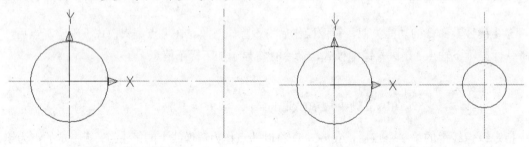

图 6-15　绘制直径为 60 的圆　　　　　　图 6-16　绘制直径为 35 的圆

(6) 选择左侧所绘的圆，并单击该圆的最上端夹点，将其作为基点(该点将显示为红色)，接着在命令行输入 C，在拉伸的同时复制图形，然后再在命令行输入(47.5, 0)，即可得到一个直径为 95 的拉伸圆，如图 6-17 所示。

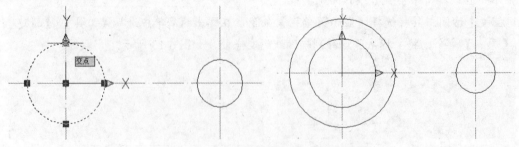

图 6-17　使用夹点的拉伸功能绘制圆

(7) 在快速访问工具栏选择【显示菜单栏】命令，在弹出的菜单中选择【工具】|【新建 UCS】|【原点】命令，将坐标系移到辅助线的右侧交点处，如图 6-18 所示。

(8) 选择右侧所绘的圆，并单击该圆的最上端夹点，将其作为基点(该点将显示为红色)，接着在命令行输入 C，在拉伸的同时复制图形，然后再在命令行输入(30,0)，即可得到一个直径为 60 的拉伸圆，如图 6-19 所示。

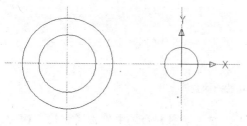

图 6-18　移动坐标系

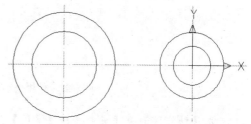

图 6-19　使用夹点编辑功能绘制直径为 60 的圆

(9) 选择所绘制的水平直线，并单击直线上的夹点，将其作为基点，在命令行中输入 MO，再输入 C，移动并复制水平直线，然后在命令行中输入(@0,9)，即可得到一条水平的直线，如图 6-20 所示。

(10) 选择左侧的垂直直线，并单击直线上的夹点，将其作为基点，在命令行中输入 MO，再输入 C，移动并复制垂直直线，然后在命令行中输入(@33,0)，即可得到另一条垂直的直线，如图 6-21 所示。

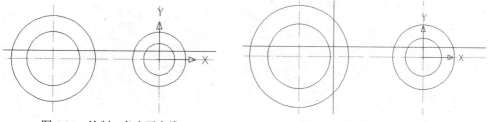

图 6-20　绘制一条水平直线　　　　　　　　图 6-21　绘制一条垂直直线

(11) 在【功能区】选项板中选择【常用】选项卡，在【修改】面板中单击【修剪】按钮 ，修剪直线，如图 6-22 所示。

(12) 选择修剪后的直线，在夹点编辑模式下单击辅助线的交点作为基点，在命令行中输入 MI，镜像所选的对象，再输入 C，单击水平构造线的另一点作为镜像线，即可得到镜像的直线，如图 6-23 所示。

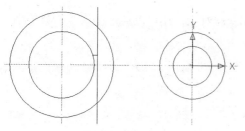

图 6-22　修剪直线

提示

　　使用夹点移动、旋转及镜像对象时，在命令行中输入 C，可以在进行编辑操作时复制图形。

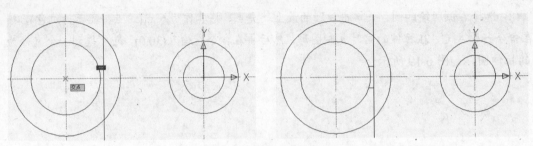

图 6-23　使用夹点编辑功能镜像直线

(13) 在【功能区】选项板中选择【常用】选项卡，在【绘图】面板中单击【相切、相切、半径】按钮 ，以直径分别为 95 和 60 的圆为相切圆，分别绘制半径为 90 和 125 的圆，如图 6-24 所示。

(14) 在【功能区】选项板中选择【常用】选项卡，在【修改】面板中单击【修剪】按钮，修剪图形，如图 6-25 所示。

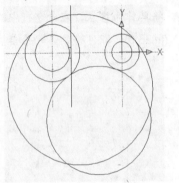

图 6-24　绘制相切圆

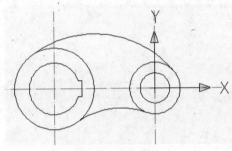

图 6-25　修剪图形

(15) 在快速访问工具栏选择【显示菜单栏】命令，在弹出的菜单中选择【工具】|【新建 UCS】|【世界】命令，恢复世界坐标系。关闭绘图窗口，并保存所绘的图形。

6.3　删除、移动、旋转和对齐对象

在 AutoCAD 2011 中，不仅可以使用夹点来移动和旋转对象，还可以通过【修改】菜单中的相关命令来实现。

6.3.1　删除对象

在快速访问工具栏选择【显示菜单栏】命令，在弹出的菜单中选择【修改】|【删除】命令 (ERASE)，或在【功能区】选项板中选择【常用】选项卡，在【修改】面板中单击【删除】按

钮 ，都可以删除图形中选中的对象。

通常，发出【删除】命令后，需要选择要删除的对象，然后按 Enter 键或空格键结束对象选择，同时删除已选择的对象。

6.3.2 移动对象

移动对象是指对象的重定位。在快速访问工具栏选择【显示菜单栏】命令，在弹出的菜单中选择【修改】|【移动】命令(MOVE)，或在【功能区】选项板中选择【常用】选项卡，在【修改】面板中单击【移动】按钮，可以在指定方向上按指定距离移动对象，对象的位置发生了改变，但方向和大小不改变。

要移动对象，首先选择要移动的对象，然后指定位移的基点和位移矢量。在命令行的【指定基点或[位移(D)]<位移>:】提示下，如果单击或以键盘输入形式给出了基点坐标，命令行将显示【指定第二个点或<使用第一个点作位移>:】提示；如果按 Enter 键，那么所给出的基点坐标值就作为偏移量，即将该点作为原点(0,0)，然后将图形相对于该点移动由基点设定的偏移量。

6.3.3 旋转对象

在快速访问工具栏选择【显示菜单栏】命令，在弹出的菜单中选择【修改】|【旋转】命令(ROTATE)，或在【功能区】选项板中选择【常用】选项卡，在【修改】面板中单击【修改】按钮，可以将对象绕基点旋转指定的角度。

执行该命令后，从命令行显示的【UCS 当前的正角方向: ANGDIR=逆时针 ANGBASE=0】提示信息中，可以了解到当前的正角度方向(如逆时针方向)，零角度方向与 X 轴正方向的夹角(如 0°)。

选择要旋转的对象(可以依次选择多个对象)，并指定旋转的基点，命令行将显示【指定旋转角度或 [复制(C)参照(R)]<O>】提示信息。如果直接输入角度值，则可以将对象绕基点旋转该角度，角度为正时逆时针旋转，角度为负时顺时针旋转；如果选择【参照(R)】选项，将以参照方式旋转对象，需要依次指定参照方向的角度值和相对于参照方向的角度值。

【例 6-5】绘制如图 6-26 所示的图形。

(1) 在【功能区】选项板中选择【常用】选项卡，在【修改】面板中单击【正多边形】按钮，绘制边长为 120 的正四边形。

(2) 在快速访问工具栏选择【显示菜单栏】命令，在弹出的菜单中选择【工具】|【新建 UCS】|【原点】命令，将坐标系的原点移至正四边形的左下角点，如图 6-27 所示。

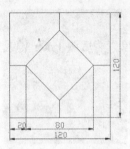

图 6-26　绘制邮箱标志

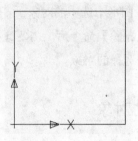

图 6-27　移动坐标系

(3) 在【功能区】选项板中选择【常用】选项卡，在【修改】面板中单击【直线】按钮，过点(60,120)、点(0,60)和点(60,0)绘制直线，如图 6-28 所示。

(4) 在【功能区】选项板中选择【常用】选项卡，在【修改】面板中单击【移动】按钮，在命令行的【选择对象:】提示下选择所绘制的两条直线。

(5) 在命令行【指定基点或[位移(D)]<位移>:】提示下输入点的坐标(0,60)作为移动的基点。

(6) 在命令行的【指定第二个点或<使用第一个点作位移>:】提示下，输入坐标(20,60)，然后按 Enter 键，结果如图 6-29 所示。

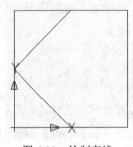

图 6-28　绘制直线

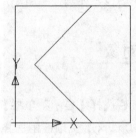

图 6-29　移动直线

(7) 在【功能区】选项板中选择【常用】选项卡，在【修改】面板中单击【旋转】按钮，在命令行的【选择对象:】提示下选择移动的直线。

(8) 在命令行的【指定基点:】提示下，输入点的坐标(60,60)作为移动的基点。

(9) 在命令行的【指定旋转角度或[复制(C)参照(R)]<O>:】提示下，输入 C，并指定旋转的角度为 180°，然后按 Enter 键，结果如图 6-30 所示。

(10) 在【功能区】选项板中选择【常用】选项卡，在【修改】面板中单击【修剪】按钮，对图形中的多余线条进行修剪，最终的图形效果如图 6-31 所示。

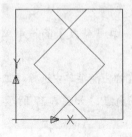

图 6-30　旋转对象

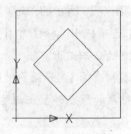

图 6-31　修剪图形

(11) 在【功能区】选项板中选择【常用】选项卡，在【修改】面板中单击【直线】按钮，绘制经过点(0,60)和点(20,60)的直线，效果如图 6-32 所示。

(12) 在【功能区】选项板中选择【常用】选项卡，在【修改】面板中单击【直线】按钮，绘制经过点(0,60)和点(20,60)的直线，效果如图 6-33 所示。

(13) 在快速访问工具栏选择【显示菜单栏】命令，在弹出的菜单中选择【工具】|【新建UCS】|【世界】命令，恢复世界坐标系。

(14) 使用尺寸标注功能标注图形的尺寸，效果如图 6-26 所示。

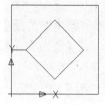
图 6-32　绘制直线

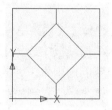
图 6-33　绘制其他直线

6.3.4　对齐对象

在快速访问工具栏选择【显示菜单栏】命令，在弹出的菜单中选择【修改】|【三维操作】|【对齐】命令(ALIGN)，可以使当前对象与其他对象对齐，它既适用于二维对象，也适用于三维对象。

在对齐二维对象时，可以指定 1 对或 2 对对齐点(源点和目标点)，在对齐三维对象时，则需要指定 3 对对齐点，如图 6-34 所示。

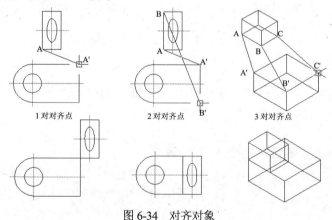
图 6-34　对齐对象

在对齐对象时，如果命令行显示【是否基于对齐点缩放对象？[是(Y)/否(N)] <否>:】提示信息时，选择【否(N)】选项，则对象改变位置，且对象的第一源点与第一目标点重合，第二源点位于第一目标点与第二目标点的连线上，即对象先平移，后旋转；选择【是(Y)】选项，则对象除平移和旋转外，还基于对齐点进行缩放。由此可见，【对齐】命令是【移动】命令和【旋转】命令的组合。

6.4 复制、阵列、偏移和镜像对象

在 AutoCAD 2011 中，可以使用【复制】、【阵列】、【偏移】和【镜像】命令创建与源对象相同或相似的图形。

6.4.1 复制对象

在快速访问工具栏选择【显示菜单栏】命令，在弹出的菜单中选择【修改】|【复制】命令(COPY)，或在【功能区】选项板中选择【常用】选项卡，在【修改】面板中单击【复制】按钮，可以对已有的对象复制出副本，并放置到指定的位置。

执行该命令时，需要选择要复制的对象，命令行将显示【指定基点或[位移(D)/模式(O)/多个(M)] <位移>:】提示信息。如果只需创建一个副本，直接指定位移的基点和位移矢量(相对于基点的方向和大小)；如果需要创建多个副本，而复制模式为单个时，输入 M，设置复制模式为多个，然后在【指定第二个点或[退出(E)/放弃(U)<退出>:】提示下，通过连续指定位移的第二点来创建该对象的其他副本，直到按 Enter 键结束。

6.4.2 阵列对象

在快速访问工具栏选择【显示菜单栏】命令，在弹出的菜单中选择【修改】|【阵列】命令(ARRAY)，或在【功能区】选项板中选择【常用】选项卡，在【修改】面板中单击【阵列】按钮，都可以打开【阵列】对话框，可以在该对话框中设置以矩形阵列或者环形阵列方式多重复制对象。

1. 矩形阵列复制

在【阵列】对话框中，选择【矩形阵列】单选按钮，可以以矩形阵列方式复制对象，此时的【阵列】对话框如图 6-35 所示。各选项的含义如下。

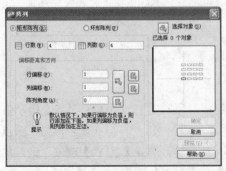

图 6-35 矩形阵列

提示

行距、列距和阵列角度的值的正负性将影响将来的阵列方向：行距和列距为正值将使阵列沿 X 轴或者 Y 轴正方向阵列复制对象；阵列角度为正值则沿逆时针方向阵列复制对象，负值则相反。如果是通过单击按钮在绘图窗口中设置偏移距离和方向，则给定点的前后顺序将确定偏移的方向。

- ⦿　【行】文本框：设置矩形阵列的行数。
- ⦿　【列】文本框：设置矩形阵列的列数。
- ⦿　【偏移距离和方向】选项区域：在【行偏移】、【列偏移】、【阵列角度】文本框中可以输入矩形阵列的行距、列距和阵列角度。也可以单击文本框右边的按钮，在绘图窗口中通过指定点来确定距离和方向。
- ⦿　【选择对象】按钮：单击该按钮将切换到绘图窗口，选择进行阵列复制的对象。
- ⦿　预览窗口：显示当前的阵列模式、行距和列距以及阵列角度。
- ⦿　【预览】按钮：单击该按钮将切换到绘图窗口，可预览阵列复制效果。

【例6-6】绘制如图6-36所示的电感符号。

(1) 在【功能区】选项板中选择【常用】选项卡，在【绘图】面板中单击【起点、圆心、角度】按钮，以点(100,100)为圆弧起点，以点(94,100)为圆心，绘制角度为180°的圆弧，如图6-37所示。

图6-36　绘制电感符号

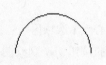

图6-37　绘制圆弧

(2) 在【功能区】选项板中选择【常用】选项卡，在【修改】面板中单击【阵列】按钮，打开【阵列】对话框。选择【矩形阵列】单选按钮，设置矩形阵列的行为1，列为4；在【偏移距离和方向】选项区域中设置【列偏移】为12。

(3) 单击【选择对象】按钮，然后在绘图窗口中选择圆弧，并按Enter键，返回【阵列】对话框。

(4) 单击【确定】按钮，阵列结果如图6-38所示。

(5) 在【功能区】选项板中选择【常用】选项卡，在【绘图】面板中单击【直线】按钮，以圆弧的左端点为起点，向下绘制长度为12的垂直直线，效果如图6-39所示。

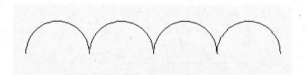

图6-38　阵列圆弧

图6-39　绘制直线

(6) 在【功能区】选项板中选择【常用】选项卡，在【修改】面板中单击【复制】按钮，在命令行的【选择对象:】提示下选择直线，并按Enter键，完成对象的选择。

(7) 在命令行的【指定基点或 [位移(D)/模式(O)] <位移>:】提示下输入 D，并输入点的坐标(@48,0)，即可完成电感符号的绘制，如图6-36所示。

计算机 基础与实训教材系列

2. 环形阵列复制

在【阵列】对话框中，选择【环形阵列】单选按钮，可以以环形阵列方式复制图形，此时的【阵列】对话框如图 6-40 所示。其中各选项的含义如下。

 提示

> 预览阵列复制效果时，如果单击【接受】按钮，则确认当前的设置，阵列复制对象并结束命令；如果单击【修改】按钮，则返回到【阵列】对话框，可以重新修改阵列复制参数；如果单击【取消】按钮，则退出【阵列】命令，不做任何编辑。

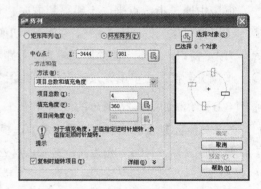

图 6-40　环形阵列

- 【中心点】选项区域：在 X 和 Y 文本框中，输入环形阵列的中心点坐标，也可以单击右边的按钮切换到绘图窗口，直接指定一点作为阵列的中心点。
- 【方法和值】选项区域：设置环形阵列复制的方法和值。其中，在【方法】下拉列表框中选择环形的方法，包括【项目总数和填充角度】、【项目总数和项目间的角度】和【填充角度和项目间的角度】3 种，选择的方法不同，设置的值也不同。可以直接在对应的文本框中输入值，也可以通过单击相应按钮，在绘图窗口中指定。
- 【复制时旋转项目】复选框：设置在阵列时是否将复制出的对象旋转。
- 【详细】按钮：单击该按钮，对话框中将显示对象的基点信息，可以利用这些信息设置对象的基点。

【例 6-7】绘制如图 6-41 所示的三菱标志。

(1) 在【功能区】选项板中选择【常用】选项卡，在【绘图】面板中单击【直线】按钮，绘制经过点(100,100)、点(@60,0)、点(@60<-60)和点(@-60, 0)的菱形，如图 6-42 所示。

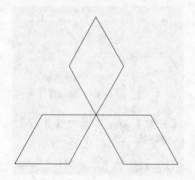

图 6-41　绘制三菱标志

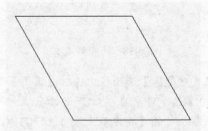

图 6-42　绘制边长为 60 的菱形

(2) 在【功能区】选项板中选择【常用】选项卡，在【修改】面板中单击【阵列】按钮，打开【阵列】对话框。选择【环形阵列】单选按钮，在【中心点】选项区域的 X 和 Y 文本框中均输入 100，以点(100,100)作为阵列的中心点；在【方法和值】设置中选择创建方法为【项目总数和填充角度】，并设置【项目总数】为 3，【填充角度】为 360。

(3) 单击【选择对象】按钮，在绘图窗口中选择图 6-42 中的菱形，并按 Enter 键，返回【阵列】对话框。

(4) 单击【确定】按钮，阵列图形，效果如图 6-41 所示。

⑥.4.3 偏移对象

在快速访问工具栏选择【显示菜单栏】命令，在弹出的菜单中选择【修改】|【偏移】命令(OFFSET)，或在【功能区】选项板中选择【常用】选项卡，在【修改】面板中单击【偏移】按钮，可以对指定的直线、圆弧、圆等对象作同心偏移复制。在实际应用中，常利用【偏移】命令的特性创建平行线或等距离分布图形。执行【偏移】命令时，其命令行显示如下提示：

> 指定偏移距离或 [通过(T)/删除(E)/图层(L)] <通过>:

默认情况下，需要指定偏移距离，再选择要偏移复制的对象，然后指定偏移方向，以复制出对象。其他各选项的功能如下。

- ◉ 【通过(T)】选项：在命令行输入 T，命令行提示【选择要偏移的对象，或 [退出(E)/放弃(U)] <退出>:】提示信息，选择偏移对象后，命令行提示【指定通过点或 [退出(E)/多个(M)/放弃(U)] <退出>:】提示信息，指定复制对象经过的点或输入 M 将对象偏移多次。

- ◉ 【删除(E)】选项：在命令行中输入 E，命令行显示【要在偏移后删除源对象吗？ [是(Y)/否(N)] <否>:】提示信息，输入 Y 或 N 来确定是否要删除源对象。

- ◉ 【图层(L)】选项：在命令行中输入 L，选择要偏移的对象的图层。

使用【偏移】命令复制对象时，复制结果不一定与原对象相同。例如，对圆弧作偏移后，新圆弧与旧圆弧同心且具有同样的包含角，但新圆弧的长度要发生改变。对圆或椭圆作偏移后，新圆、新椭圆与旧圆、旧椭圆有同样的圆心，但新圆的半径或新椭圆的轴长要发生变化。对直线段、构造线、射线作偏移，是平行复制。

【例 6-8】使用【偏移】命令绘制图 6-43 所示的四边形地板砖。

(1) 在【功能区】选项板中选择【常用】选项卡，在【绘图】面板中单击【矩形】按钮，以点(100,100)和点(480,480)作为矩形角点，绘制一个 380×380 的矩形。

(2) 在【功能区】选项板中选择【常用】选项卡，在【修改】面板中单击【偏移】按钮，发出 OFFSET 命令。在【指定偏移距离或 [通过(T)/删除(E)/图层(L)] <5.0000>:】提示下，输入偏移距离 14，并按 Enter 键。

(3) 在【选择要偏移的对象，或 [退出(E)/放弃(U)] <退出>:】提示下，选择矩形。

(4) 在【指定要偏移的那一侧上的点，或 [退出(E)/多个(M)/放弃(U)] <退出>:】提示下，在矩形的内侧单击，确定偏移方向，将得到偏移矩形，如图 6-44 所示。

图 6-43　绘制四边形地板砖　　　　图 6-44　使用偏移命令绘制矩形

(5) 在【功能区】选项板中选择【常用】选项卡，在【绘图】面板中单击【矩形】按钮 □，以点(100,290)和点(480,290)作为矩形角点，绘制一个旋转 45° 的矩形，如图 6-45 所示。

(6) 在【功能区】选项板中选择【常用】选项卡，在【修改】面板中单击【偏移】按钮 ，发出 OFFSET 命令。在【指定偏移距离或 [通过(T)/删除(E)/图层(L)] <5.0000>:】提示下，输入偏移距离 10，并按 Enter 键。

(7) 在【选择要偏移的对象，或 [退出(E)/放弃(U)] <退出>:】提示下，选择旋转的矩形。

(8) 在【指定要偏移的那一侧上的点，或 [退出(E)/多个(M)/放弃(U)] <退出>:】提示下，在旋转的矩形的内侧单击，确定偏移方向，将得到偏移矩形。

(9) 在【选择要偏移的对象，或 [退出(E)/放弃(U)] <退出>:】提示下，选择旋转的矩形。

(10) 在【指定要偏移的那一侧上的点，或 [退出(E)/多个(M)/放弃(U)] <退出>:】提示下，在旋转的矩形的外侧单击，确定偏移方向，将得到偏移矩形，如图 6-46 所示。

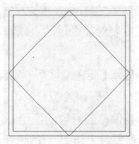

图 6-45　绘制旋转的矩形　　　　图 6-46　偏移旋转的矩形

(11) 在【功能区】选项板中选择【常用】选项卡，然后单击【直线】按钮 ，分别绘制经过点(100,498)和点(498,100)的直线和经过点(100,100)和点(498,498)的直线，如图 6-47 所示。

(12) 在【功能区】选项板中选择【常用】选项卡，在【修改】面板中单击【偏移】按钮 ，发出 OFFSET 命令。将绘制的两条直线分别向两边各偏移 10，结果如图 6-48 所示。

图 6-47　绘制直线　　　　图 6-48　偏移直线

(13) 在【功能区】选项板中选择【常用】选项卡，在【修改】面板中单击【修剪】按钮，对图形中的多余线条进行修剪，最终的图形效果如图 6-49 所示。

(14) 在【功能区】选项板中选择【常用】选项卡，在【绘图】面板中单击【直线】按钮，绘制连接各顶点的直线，效果如图 6-43 所示。

图 6-49 修剪图形

> **知识点**
>
> 偏移命令是一个单对象编辑命令，只能以直接拾取方式选择对象。通过指定偏移距离的方式来复制对象时，距离值必须大于 0。

6.4.4 镜像对象

在快速访问工具栏选择【显示菜单栏】命令，在弹出的菜单中选择【修改】|【镜像】命令 (MIRROR)，或在【功能区】选项板中选择【常用】选项卡，在【修改】面板中单击【镜像】按钮，可以将对象以镜像线对称复制。

执行该命令时，需要选择要镜像的对象，然后依次指定镜像线上的两个端点，命令行将显示【删除源对象吗？[是(Y)/否(N)] <N>:】提示信息。如果直接按 Enter 键，则镜像复制对象，并保留原来的对象；如果输入 Y，则在镜像复制对象的同时删除原对象。

在 AutoCAD 2011 中，使用系统变量 MIRRTEXT 可以控制文字对象的镜像方向。如果 MIRRTEXT 的值为 1，则文字对象完全镜像，镜像出来的文字变得不可读，如图 6-50 右图所示；如果 MIRRTEXT 的值为 0，则文字对象方向不镜像，如图 6-50 左图所示(其中 AB 为镜像线)。

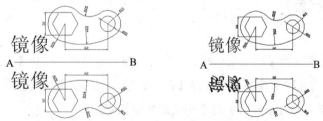

图 6-50 使用 MIRRTEXT 变量控制镜像文字方向

6.5 修改对象的形状和大小

在 AutoCAD 2011 中，可以使用【修剪】和【延伸】命令缩短或拉长对象，以与其他对象的边相接。也可以使用【缩放】、【拉伸】和【拉长】命令，在一个方向上调整对象的大小或按比例增大或缩小对象。

6.5.1 修剪对象

在快速访问工具栏选择【显示菜单栏】命令，在弹出的菜单中选择【修改】|【修剪】命令
(TRIM)，或在【功能区】选项板中选择【常用】选项卡，在【修改】面板中单击【修剪】按钮
，可以以某一对象为剪切边修剪其他对象。执行该命令，并选择了作为剪切边的对象后(可以
是多个对象)，按 Enter 键将显示如下提示信息。

> 选择要修剪的对象，或按住 Shift 键选择要延伸的对象，或 [栏选(F)/窗交(C)/ 投影(P)/边(E)/删除(R)/
> 放弃(U)]:

在 AutoCAD 2011 中，可以作为剪切边的对象有直线、圆弧、圆、椭圆或椭圆弧、多段线、
样条曲线、构造线、射线以及文字等。剪切边也可以同时作为被剪边。默认情况下，选择要修
剪的对象(即选择被剪边)，系统将以剪切边为界，将被剪切对象上位于拾取点一侧的部分剪切
掉。如果按下 Shift 键，同时选择与修剪边不相交的对象，修剪边将变为延伸边界，将选择的
对象延伸至与修剪边界相交。该命令提示中主要选项的功能如下。

- ◉ 【投影(P)】选项：可以指定执行修剪的空间，主要应用于三维空间中两个对象的修剪，
  可将对象投影到某一平面上执行修剪操作。
- ◉ 【边(E)】选项：选择该选项时，命令行显示【输入隐含边延伸模式 [延伸(E)/不延伸(N)]
  <不延伸>:】提示信息。如果选择【延伸(E)】选项，当剪切边太短而且没有与被修剪
  对象相交时，可延伸修剪边，然后进行修剪；如果选择【不延伸(N)】选项，只有当剪
  切边与被修剪对象真正相交时，才能进行修剪。
- ◉ 【放弃(U)】选项：取消上一次的操作。

6.5.2 延伸对象

在快速访问工具栏选择【显示菜单栏】命令，在弹出的菜单中选择【修改】|【延伸】命令
(EXTEND)，或在【功能区】选项板中选择【常用】选项卡，在【修改】面板中单击【延伸】
按钮，可以延长指定的对象与另一对象相交或外观相交。

延伸命令的使用方法和修剪命令的使用方法相似，不同之处在于：使用延伸命令时，如果
在按下 Shift 键的同时选择对象，则执行修剪命令；使用修剪命令时，如果在按下 Shift 键的同
时选择对象，则执行延伸命令。

【例6-9】延伸如图 6-51 所示图形中的对象，结果如图 6-52 所示。

(1) 在【功能区】选项板中选择【常用】选项卡，在【修改】面板中单击【延伸】按钮，
发出 EXTEND 命令。

(2) 在命令行的【选择对象:】提示下，用鼠标指针拾取直线 CD，然后按 Enter 键结束对象选择。

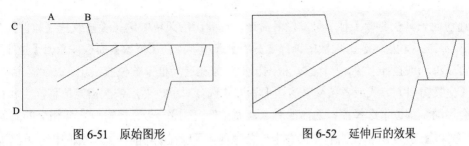

图 6-51　原始图形　　　　　　　　　图 6-52　延伸后的效果

(3) 在命令行的【选择要延伸的对象，或按住 Shift 键选择要修剪的对象，或 [栏选(F)/窗交(C)/投影(P)/边(E)/放弃(U)]:】提示下，拾取直线 AB，然后按 Enter 键结束延伸命令。

(4) 使用相同的方法，延伸其他的直线，结果如图 6-52 所示。

6.5.3　缩放对象

在快速访问工具栏选择【显示菜单栏】命令，在弹出的菜单中选择【修改】|【缩放】命令(SCALE)，或在【功能区】选项板中选择【常用】选项卡，在【修改】面板中单击【缩放】按钮，可以将对象按指定的比例因子相对于基点进行尺寸缩放。先选择对象，然后指定基点，命令行将显示【指定比例因子或 [复制(C)/参照(R)]<1.0000>:】提示信息。如果直接指定缩放的比例因子，对象将根据该比例因子相对于基点缩放，当比例因子大于 0 而小于 1 时缩小对象，当比例因子大于 1 时放大对象；如果选择【参照(R)】选项，对象将按参照的方式缩放，需要依次输入参照长度的值和新的长度值，AutoCAD 根据参照长度与新长度的值自动计算比例因子(比例因子=新长度值/参照长度值)，然后进行缩放。

例如，要将图 6-53 所示的左图图形缩小为原来的一半，可在【功能区】选项板中选择【常用】选项卡，在【修改】面板中单击【缩放】按钮，选中所有图形，并指定基点为(0,0)，在【指定比例因子或[复制(C)/参照(R)]:】提示行输入比例因子 0.5，按 Enter 键即可，效果如图 6-53 右图所示。

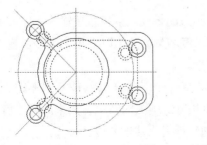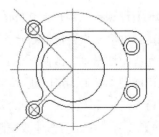

图 6-53　缩放图形

6.5.4 拉伸对象

在快速访问工具栏选择【显示菜单栏】命令，在弹出的菜单中选择【修改】|【拉伸】命令(STRETCH)，或在【功能区】选项板中选择【常用】选项卡，在【修改】面板中单击【拉伸】按钮，就可以移动或拉伸对象，操作方式根据图形对象在选择框中的位置决定。执行该命令时，可以使用【交叉窗口】方式或者【交叉多边形】方式选择对象，然后依次指定位移基点和位移矢量，将会移动全部位于选择窗口之内的对象，而拉伸(或压缩)与选择窗口边界相交的对象。

例如，要将图 6-54 所示左图的图形右半部分拉伸，可以在【功能区】选项板中选择【常用】选项卡，在【修改】面板中单击【拉伸】按钮，然后使用【窗口】选择右半部分的图形，并指定辅助线的交点为基点，拖动鼠标指针即可随意拉伸图形，如图 6-54 所示。

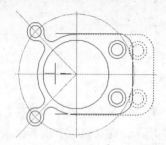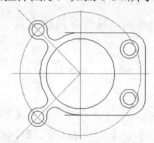

图 6-54　拉伸图形

6.5.5 拉长对象

在快速访问工具栏选择【显示菜单栏】命令，在弹出的菜单中选择【修改】|【拉长】命令(LENGTHEN)，或在【功能区】选项板中选择【常用】选项卡，在【修改】面板中单击【拉长】按钮，都可修改线段或者圆弧的长度。执行该命令时，命令行显示如下提示。

> 选择对象或 [增量(DE)/百分数(P)/全部(T)/动态(DY)]:

默认情况下，选择对象后，系统会显示出当前选中对象的长度和包含角等信息。该命令提示中主要选项的功能如下。

- ◉ 【增量(DE)】选项：以增量方式修改圆弧的长度。可以直接输入长度增量来拉长直线或者圆弧，长度增量为正值时拉长，长度增量为负值时缩短。也可以输入 A，通过指定圆弧的包含角增量来修改圆弧的长度。
- ◉ 【百分数(P)】选项：以相对于原长度的百分比来修改直线或者圆弧的长度。
- ◉ 【全部(T)】选项：以给定直线新的总长度或圆弧的新包含角来改变长度。
- ◉ 【动态(D)】选项：允许动态地改变圆弧或者直线的长度。

6.6　修倒角、圆角和打断

在 AutoCAD 2011 中，可以使用【倒角】、【圆角】命令修改对象使其以平角或圆角相接，使用【打断】命令在对象上创建间距。

6.6.1　倒角对象

在快速访问工具栏选择【显示菜单栏】命令，在弹出的菜单中选择【修改】|【倒角】命令 (CHAMFER)，或在【功能区】选项板中选择【常用】选项卡，在【修改】面板中单击【倒角】按钮 ，都可为对象绘制倒角。执行该命令时，命令行显示如下提示信息。

> 选择第一条直线或 [放弃(U)/多段线(P)/距离(D)/角度(A)/修剪(T)/方式(E)/多个(M)]:

默认情况下，需要选择进行倒角的两条相邻的直线，然后按当前的倒角大小对这两条直线修倒角。该命令提示中主要选项的功能如下。

- ⊙　【多段线(P)】选项：以当前设置的倒角大小对多段线的各顶点(交角)修倒角。
- ⊙　【距离(D)】选项：设置倒角距离尺寸。
- ⊙　【角度(A)】选项：根据第一个倒角距离和角度来设置倒角尺寸。
- ⊙　【修剪(T)】选项：设置倒角后是否保留原拐角边，命令行将显示【输入修剪模式选项 [修剪(T)/不修剪(N)] <修剪>:】提示信息。其中，选择【修剪(T)】选项，表示倒角后对倒角边进行修剪；选择【不修剪(N)】选项，表示不进行修剪。
- ⊙　【方法(E)】选项：设置倒角的方法，命令行显示【输入修剪方法 [距离(D)/角度(A)] <距离>:】提示信息。其中，选择【距离(D)】选项，将以两条边的倒角距离来修倒角；选择【角度(A)】选项，将以一条边的距离以及相应的角度来修倒角。
- ⊙　【多个(M)】选项：对多个对象修倒角。

例如，对如图 6-55 左图所示的轴平面图修倒角后，结果如图 6-55 右图所示。

图 6-55　对图形修倒角

6.6.2　圆角对象

在快速访问工具栏选择【显示菜单栏】命令，在弹出的菜单中选择【修改】|【圆角】命令

(FILLET)，或在【功能区】选项板中选择【常用】选项卡，在【修改】面板中单击【圆角】按钮 ，即可对对象用圆弧修圆角。执行该命令时，命令行显示如下提示信息。

> 选择第一个对象或 [放弃(U)/多段线(P)/半径(R)/修剪(T)/多个(M)]:

修圆角的方法与修倒角的方法相似，在命令行提示中，选择【半径(R)】选项，即可设置圆角的半径大小。

【例6-10】绘制如图6-56所示的汽车轮胎。

(1) 在【功能区】选项板中选择【常用】选项卡，在【绘图】面板中单击【构造线】按钮 ，绘制一条经过点(100,100)的水平辅助线和一条经过点(100,100)的垂直辅助线，如图6-57所示。

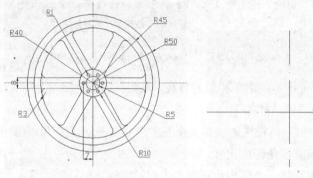

图 6-56　绘制汽车轮胎　　　　　图 6-57　绘制辅助线

(2) 在【功能区】选项板中选择【常用】选项卡，在【绘图】面板中单击【圆心、半径】按钮 ，以点(100,100)为圆心，绘制半径为5的圆，如图6-58所示。

(3) 在【功能区】选项板中选择【常用】选项卡，在【绘图】面板中单击【圆心、半径】按钮 ，绘制小圆的4个同心圆，半径分别为10、40、45和50，如图6-59所示。

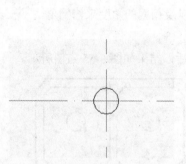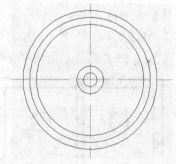

图 6-58　绘制半径为5的圆　　　　图 6-59　绘制4个同心圆

(4) 在【功能区】选项板中选择【常用】选项卡，在【修改】面板中单击【偏移】按钮 ，将水平辅助线分别向上、向下偏移4，如图6-60所示。

(5) 在【功能区】选项板中选择【常用】选项卡，在【绘图】面板中单击【直线】按钮 ，在两圆之间捕捉辅助线与圆的交点绘制直线，并且删除两条偏移的辅助线，如图6-61所示。

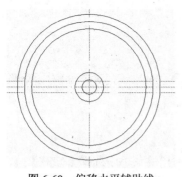

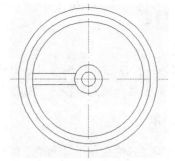

图 6-60 偏移水平辅助线   图 6-61 绘制两条直线

(6) 在【功能区】选项板中选择【常用】选项卡，在【绘图】面板中单击【圆心、半径】按钮 ，以点(93,100)为圆心，绘制半径为 1 的圆，如图 6-62 所示。

(7) 在【功能区】选项板中选择【常用】选项卡，在【修改】面板中单击【圆角】按钮，在【选择第一个对象或[放弃(U)/多段线(P)/半径(R)/修剪(T)/多个(M)]:】提示下，输入 R，并指定圆角半径为 3，然后按 Enter 键。

(8) 在【选择第一个对象或[放弃(U)/多段线(P)/半径(R)/修剪(T)/多个(M)]:】提示下，选择半径为 40 的圆。

(9) 在【选择第二个对象，或按住 Shift 键选择要应用角点的对象:】提示下，选择直线，完成圆角的操作。

(10) 使用同样的方法，将直线与圆相交的其他 3 个角都倒成圆角，效果如图 6-63 所示。

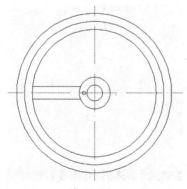

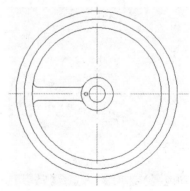

图 6-62 绘制半径为 1 的圆   图 6-63 圆角处理

(11) 在【功能区】选项板中选择【常用】选项卡，在【修改】面板中单击【阵列】按钮 ，打开【阵列】对话框。选择【环形阵列】单选按钮，在【中心点】选项区域的 X 和 Y 文本框中均输入 100，以点(100,100)作为阵列的中心点；在【方法和值】设置中选择创建方法为【项目总数和填充角度】，并设置【项目总数】为 6，【填充角度】为 360。

(12) 单击【选择对象】按钮，在绘图窗口中选择要阵列的小圆和两条经过圆角处理的直线，并按 Enter 键，返回【阵列】对话框。

(13) 单击【确定】按钮，阵列图形，效果如图 6-56 所示。

6.6.3 打断

在 AutoCAD 2011 中，使用【打断】命令可部分删除对象或把对象分解成两部分，还可以使用【打断于点】命令将对象在一点处断开成两个对象。

1. 打断对象

在快速访问工具栏选择【显示菜单栏】命令，在弹出的菜单中选择【修改】|【打断】命令(BREAK)，或在【功能区】选项板中选择【常用】选项卡，在【修改】面板中单击【打断】按钮 ▭，即可部分删除对象或把对象分解成两部分。执行该命令，命令行将显示如下提示信息。

指定第二个打断点或 [第一点(F)]:

默认情况下，以选择对象时的拾取点作为第一个断点，需要指定第二个断点。如果直接选取对象上的另一点或者在对象的一端之外拾取一点，将删除对象上位于两个拾取点之间的部分。如果选择【第一点(F)】选项，可以重新确定第一个断点。

在确定第二个打断点时，如果在命令行输入@，可以使第一个、第二个断点重合，从而将对象一分为二。如果对圆、矩形等封闭图形使用打断命令时，AutoCAD 将沿逆时针方向把第一断点到第二断点之间的那段圆弧或直线删除。例如，在图 6-64 所示图形中，使用打断命令时，单击点 A 和 B 与单击点 B 和 A 产生的效果是不同的。

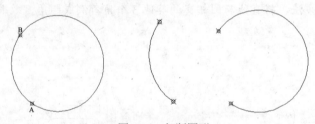

图 6-64　打断图形

2. 打断于点

在【功能区】选项板中选择【常用】选项卡，在【修改】面板中单击【打断于点】按钮 ▭，可以将对象在一点处断开成两个对象，它是从【打断】命令中派生出来的。执行该命令时，需要选择要被打断的对象，然后指定打断点，即可从该点打断对象。

例如，在图 6-65 所示图形中，要从点 C 处打断圆弧，可以执行【打断于点】命令，并选择圆弧，然后单击点 C 即可。

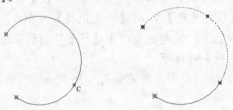

图 6-65　打断于点

6.6.4　合并对象

如果需要连接某一连续图形上的两个部分，或者将某段圆弧闭合为整圆，可以在快速访问工具栏选择【显示菜单栏】命令，在弹出的菜单中选择【修改】|【合并】命令(JOIN)，或在【功能区】选项板中选择【常用】选项卡，在【修改】面板中单击【合并】按钮┿。执行该命令并选择需要合并的对象，命令行将显示如下提示信息。

选择圆弧，以合并到源或进行 [闭合(L)]:

选择需要合并的另一部分对象，按 Enter 键，即可将这些对象合并。图 6-66 所示就是对在同一个圆上的两段圆弧进行合并后的效果(注意方向)。如果选择【闭合(L)】选项，表示可以将选择的任意一段圆弧闭合为一个整圆。选择图 6-66 中左边图形上的任一段圆弧，执行该命令后，得到一个完整的圆，效果如图 6-67 所示。

图 6-66　合并圆弧　　　　　　　　　　　　图 6-67　将圆弧闭合为整圆

6.7　上机练习

本章的上机实验通过绘制如图 6-68 所示棘轮，练习偏移、圆角、倒角、修剪等命令的应用。

(1) 创建【辅助线】层和【轮廓线】层，并将【辅助线】层设置为当前层。

(2) 在【功能区】选项板中选择【常用】选项卡，在【绘图】面板中单击【构造线】按钮，绘制一条水平构造线和一条垂直构造线，如图 6-69 所示。

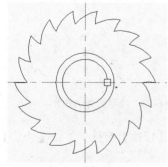

图 6-68　绘制棘轮　　　　　　　　　　　　图 6-69　绘制构造线

(3) 在【功能区】选项板中选择【常用】选项卡，在【绘图】面板中单击【圆心、半径】按钮，以辅助线的交点为圆心，绘制半径分别为 110 和 90 的辅助圆，如图 6-70 所示。

(4) 在【功能区】选项板中选择【常用】选项卡，在【图层】面板中单击【图层】按钮，在打开的【图层特性管理器】面板中，将【轮廓线层】设置为当前层。

(5) 在【功能区】选项板中选择【常用】选项卡，在【绘图】面板中单击【圆心、半径】按钮 ⊙▾，以辅助线的交点为圆心，绘制半径分别为 45 和 35 的圆，如图 6-71 所示。

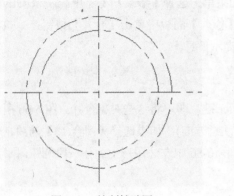 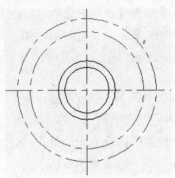

图 6-70　绘制辅助圆　　　　　　　　图 6-71　绘制圆

(6) 将【辅助线】层设置为当前层。在快速访问工具栏选择【显示菜单栏】命令，在弹出的菜单中选择【绘图】|【点】|【定数等分】命令，将半径为 45 和 35 的圆定数等分 18 份，如图 6-72 所示。

(7) 将【轮廓线】层设置为当前层。选择【绘图】|【圆弧】|【三点】命令，绘制经过点 A、B 和 O 的圆弧，如图 6-73 所示。

(8) 选择【绘图】|【圆弧】|【三点】命令，绘制经过点 A、C 和 D 的圆弧，如图 6-74 所示。

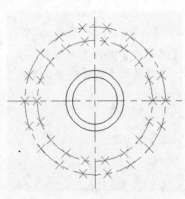 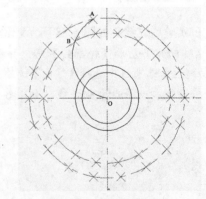

图 6-72　定数等分圆　　　　　　　　图 6-73　绘制圆弧 ABO

(9) 在【功能区】选项板中选择【常用】选项卡，在【修改】面板中单击【修剪】按钮 ⫲，对图形进行修剪处理，如图 6-75 所示。

(10) 在【功能区】选项板中选择【常用】选项卡，在【修改】面板中单击【阵列】按钮 ⊞，打开【阵列】对话框。选择【环形阵列】单选按钮，单击【中心点】按钮后面的【拾取中心点】按钮 ▨，然后在绘图窗口中拾取辅助线的交点；在【方法和值】设置中选择创建方法为【项目总数和填充角度】，并设置【项目总数】为 18，【填充角度】为 360。

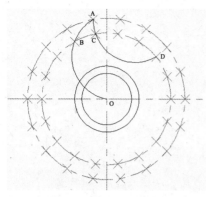

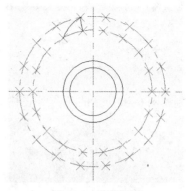

图 6-74　绘制圆弧 ACD　　　　　　　　　　图 6-75　修剪图形

(11) 单击【选择对象】按钮 ，在绘图窗口中选择图 6-75 中的两条圆弧，并按 Enter 键，返回【阵列】对话框。

(12) 单击【确定】按钮，阵列图形，效果如图 6-76 所示。

(13) 在【功能区】选项板中选择【常用】选项卡，在【修改】面板中单击【偏移】按钮，将水平构造线向上偏移 5 个单位，将垂直构造线向右偏移 30 个单位，如图 6-77 所示。

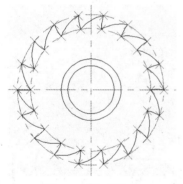

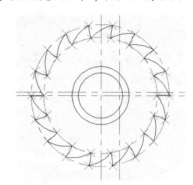

图 6-76　阵列图形　　　　　　　　　　　图 6-77　偏移对象

(14) 在【功能区】选项板中选择【常用】选项卡，在【绘图】面板中单击【矩形】按钮，以刚刚绘制的辅助线的交点为矩形的角点，绘制长和宽均为 10 的矩形，如图 6-78 所示。

(15) 在【功能区】选项板中选择【常用】选项卡，在【修改】面板中单击【修剪】按钮，对图形进行修剪处理，如图 6-79 所示。

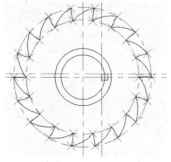

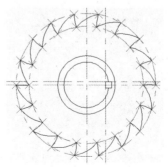

图 6-78　绘制矩形　　　　　　　　　　　图 6-79　修剪图形

(16) 删除图中的辅助线，效果如图 6-68 所示。

6.8 习题

1. 绘制如图 6-80 所示的各图形(图中的尺寸由读者确定)。

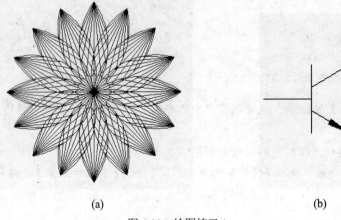

(a)   (b)

图 6-80　绘图练习 1

2. 使用夹点编辑对象的方法，绘制如图 6-81 所示的图形。

3. 绘制如图 6-82 所示的图形。

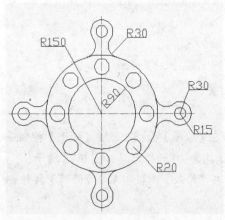

图 6-81　绘图练习 2

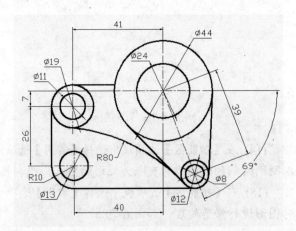

图 6-82　绘图练习 3

第7章

文字与表格

学习目标

　　文字对象是 AutoCAD 图形中很重要的图形元素，是机械制图和工程制图中不可缺少的组成部分。在一个完整的图样中，通常都包含一些文字注释来标注图样中的一些非图形信息。例如，机械工程图形中的技术要求、装配说明，以及工程制图中的材料说明、施工要求等。另外，在 AutoCAD 2011 中，使用表格功能可以创建不同类型的表格，还可以在其他软件中复制表格，以简化制图操作。

本章重点

- ◉　设置文字样式
- ◉　创建与编辑单行文字
- ◉　创建与编辑多行文字
- ◉　创建表格样式和表格

7.1　设置文字样式

　　在 AutoCAD 中，所有文字都有与之相关联的文字样式。在创建文字注释和尺寸标注时，AutoCAD 通常使用当前的文字样式。也可以根据具体要求重新设置文字样式或创建新的样式。文字样式包括文字【字体】、【字型】、【高度】、【宽度系数】、【倾斜角】、【反向】、【倒置】以及【垂直】等参数。

　　在快速访问工具栏选择【显示菜单栏】命令，在弹出的菜单中选择【格式】|【文字样式】命令，或在【功能区】选项板中选择【注释】选项卡，在【文字】面板中单击 Standard 下拉列表框，然后选择【管理文字样式】选项，打开【文字样式】对话框，如图 7-1 所示。利用该对话框可以修改或创建文字样式，并设置文字的当前样式。

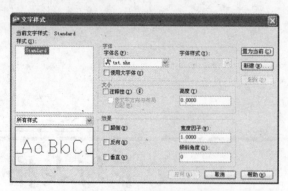

图 7-1 【文字样式】对话框

提示

> 在工程图中通常采用 20、14、10、7、5、3.5、2.5 等七种字号的字体。

⑦.1.1 设置样式名

在【文字样式】对话框中可以显示文字样式的名称、创建新的文字样式、为已有的文字样式重命名以及删除文字样式。该对话框中部分选项含义如下。

- ◉ 【样式】列表：列出了当前可以使用的文字样式，默认文字样式为 Standard (标准)。
- ◉ 【置为当前】按钮：单击该按钮，可将选择的文字样式设置为当前的文字样式。
- ◉ 【新建】按钮：单击该按钮，AutoCAD 将打开【新建文字样式】对话框，如图 7-2 所示。在该对话框的【样式名】文本框中输入新建文字样式名称后，单击【确定】按钮，可以创建新的文字样式，新建文字样式将显示在【样式】列表框中。

提示

> 如果要重命名文字样式，可在【样式】列表中右击要重命名的文字样式，在弹出的快捷菜单中选择【重命名】命令即可，但无法重命名默认的 Standard 样式。

图 7-2 【新建文字样式】对话框

- ◉ 【删除】按钮：单击该按钮，可以删除所选择的文字样式，但无法删除已经被使用了的文字样式和默认的 Standard 样式。

⑦.1.2 设置字体和大小

【文字样式】对话框的【字体】选项区域用于设置文字样式使用的字体属性。其中，【字体名】下拉列表框用于选择字体；【字体样式】下列表框用于选择字体格式，如斜体、粗体和常规字体等。选中【使用大字体】复选框，【字体样式】下拉列表框变为【大字体】下拉列表框，用于选择大字体文件。

【大小】选项区域用于设置文字样式使用的字高属性。【高度】文本框用于设置文字的高度。如果将文字的高度设为 0，在使用 TEXT 命令标注文字时，命令行将显示【指定高度:】提示，要求指定文字的高度。如果在【高度】文本框中输入了文字高度，AutoCAD 将按此高度标注文字，而不再提示指定高度。选中【注释性】复选框，文字将被定义成可注释性的对象。

⑦.1.3　设置文字效果

在【文字样式】对话框中的【效果】选项区域中，可以设置文字的显示效果，如图 7-3 所示。

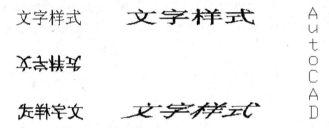

图 7-3　文字的各种效果

- ⊙　【颠倒】复选框：用于设置是否将文字倒过来书写。
- ⊙　【反向】复选框：用于设置是否将文字反向书写。
- ⊙　【垂直】复选框：用于设置是否将文字垂直书写，但垂直效果对汉字字体无效。
- ⊙　【宽度比例】文本框：用于设置文字字符的高度和宽度之比。当宽度比例为 1 时，将按系统定义的高宽比书写文字；当宽度比例小于 1 时，字符会变窄；当宽度比例大于 1 时，字符会变宽。
- ⊙　【倾斜角度】文本框：用于设置文字的倾斜角度。角度为 0 时不倾斜，角度为正值时向右倾斜，为负值时向左倾斜。

⑦.1.4　预览与应用文字样式

在【文字样式】对话框的【预览】选项区域中，可以预览所选择或所设置的文字样式效果。

设置完文字样式后，单击【应用】按钮即可应用文字样式。然后单击【关闭】按钮，关闭【文字样式】对话框。

【例 7-1】定义符合国标要求的新文字样式 Mytext，字高为 3.5，向右倾角 15°。

(1) 在快速访问工具栏选择【显示菜单栏】命令，在弹出的菜单中选择【格式】|【文字样式】命令，打开【文字样式】对话框。

(2) 单击【新建】按钮，打开【新建文字样式】对话框，在【样式名】文本框中输入 Mytext，然后单击【确定】按钮，AutoCAD 返回到【文字样式】对话框。

(3) 在【字体】选项区域中的【SHX 字体】下拉列表中选择 gbenor.shx(标注直体字母与数字)；在【大字体】下拉列表框中仍采用 gbcbig.shx；在【高度】文本框中输入 3.5000，如图 7-4 所示。

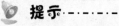
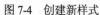

提示

此时的设置为符合国标要求的文字样式设置。由于在字体形文件中已经考虑了字的宽高比例，因此在【宽度比例】文本框中输入 1 即可。

图 7-4　创建新样式

(4) 单击【应用】按钮应用该文字样式，然后单击【关闭】按钮关闭【文字样式】对话框，并将文字样式 Mytext 置为当前样式。

7.2 创建与编辑单行文字

在 AutoCAD 2011 中，使用图 7-5 所示的【文字】工具栏和【注释】选项卡中的【文字】面板都可以创建和编辑文字。对于单行文字来说，每一行都是一个文字对象，因此可以用来创建文字内容比较简短的文字对象(如标签)，并且可以进行单独编辑。

单行文字　查找和替换　文字样式　对正文字

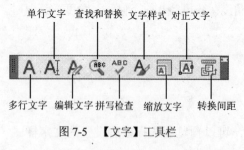

多行文字　编辑文字　拼写检查　缩放文字　转换间距

图 7-5　【文字】工具栏

提示

有时在输入中文汉字时，会显示为乱码或【？】符号，出现此现象的原因是由于选取的字体不恰当，该字体无法显示中文汉字，此时，只要重新选择合适的字体即可。

7.2.1 创建单行文字

在快速访问工具栏选择【显示菜单栏】命令，在弹出的菜单中选择【绘图】|【文字】|【单行文字】命令(DTEXT)，单击【文字】工具栏中的【单行文字】按钮，或在【功能区】选项板中选择【注释】选项卡，在【文字】面板中单击【单行文字】按钮，均可以在图形中创建

单行文字对象。执行该命令时，AutoCAD 提示：

> 当前文字样式： Standard 当前文字高度： 2.5000
> 指定文字的起点或 [对正(J)/样式(S)]：

1. 指定文字的起点

默认情况下，通过指定单行文字行基线的起点位置创建文字。AutoCAD 为文字行定义了顶线、中线、基线和底线 4 条线，用于确定文字行的位置。这 4 条线与文字串的关系如图 7-6 所示。

图 7-6　文字标注参考线定义

如果当前文字样式的高度设置为 0，系统将显示【指定高度：】提示信息，要求指定文字高度，否则不显示该提示信息，而使用【文字样式】对话框中设置的文字高度。

然后系统显示【指定文字的旋转角度 <0>：】提示信息，要求指定文字的旋转角度。文字旋转角度是指文字行排列方向与水平线的夹角，默认角度为 0°。输入文字旋转角度，或按 Enter 键使用默认角度 0°，最后输入文字即可。也可以切换到 Windows 的中文输入方式下，输入中文文字。

2. 设置对正方式

在【指定文字的起点或 [对正(J)/样式(S)]：】提示信息后输入 J，可以设置文字的对正方式。此时命令行显示如下提示信息。

> 输入选项[对齐(A)/调整(F)/中心(C)/中间(M)/右(R)/左上(TL)/中上(TC)/右上(TR)/左中(ML)/正中(MC)/右中(MR)/左下(BL)/中下(BC)/右下(BR)]：

在 AutoCAD 2011 中，系统为文字提供了多种对正方式，显示效果如图 7-7 所示。

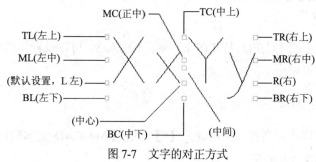

图 7-7　文字的对正方式

此提示中的各选项含义如下：

- ◉ 对齐(A)：要求确定所标注文字行基线的始点与终点位置。
- ◉ 调整(F)：此选项要求用户确定文字行基线的始点、终点位置以及文字的字高。
- ◉ 中心(C)：此选项要求确定一点，AutoCAD 把该点作为所标注文字行基线的中点，即所输入文字的基线将以该点居中对齐。
- ◉ 中间(M)：此选项要求确定一点，AutoCAD 把该点作为所标注文字行的中间点，即以该点作为文字行在水平、垂直方向上的中点。
- ◉ 右(R)：此选项要求确定一点，AutoCAD 把该点作为文字行基线的右端点。

在与【对正(J)】选项对应的其他提示中，【左上(TL)】、【中上(TC)】和【右上(TR)】选项分别表示将以所确定点作为文字行顶线的始点、中点和终点；【左中(ML)】、【正中(MC)】、【右中(MR)】选项分别表示将以所确定点作为文字行中线的始点、中点和终点；【左下(BL)】、【中下(BC)】、【右下(BR)】选项分别表示将以所确定点作为文字行底线的始点、中点和终点。图 7-8 显示了上述文字对正示例。

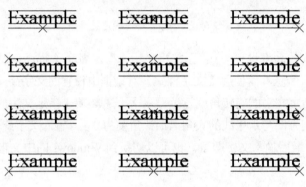

图 7-8　文字对正示例

 提示

> 在输入文字的过程中，可以随时改变文字的位置。如果在输入文字的过程中想改变后面输入的文字位置，可先将光标移到新位置并按拾取键，原标注行结束，标志出现在新确定的位置后可以在此继续输入文字。但在标注文字时，不论采用哪种文字排列方式，输入文字时，在屏幕上显示的文字都是按左对齐的方式排列，直到结束 TEXT 命令后，才按指定的排列方式重新生成文字。

3. 设置当前文字样式

在【指定文字的起点或 [对正(J)/样式(S)]:】提示下输入 S，可以设置当前使用的文字样式。选择该选项时，命令行显示如下提示信息。

输入样式名或 [?] <Mytext>:

可以直接输入文字样式的名称，也可输入【?】，在【AutoCAD 文本窗口】中显示当前图形已有的文字样式，如图 7-9 所示。

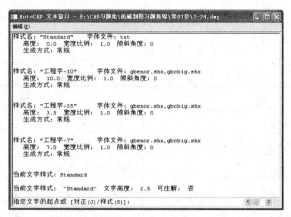

图 7-9　【AutoCAD 文本窗口】显示图形中包含的文字样式

【例 7-2】创建如图 7-10 所示的单行文字注释，要求字体为字体，字高为 3.5。

(1) 参考【例 7-1】创建新的文字样式【我的文字样式】，字体为宋体，字高为 3.5。

(2) 在【功能区】选项板中选择【注释】选项卡，在【文字】面板中单击【单行文字】按钮 ，发出单行文字创建命令。

(3) 在绘图窗口需要输入文字的地方单击，确定文字的起点。

(4) 在命令行的【指定文字的旋转角度<0>:】提示下，输入 0，将文字旋转角度设置为 0°。

(5) 在命令行的【输入文字:】提示下，输入文本【未注倒角：C2】，然后连续按两次 Enter 键，即可创建单行的注释文字，如图 7-11 所示。

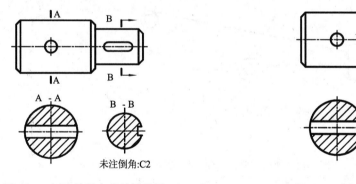

| 图 7-10　创建单行文字的效果图 | 图 7-11　创建单行文字 |

(6) 使用同样的方法，创建其他注释文字，效果如图 7-10 所示。

7.2.2　使用文字控制符

在实际设计绘图中，往往需要标注一些特殊的字符。例如，在文字上方或下方添加划线、标注度(°)、±、φ 等符号。这些特殊字符不能从键盘上直接输入，因此 AutoCAD 提供了相应的控制符，以实现这些标注要求。

AutoCAD 的控制符由两个百分号(%%)及在后面紧接一个字符构成，常用的控制符如表 7-1 所示。

表 7-1　AutoCAD 2011 常用的标注控制符

控 制 符	功 　能
%%O	打开或关闭文字上划线
%%U	打开或关闭文字下划线
%%D	标注度(°) 符号
%%P	标注正负公差(±)符号
%%C	标注直径(φ)符号

在 AutoCAD 的控制符中，%%O 和%%U 分别是上划线与下划线的开关。第 1 次出现此符号时，可打开上划线或下划线，第 2 次出现该符号时，则会关掉上划线或下划线。

在【输入文字:】提示下，输入控制符时，这些控制符也临时显示在屏幕上，当结束文本创建命令时，这些控制符将从屏幕上消失，转换成相应的特殊符号。

【例 7-3】使用【例 7-1】的文字样式创建如图 7-12 所示的单行文字。

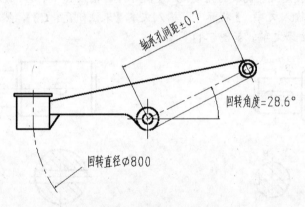

图 7-12　使用控制符创建单行文字

(1) 在【功能区】选项板中选择【注释】选项卡，在【文字】面板中单击【单行文字】按钮 ，此时在命令行中将显示【例 7-1】中的文字样式 Mytext，当前文字高度为 3.5000。

(2) 在命令行的【指定文字的起点或 [对正(J)/样式(S)]:】提示下，在绘图窗口中适当位置单击，确定文字的起点。

(3) 在命令行的【指定文字的旋转角度 <0>:】提示下，输入 28.6，指定文字的旋转角度为 28.6°。

(4) 在命令行的【输入文字:】提示下，输入【轴承孔间距%%P0.7】，然后按 Enter 键结束 DTEXT 命令。

(5) 使用同样的方法，创建其他单行文字，效果如图 7-12 所示。

7.2.3 编辑单行文字

编辑单行文字包括编辑文字的内容、对正方式及缩放比例，可以在快速访问工具栏选择【显示菜单栏】命令，在弹出的菜单中选择【修改】|【对象】|【文字】子菜单中的命令进行设置。各命令的功能如下。

- 【编辑】命令(DDEDIT)：选择该命令，然后在绘图窗口中单击需要编辑的单行文字，进入文字编辑状态，可以重新输入文本内容。
- 【比例】命令(SCALETEXT)：选择该命令，然后在绘图窗口中单击需要编辑的单行文字，此时需要输入缩放的基点以及指定新高度、匹配对象(M)或缩放比例(S)。命令行提示如下：

> 输入缩放的基点选项 [现有(E)/左(L)/中心(C)/中间(M)/右(R)/左上(TL)/中上(TC)/右上(TR)/左中(ML)/正中(MC)/右中(MR)/左下(BL)/中下(BC)/右下(BR)] <现有>:
> 指定新模型高度或 [图纸高度(P)/匹配对象(M)/比例因子(S)] <3.5>:

- 【对正】命令(JUSTIFYTEXT)：选择该命令，然后在绘图窗口中单击需要编辑的单行文字，此时可以重新设置文字的对正方式。

> 输入对正选项 [左(L)/对齐(A)/调整(F)/中心(C)/中间(M)/右(R)/左上(TL)/中上(TC)/右上(TR)/左中(ML)/正中(MC)/右中(MR)/左下(BL)/中下(BC)/右下(BR)] <左>:

7.3 创建与编辑多行文字

【多行文字】又称为段落文字，是一种更易于管理的文字对象，可以由两行以上的文字组成，而且各行文字都是作为一个整体处理。在机械制图中，常使用多行文字功能创建较为复杂的文字说明，如图样的技术要求等。

7.3.1 创建多行文字

在快速访问工具栏选择【显示菜单栏】命令，在弹出的菜单中选择【绘图】|【文字】|【多行文字】命令(MTEXT)，或在【功能区】选项板中选择【注释】选项卡，在【文字】面板中单击【多行文字】按钮，然后在绘图窗口中指定一个用来放置多行文字的矩形区域，将打开文字输入窗口和【文字编辑器】选项卡。利用它们可以设置多行文字的样式、字体及大小等属性，如图 7-13 和图 7-14 所示。

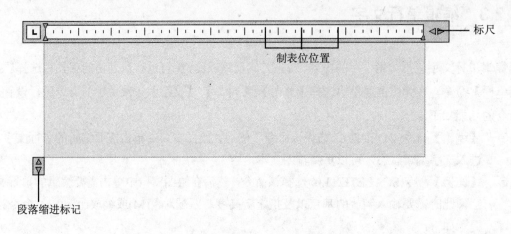

图 7-13　创建多行文字的文字输入窗口

图 7-14　【文字编辑器】选项卡

1. 使用【文字编辑器】选项卡

使用【文字编辑器】选项卡，可以设置文字样式、文字字体、文字高度、加粗、倾斜或加下划线效果。

如果要创建堆叠文字(堆叠文字是一种垂直对齐的文字或分数)，可分别输入分子和分母，其间使用 / 、# 或 ^ 分隔，然后按 Enter 键，将打开【自动堆叠特性】对话框，可以设置是否需要在输入如 x/y、x#y 和 x^y 的表达式时自动堆叠，还可以设置堆叠的其他特性，如图 7-15 所示。

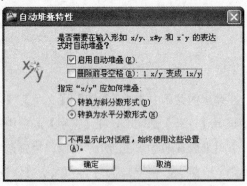

图 7-15　【自动堆叠特性】对话框

 提示

在 AutoCAD 2011 中，具有方向或倒置效果的样式不能使用。如果把在 SHX 字体中应用定义为垂直效果的样式，这些文字样式将在多行文字输入窗口中水平显示。

2. 设置缩进、制表位和多行文字宽度

在文字输入窗口的标尺上右击，从弹出的标尺快捷菜单中选择【段落】命令，打开【段落】对话框，如图 7-16 所示，可以从中设置缩进和制表位位置。其中，在【制表位】选项区域中可以设置制表位的位置，单击【添加】按钮可设置新制表位，单击【清除】按钮可清除列表框中的所有设置；在【左缩进】选项区域的【第一行】文本框和【悬挂】文本框中可以设置首行和段落的左缩进位置；在【右缩进】选项区域的【右】文本框中可以设置段落右缩进的位置。

在标尺快捷菜单中选择【设置多行文字宽度】命令，可打开【设置多行文字宽度】对话框，在【宽度】文本框中可以设置多行文字的宽度，如图 7-17 所示。

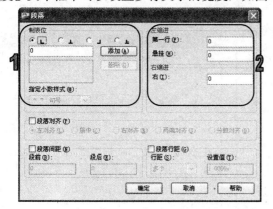

图 7-16 【段落】对话框

图 7-17 【设置多行文字宽度】对话框

3. 使用选项菜单

在【文字编辑器】选项卡的【选项】面板中单击【更多】按钮，打开多行文字的选项菜单，可以对多行文本进行更多的设置，如图 7-18 所示。在文字输入窗口中右击，将弹出一个快捷菜单，该快捷菜单与选项菜单中的主要命令一一对应。

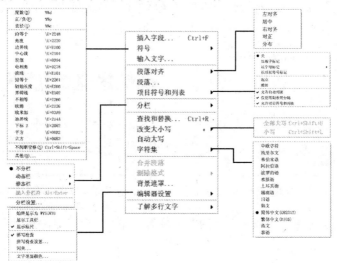

图 7-18 多行文字的选项菜单

在多行文字选项菜单中，主要命令的功能如下。

- 【插入字段】命令：选择该命令将打开【字段】对话框，可以选择需要插入的字段，如图 7-19 所示。

- 【符号】命令：选择该命令的子命令，可以在实际设计绘图中插入一些特殊的字符。例如，度数、正/负和直径等符号。如果选择【其他】命令，将打开【字符映射表】对话框，可以插入其他特殊字符，如图 7-20 所示。

- 【段落对齐】命令：选择该命令的子命令，可以设置段落的对齐方式。

- 【项目符号和列表】命令：可以使用字母(包括大小写)、数字作为段落文字的项目符号。

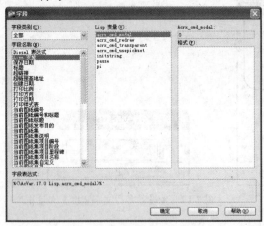

图 7-19 【字段】对话框

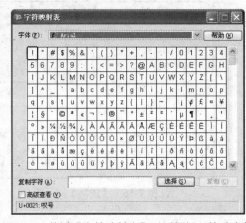

图 7-20 使用【字符映射表】对话框插入特殊字符

- 【查找和替换】命令：选择该命令将打开【查找和替换】对话框，如图 7-21 所示。可以搜索或同时替换指定的字符串，也可以设置查找的条件，如是否全字匹配、是否区分大小写等。

- 【背景遮罩】命令：选择该命令将打开【背景遮罩】对话框，可以设置是否使用背景遮罩、边界偏移因子(1~5)，以及背景遮罩的填充颜色，如图 7-22 所示。

图 7-21 【查找和替换】对话框

图 7-22 【背景遮罩】对话框

- 【合并段落】命令：可以将选定的多个段落合并为一个段落，并用空格代替每段的回车符。

⊙ 【自动大写】命令：可以将新输入的文字转换成大写，【自动大写】命令不会影响已有的文字。

4. 输入文字

在多行文字的文字输入窗口中，可以直接输入多行文字，也可以在文字输入窗口中右击，从弹出的快捷菜单中选择【输入文字】命令，将已经在其他文字编辑器中创建的文字内容直接导入到当前图形中。

【例 7-4】创建如图 7-23 所示的多行文字。

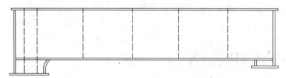

1. 主梁在制造完毕后，应按二次抛物线:$y=f(x)=4(L-x)x/L^2$ 起拱。

2. 钢板厚度 $\delta \geqslant 6mm$。

3. 隔板根部切角为 $20mm \times 20mm$。

图 7-23 创建多行文字

(1) 在【功能区】选项板中选择【注释】选项卡，在【文字】面板中单击【多行文字】按钮，然后在绘图窗口中拖动，创建一个用来放置多行文字的矩形区域。

(2) 在【文字编辑器】选项卡的【样式】面板的【样式】下拉列表框中选择前面创建的文字样式 Mytext，在【高度】下拉列表框中输入文字高度 8。

(3) 在文字输入窗口中输入需要创建的多行文字内容，如图 7-24 所示。

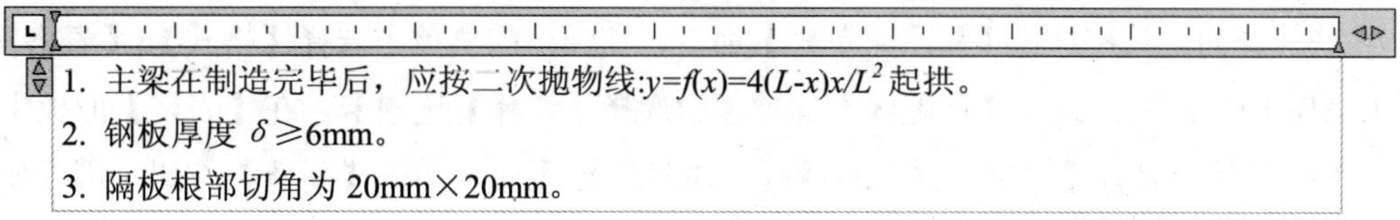

1. 主梁在制造完毕后，应按二次抛物线:$y=f(x)=4(L-x)x/L^2$ 起拱。

2. 钢板厚度 $\delta \geqslant 6mm$。

3. 隔板根部切角为 $20mm \times 20mm$。

图 7-24 输入多行文字内容

提示

在输入 L^2 时，可先输入 L2，然后选择 2，在【多行文字】选项卡的【插入点】面板中单击【符号】按钮，在弹出的菜单中选择【平方】命令即可。

(4) 在【文字编辑器】选项卡的【关闭】面板中单击【关闭文字编辑器】按钮，输入的文字将显示在绘制的矩形窗口中，其效果如图 7-23 所示。

⑦.3.2　编辑多行文字

要编辑创建的多行文字，可在快速访问工具栏选择【显示菜单栏】命令，在弹出的菜单中选择【修改】|【对象】|【文字】|【编辑】命令(DDEDIT)，或在【功能区】选项板中选择【注释】选项卡，在【文字】面板中单击【编辑】按钮，并选择创建的多行文字，打开多行文字编辑窗口，然后参照多行文字的设置方法，修改并编辑文字。

也可以在绘图窗口中双击输入的多行文字，或在输入的多行文字上右击，在弹出的快捷菜单中选择【编辑多行文字】命令，打开多行文字编辑窗口。

⑦.4　创建表格样式和表格

在 AutoCAD 2011 中，可以使用创建表格命令创建表格，还可以从 Microsoft Excel 中直接复制表格，并将其作为 AutoCAD 表格对象粘贴到图形中，也可以从外部直接导入表格对象。此外，还可以输出来自 AutoCAD 的表格数据，以供在 Microsoft Excel 或其他应用程序中使用。

⑦.4.1　新建表格样式

表格样式控制一个表格的外观，用于保证标准的字体、颜色、文本、高度和行距。可以使用默认的表格样式，也可以根据需要自定义表格样式。

在快速访问工具栏选择【显示菜单栏】命令，在弹出的菜单中选择【格式】|【表格样式】命令(TABLESTYLE)，或在【功能区】选项板中选择【注释】选项卡，在【表格】面板中单击右下角的按钮，打开【表格样式】对话框，如图 7-25 所示。单击【新建】按钮，可以使用打开的【创建新的表格样式】对话框创建新表格样式，如图 7-26 所示。

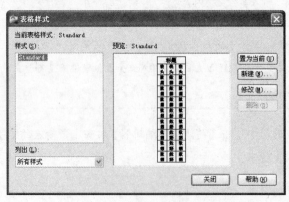

图 7-25　【表格样式】对话框

图 7-26　【创建新的表格样式】对话框

在【新样式名】文本框中输入新的表格样式名，在【基础样式】下拉列表中选择默认的表格样式、标准的或者任何已经创建的样式，新样式将在该样式的基础上进行修改。然后单击【继续】按钮，将打开【新建表格样式】对话框，可以通过它指定表格的行格式、表格方向、边框特性和文本样式等内容，如图 7-27 所示。

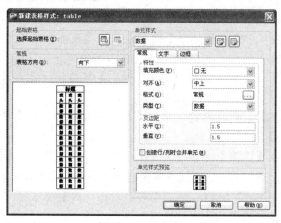

图 7-27 【新建表格样式】对话框

计算机
基础与实训教材系列

⑦.4.2 设置表格的数据、标题和表头样式

在【新建表格样式】对话框中，可以在【单元样式】选项区域的下拉列表框中选择【数据】、【标题】和【表头】选项来分别设置表格的数据、标题和表头对应的样式。其中，【数据】选项如图 7-27 所示，【标题】选项如图 7-28 所示，【表头】选项如图 7-29 所示。

【新建表格样式】对话框中 3 个选项的内容基本相似，可以分别指定单元基本特性、文字特性和边界特性。

- ◉ 【常规】选项卡：设置表格的填充颜色、对齐方向、格式、类型及页边距等特性。
- ◉ 【文字】选项卡：设置表格单元中的文字样式、高度、颜色和角度等特性。
- ◉ 【边框】选项卡：单击边框设置按钮，可以设置表格的边框是否存在。当表格具有边框时，还可以设置表格的线宽、线型、颜色和间距等特性。

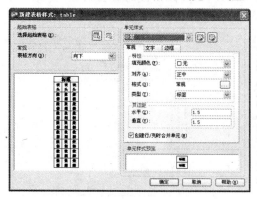

图 7-28 【标题】选项

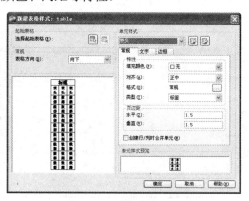

图 7-29 【表头】选项

【例7-5】创建表格样式 MyTable，具体要求如下。

◉ 表格中的文字字体为【仿宋_GB2312】。

◉ 表格中数据的文字高度为10。

◉ 表格中数据的对齐方式为正中。

◉ 其他选项都保持默认设置。

(1) 在【功能区】选项板中选择【注释】选项卡，在【表格】面板中单击右下角的 按钮，打开【表格样式】对话框。

(2) 单击【新建】按钮，打开【创建新的表格样式】对话框，并在【新样式名】文本框中输入表格样式名 MyTable。

(3) 单击【继续】按钮，打开【新建表格样式】对话框，然后在【单元样式】选项区域的下拉列表框中选择【数据】选项。

(4) 在【单元样式】选项区域中选择【文字】选项卡，单击【文字样式】下拉列表框后面的 按钮，打开【文字样式】对话框，在【字体】选项区域的【字体名】下拉列表框中选择【仿宋_GB2312】，然后单击【关闭】按钮，返回【新建表格样式】对话框。

(5) 在【文字高度】文本框中输入文字高度为10。

(6) 在【单元样式】选项区域中选择【常规】选项卡，在【特性】选项区域的【对齐】下拉列表框中选择【正中】选项。

(7) 单击【确定】按钮，关闭【新建表格样式】对话框，然后再单击【关闭】按钮，关闭【表格样式】对话框。

⑦.4.3 管理表格样式

在 AutoCAD 2011 中，还可以使用【表格样式】对话框来管理图形中的表格样式，如图7-30所示。在该对话框的【当前表格样式】后面，显示当前使用的表格样式(默认为 Standard)；在【样式】列表中显示了当前图形所包含的表格样式；在【预览】窗口中显示了选中表格的样式；在【列出】下拉列表中，可以选择【样式】列表是显示图形中的所有样式，还是正在使用的样式。

此外，在【表格样式】对话框中，还可以单击【置为当前】按钮，将选中的表格样式设置为当前；单击【修改】按钮，在打开的【修改表格样式】对话框中可以修改选中的表格样式，如图7-31所示；单击【删除】按钮，可以删除选中的表格样式。

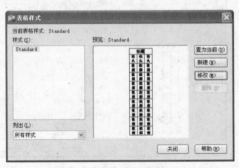

图7-30 【表格样式】对话框

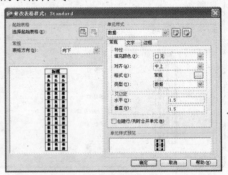

图7-31 【修改表格样式】对话框

⑦.4.4 创建表格

在快速访问工具栏选择【显示菜单栏】命令，在弹出的菜单中选择【绘图】|【表格】命令，或在【功能区】选项板中选择【注释】选项卡，在【表格】面板中单击【表格】按钮，打开【插入表格】对话框，如图 7-32 所示。

在【表格样式】选项区域中，可以从【表格样式名称】下拉列表框中选择表格样式，或单击其后的 按钮，打开【表格样式】对话框，创建新的表格样式。

在【插入选项】选项区域中，选择【从空表格开始】单选按钮，可以创建一个空的表格；选择【自数据链接】单选按钮，可以从外部导入数据来创建表格；选择【自图形中的对象数据(数据提取)】单选按钮，可以用于从可输出到表格或外部文件的图形中提取数据来创建表格。

在【插入方式】选项区域中，选择【指定插入点】单选按钮，可以在绘图窗口中的某点插入固定大小的表格；选择【指定窗口】单选按钮，可以在绘图窗口中通过拖动表格边框来创建任意大小的表格。

在【列和行设置】选项区域中，可以通过改变【列数】、【列宽】、【数据行数】和【行高】文本框中的数值来调整表格的外观大小。

【例 7-6】 创建如图 7-33 所示的表格。

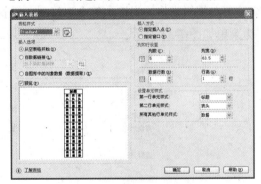

图 7-32 【插入表格】对话框

	A	B
1	技术性能	
2	振动频率	26Hz
3	额定电压	380V
4	额定电流	5A
5	功率	2kW

图 7-33 绘制表格

(1) 在【功能区】选项板中选择【注释】选项卡，在【表格】面板中单击【表格】按钮，打开【插入表格】对话框。

(2) 在【表格样式】选项区域中单击【表格样式】下拉列表框后面的 按钮，打开【表格样式】对话框，并在【样式】列表中选择样式 Standard。

(3) 单击【修改】按钮，打开【修改表格样式】对话框，在【单元样式】选项区域的下拉列表框中选择【数据】选项，设置文字高度为 20，对齐方式为正中；在【单元样式】选项区域的下拉列表框中选择【表头】选项，设置文字高度为 20，对齐方式为正中；在【单元样式】选项区域的下拉列表中选择【标题】选项，设置字体为黑体，文字高度为 30。

(4) 依次单击【确定】按钮和【关闭】按钮，关闭【修改表格样式】和【表格样式】对话框，返回【插入表格】对话框。

(5) 在【插入方式】选项区域中选择【指定插入点】单选按钮；在【列和行设置】选项区域中分别设置【列数】和【数据行数】文本框中的数值为 2 和 4。

(6) 单击【确定】按钮，移动鼠标在绘图窗口中单击将绘制出一个表格，此时表格的最上面一行处于文字编辑状态，如图 7-34 所示。

(7) 在表单元中输入文字【技术性能】，并设置字体为【隶书】，效果如图 7-35 所示。

(8) 单击其他表格单元，使用同样的方法输入如图 7-33 所示的相应内容。

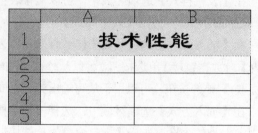

图 7-34　处于编辑状态的表格　　　　　　图 7-35　在表格中输入文字

⑦.4.5　编辑表格和表格单元

在 AutoCAD 2011 中，还可以使用表格的快捷菜单编辑表格。当选中整个表格时，其快捷菜单如图 7-36 所示；当选中表格单元时，其快捷菜单如图 7-37 所示。

图 7-36　选中整个表格时的快捷菜单　　　　图 7-37　选中表格单元时的快捷菜单

1. 编辑表格

从表格的快捷菜单中可以看到，可以对表格进行剪切、复制、删除、移动、缩放和旋转等简单操作，还可以均匀调整表格的行、列大小，删除所有特性替代。当选择【输出】命令时，还可以打开【输出数据】对话框，以.csv 格式输出表格中的数据。

当选中表格后，在表格的四周、标题行上将显示许多夹点，也可以通过拖动这些夹点来编辑表格，如图 7-38 所示。

技术性能	
振动频率	26Hz
额定电压	380V
额定电流	5A
功率	2kW

图 7-38　显示表格的夹点

> **提示**
>
> 在 AutoCAD 2011 中，选中表格后，在【功能区】选项板中将出现【表格】选项板，使用其中的【行/列】、【合并】、【单元样式】等面板可以编辑表格。

2. 编辑表格单元

使用表格单元快捷菜单可以编辑表格单元，其主要命令选项的功能说明如下。

◉ 　【对齐】命令：在该命令子菜单中可以选择表格单元的对齐方式，如左上、左中、左下等。

◉ 　【边框】命令：选择该命令将打开【单元边框特性】对话框，可以设置单元格边框的线宽、颜色等特性，如图 7-39 所示。

◉ 　【匹配单元】命令：用当前选中的表格单元格式(源对象)匹配其他表格单元(目标对象)，此时鼠标指针变为刷子形状，单击目标对象即可进行匹配。

◉ 　【插入点】命令：选择该命令的子命令，可以从中选择插入到表格中的块、字段和公式。例如选择【块】命令，将打开【在表格单元中插入块】对话框。可以从中设置插入的块在表格单元中的对齐方式、比例和旋转角度等特性，如图 7-40 所示。

图 7-39　【单元边框特性】对话框

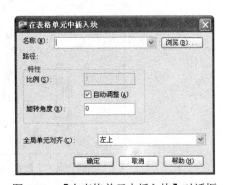

图 7-40　【在表格单元中插入块】对话框

◉ 　【合并】命令：当选中多个连续的表格元格后，使用该子菜单中的命令，可以全部、按列或按行合并表格单元。

7.5　上机练习

绘制如图 7-41 所示的国标标题栏。通过该实验，练习创建表格、设置表格样式等操作。

(1) 在【功能区】选项板中选择【注释】选项卡，在【表格】面板中单击右下角的 ▣ 按钮，打开【表格样式】对话框。单击【新建】按钮，在打开的【创建新的表格样式】对话框创建新表格样式 Table。

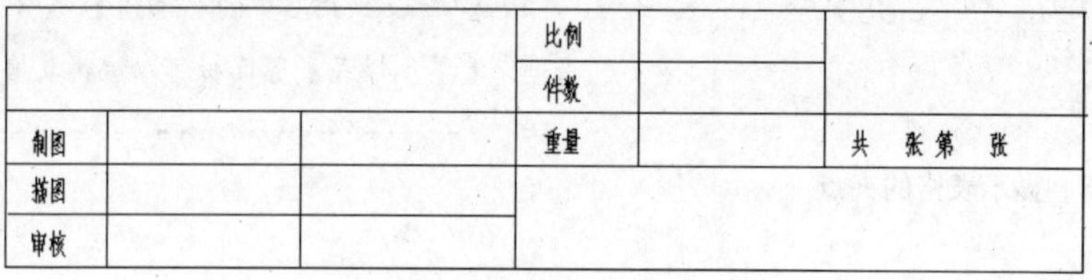

			比例		
			件数		
制图			重量		共　张第　张
描图					
审核					

图 7-41　绘制国标标题栏

(2) 单击【继续】按钮，打开【新建表格样式:Table】对话框，在【单元样式】选项区域的下拉列表框中选择【数据】选项，将【对齐】方式设置为【正中】；将【线宽】设置为 0.3 mm；设置文字样式为大字体 gbcsig.shx，高度为 5mm。

(3) 单击【确定】按钮，返回【表格样式】对话框，在【样式】列表框中选中创建的新样式，单击【置为当前】按钮。

(4) 设置完毕后，单击【关闭】按钮，关闭【表格样式】对话框。

(5) 在【功能区】选项板中选择【注释】选项卡，在【表格】面板中单击【表格】按钮 ▦，打开【插入表格】对话框，在【插入方式】选项区域中选择【指定插入点】单选按钮；在【列和行设置】选项区域中分别设置【列数】和【数据行数】文本框中的数值为 6 和 3；在【设置单元样式】选项区域中设置所有的单元样式都为【数据】，如图 7-42 所示。

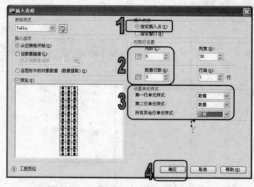

图 7-42　【插入表格】对话框

(6) 单击【确定】按钮，在绘图文档中插入一个 5 行 6 列的表格，如图 7-43 所示。

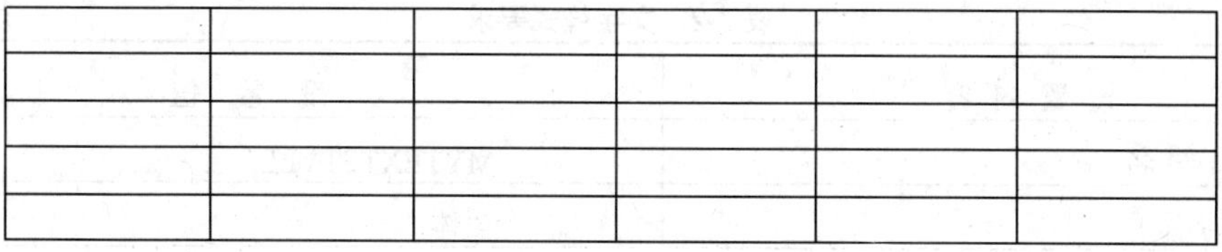

图 7-43 插入表格

(7) 选中表格中的前 2 行和前 3 列表格单元,如图 7-44 所示,在【功能区】选项板选择【表格】选项卡,在【合并】面板中单击【合并单元】按钮,在弹出的菜单中选择【合并全部】命令,将选中的表格单元合并为一个表格单元,如图 7-45 所示。

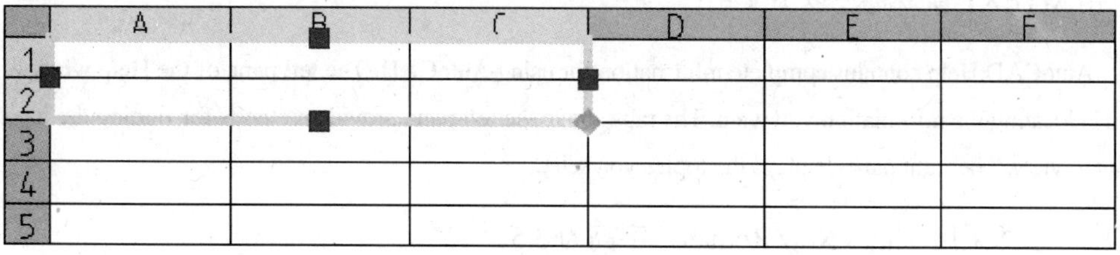

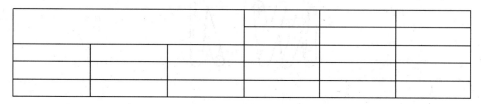

图 7-44 选中表格单元

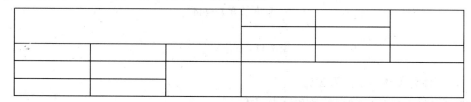

图 7-45 合并表格单元

(8) 使用同样方法,按照图 7-46 所示编辑表格。

图 7-46 编辑表格

(9) 选中表格,在要调整大小的单元格上单击控制点进行拉伸操作,就可以设置单元格的行高或列宽,并且依次填写表格中各个单元格的内容,效果如图 7-41 所示。

7.6 习题

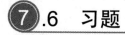

1. 创建文字样式【注释文字】,要求其字体为仿宋,倾角为 15°,宽度为 1.2。

2. 定义文字样式,其要求如表 7-2 所示(其余设置采用系统的默认设置)。

表 7-2　文字样式要求

设　置　内　容	设　置　值
样式名	MYTEXTSTYLE
字体	黑体
字格式	粗体
宽度比例	0.8
字高	5

3. 用 MTEXT 命令标注以下文字：

　　AutoCAD Help contains complete information for using AutoCAD. The left pane of the Help window aids you in locating the information you want. The tabs above the left pane provide methods for finding the topics you want to view. The right pane displays the topics you select.

其中，字体采用 Times New Roman；字高为 3.5。

4. 用 MTEXT 命令标注文字，如图 7-47 所示。

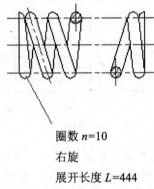

圈数 n=10

右旋

展开长度 L=444

图 7-47　标注文字

其中，字体为黑体；字高为 3.5。

5. 创建如图 7-48 所示的标题块和技术要求。

轴				材料	45
				数量	1
设计	Wang			重量	20kg
制图	Wang			比例	1: 1
审核	Wang			图号	1

技术要求
1.调质处理230~280HBS
2.锐边倒角2×45°

图 7-48　创建标题块和技术要求

第8章

尺寸标注和公差标注

学习目标

在图形设计中，尺寸标注是绘图设计工作中的一项重要内容，因为绘制图形的根本目的是反映对象的形状，而图形中各个对象的真实大小和相互位置只有经过尺寸标注后才能确定。AutoCAD 包含了一套完整的尺寸标注命令和实用程序，可以轻松完成图纸中要求的尺寸标注。例如，使用 AutoCAD 中的【直径】、【半径】、【角度】、【线性】、【圆心标记】等标注命令，可以对直径、半径、角度、直线及圆心位置等进行标注。

本章重点

- ◉ 尺寸标注的规则、组成元素和类型
- ◉ 创建尺寸标注的基本步骤
- ◉ 线性、对齐、弧长、基线和连续标注的方法
- ◉ 半径、直径和圆心标注的方法
- ◉ 角度和多重引线标注的方法
- ◉ 形位公差的标注方法
- ◉ 编辑标注对象的方法

8.1 尺寸标注的规则与组成

在对图形进行标注前，应先了解尺寸标注的组成、类型、规则及步骤等。

8.1.1 尺寸标注的规则

在 AutoCAD 2011 中，对绘制的图形进行尺寸标注时应遵循以下规则。

- 物体的真实大小应以图样上所标注的尺寸数值为依据，与图形的大小及绘图的准确度无关。
- 图样中的尺寸以 mm 为单位时，不需要标注计量单位的代号或名称。如采用其他单位，则必须注明相应计量单位的代号或名称，如°、m 及 cm 等。
- 图样中所标注的尺寸为该图样所表示的物体的最后完工尺寸，否则应另加说明。

8.1.2 尺寸标注的组成

在机械制图或其他工程绘图中，一个完整的尺寸标注应由标注文字、尺寸线、延伸线、尺寸线的端点符号及起点等组成，如图 8-1 所示。

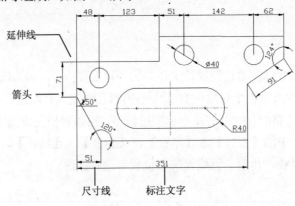

图 8-1 标注尺寸的组成

- 标注文字：表明图形的实际测量值。标注文字可以只反映基本尺寸，也可以带尺寸公差。标注文字应按标准字体书写，同一张图纸上的字高要一致。在图中遇到图线时须将图线断开。如果图线断开影响图形表达，则需要调整尺寸标注的位置。
- 尺寸线：表明标注的范围。AutoCAD 通常将尺寸线放置在测量区域中。如果空间不足，则将尺寸线或文字移到测量区域的外部，取决于标注样式的放置规则。尺寸线是一条带有双箭头的线段，一般分为两段，可以分别控制其显示。对于角度标注，尺寸线是一段圆弧。尺寸线应使用细实线绘制。
- 尺寸线的端点符号(即箭头)：箭头显示在尺寸线的末端，用于指出测量的开始和结束位置。AutoCAD 默认使用闭合的填充箭头符号。此外，AutoCAD 还提供了多种箭头符号，以满足不同的行业需要，如建筑标记、小斜线箭头、点和斜杠等。
- 起点：尺寸标注的起点是尺寸标注对象标注的定义点，系统测量的数据均以起点为计算点。起点通常是延伸线的引出点。
- 延伸线：从标注起点引出的标明标注范围的直线，可以从图形的轮廓线、轴线、对称中心线引出。同时，轮廓线、轴线及对称中心线也可以作为延伸线。延伸线也应使用细实线绘制。

8.1.3　尺寸标注的类型

　　AutoCAD 2011 提供了十余种标注工具以标注图形对象，分别位于【标注】菜单或【标注】面板或【标注】工具栏中。使用它们可以进行角度、直径、半径、线性、对齐、连续、圆心及基线等标注，如图 8-2 所示。

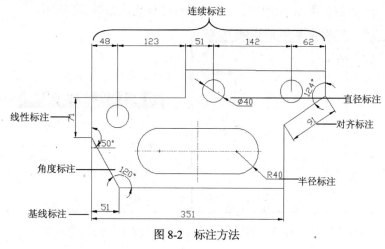

图 8-2　标注方法

8.1.4　创建尺寸标注的步骤

　　在 AutoCAD 中对图形进行尺寸标注的基本步骤如下：

　　(1) 在快速访问工具栏选择【显示菜单栏】命令，在弹出的菜单中选择【格式】|【图层】命令，在打开的【图层特性管理器】对话框中创建一个独立的图层，用于尺寸标注。

　　(2) 在快速访问工具栏选择【显示菜单栏】命令，在弹出的菜单中选择【格式】|【文字样式】命令，在打开的【文字样式】对话框中创建一种文字样式，用于尺寸标注。

　　(3) 在快速访问工具栏选择【显示菜单栏】命令，在弹出的菜单中选择【格式】|【标注样式】命令，在打开的【标注样式管理器】对话框设置标注样式。

　　(4) 使用对象捕捉和标注等功能，对图形中的元素进行标注。

8.2　创建与设置标注样式

　　在 AutoCAD 中，使用标注样式可以控制标注的格式和外观，建立强制执行的绘图标准，并有利于对标注格式及用途进行修改。本节将着重介绍使用【标注样式管理器】对话框创建标注样式的方法。

⑧.2.1 新建标注样式

要创建标注样式，在快速访问工具栏选择【显示菜单栏】命令，在弹出的菜单中选择【格式】|【标注样式】命令，或在【功能区】选项板中选择【注释】选项卡，在【标注】面板中单击【标注样式】 按钮，打开【标注样式管理器】对话框，如图 8-3 所示，单击【新建】按钮，在打开的【创建新标注样式】对话框中即可创建新标注样式，如图 8-4 所示。

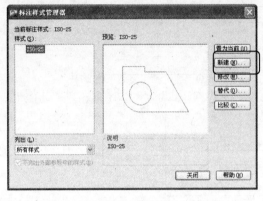

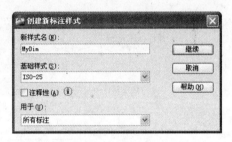

图 8-3　【标注样式管理器】对话框　　　　图 8-4　【创建新标注样式】对话框

新建标注样式时，可以在【新样式名】文本框中输入新样式的名称。在【基础样式】下拉列表框中选择一种基础样式，新样式将在该基础样式的基础上进行修改。此外，在【用于】下拉列表框中指定新建标注样式的适用范围，包括【所有标注】、【线性标注】、【角度标注】、【半径标注】、【直径标注】、【坐标标注】和【引线与公差】等选项；选择【注释性】复选框，可将标注定义成可注释对象。

设置了新样式的名称、基础样式和适用范围后，单击该对话框中的【继续】按钮，将打开【新建标注样式】对话框，可以设置标注中直线、符号和箭头、文字、主单位等内容，如图 8-5 所示。

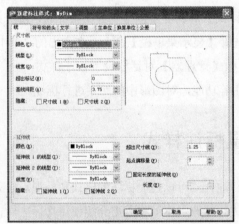

图 8-5　【新建标注样式】对话框

在【新建标注样式】对话框中，使用【线】选项卡可以设置尺寸线和延伸线的格式和位置，如图 8-5 所示。

1. 尺寸线

在【尺寸线】选项区域中，可以设置尺寸线的颜色、线宽、超出标记以及基线间距等属性。

◉ 【颜色】下拉列表框：用于设置尺寸线的颜色，默认情况下，尺寸线的颜色随块。也可以使用变量 DIMCLRD 设置。

◉ 【线型】下拉列表框：用于设置尺寸线的线型，该选项没有对应的变量。

◉ 【线宽】下拉列表框：用于设置尺寸线的宽度，默认情况下，尺寸线的线宽也是随块，也可以使用变量 DIMLWD 设置。

◉ 【超出标记】文本框：当尺寸线的箭头采用倾斜、建筑标记、小点、积分或无标记等样式时，使用该文本框可以设置尺寸线超出延伸线的长度，如图 8-6 所示。

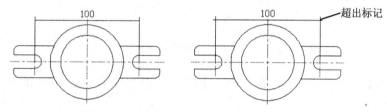

图 8-6 超出标记为 0 与不为 0 时的效果对比

◉ 【基线间距】文本框：进行基线尺寸标注时可以设置各尺寸线之间的距离，如图 8-7 所示。

◉ 【隐藏】选项：通过选择【尺寸线 1】或【尺寸线 2】复选框，可以隐藏第 1 段或第 2 段尺寸线及其相应的箭头，如图 8-8 所示。

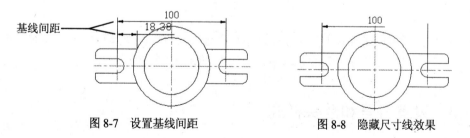

图 8-7 设置基线间距 图 8-8 隐藏尺寸线效果

2. 延伸线

在【延伸线】选项区域中，可以设置延伸线的颜色、线宽、超出尺寸线的长度和起点偏移量，隐藏控制等属性。

◉ 【颜色】下拉列表框：用于设置延伸线的颜色，也可以用变量 DIMCLRE 设置。

- ◉ 【线宽】下拉列表框：用于设置延伸线的宽度，也可以用变量 DIMLWE 设置。
- ◉ 【延伸线 1 的线型】和【延伸线 2 的线型】下拉列表框：用于设置延伸线的线型。
- ◉ 【超出尺寸线】文本框：用于设置延伸线超出尺寸线的距离，也可以用变量 DIMEXE
  设置，如图 8-9 所示。

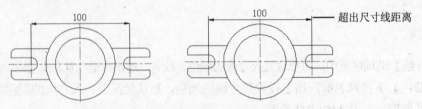

图 8-9　超出尺寸线距离为 0 与不为 0 时的效果对比

- ◉ 【起点偏移量】文本框：设置延伸线的起点与标注定义点的距离，如图 8-10 所示。

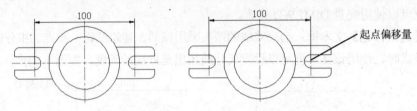

图 8-10　起点偏移量为 0 与不为 0 时的效果对比

- ◉ 【隐藏】选项：通过选中【延伸线 1】或【延伸线 2】复选框，可以隐藏延伸线，如图
  8-11 所示。

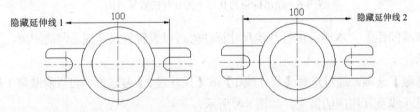

图 8-11　隐藏延伸线效果

- ◉ 【固定长度的延伸线】复选框：选中该复选框，可以使用具有特定长度的延伸线标注
  图形，其中在【长度】文本框中可以输入延伸线的数值。

8.2.3　设置符号和箭头样式

在【新建标注样式】对话框中，使用【符号和箭头】选项卡可以设置箭头、圆心标记、弧
长符号和半径标注折弯的格式与位置，如图 8-12 所示。

1. 箭头

在【箭头】选项区域中可以设置尺寸线和引线箭头的类型及尺寸大小等。通常情况下，尺寸线的两个箭头应一致。

为了适用于不同类型的图形标注需要，AutoCAD 设置了 20 多种箭头样式。可以从对应的下拉列表框中选择箭头，并在【箭头大小】文本框中设置其大小。也可以使用自定义箭头，此时可在下拉列表框中选择【用户箭头】选项，打开【选择自定义箭头块】对话框，如图 8-13 所示。在【从图形块中选择】文本框内输入当前图形中已有的块名，然后单击【确定】按钮，AutoCAD 将以该块作为尺寸线的箭头样式，此时块的插入基点与尺寸线的端点重合。

图 8-12　【符号和箭头】选项卡

图 8-13　【选择自定义箭头块】对话框

2. 圆心标记

在【圆心标记】选项区域中可以设置圆或圆弧的圆心标记类型，如【标记】、【直线】和【无】。其中，选择【标记】单选按钮可对圆或圆弧绘制圆心标记；选择【直线】单选按钮，可对圆或圆弧绘制中心线；选择【无】单选按钮，则没有任何标记，如图 8-14 所示。当选择【标记】或【直线】单选按钮时，可以在【大小】文本框中设置圆心标记的大小。

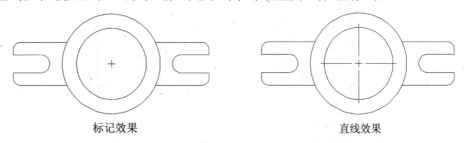

标记效果　　　　　　　　　　　　直线效果

图 8-14　圆心标记类型

3. 弧长符号

在【弧长符号】选项区域中可以设置弧长符号显示的位置，包括【标注文字的前缀】、【标注文字的上方】和【无】3 种方式，如图 8-15 所示。

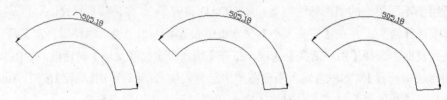

图 8-15　设置弧长符号的位置

4. 半径折弯标注

在【半径折弯标注】选项区域的【折弯角度】文本框中，可以设置标注圆弧半径时标注线的折弯角度大小。

5. 折断标注

在【折断标注】选项区域的【折断大小】文本框中，可设置标注折断时标注线的长度大小。

6. 线性折弯标注

在【线性折弯标注】选项区域的【折弯高度因子】文本框中，可以设置折弯标注打断时折弯线的高度大小。

⑧.2.4　设置文字样式

在【新建标注样式】对话框中可以使用【文字】选项卡设置标注文字的外观、位置和对齐方式，如图 8-16 所示。

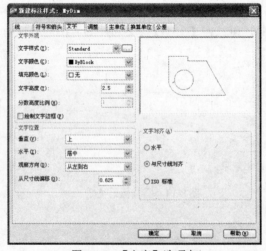

图 8-16　【文字】选项卡

1. 文字外观

在【文字外观】选项区域中可以设置文字的样式、颜色、高度和分数高度比例，以及控制是否绘制文字边框等。各选项的功能说明如下。

- 【文字样式】下拉列表框：用于选择标注的文字样式。也可以单击其后的▣按钮，打开【文字样式】对话框，选择文字样式或新建文字样式。

- 【文字颜色】下拉列表框：用于设置标注文字的颜色，也可以用变量 DIMCLRT 设置。

- 【填充颜色】下拉列表框：用于设置标注文字的背景色。

- 【文字高度】文本框：用于设置标注文字的高度，也可以用变量 DIMTXT 设置。

- 【分数高度比例】文本框：设置标注文字中的分数相对于其他标注文字的比例，AutoCAD 将该比例值与标注文字高度的乘积作为分数的高度。

- 【绘制文字边框】复选框：设置是否给标注文字加边框，如图 8-17 所示。

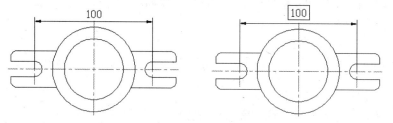

图 8-17　文字无边框与有边框效果对比

2. 文字位置

在【文字位置】选项区域中可以设置文字的垂直、水平位置以及从尺寸线的偏移量，各选项的功能说明如下。

- 【垂直】下拉列表框：用于设置标注文字相对于尺寸线在垂直方向的位置，如【居中】、【上方】、【外部】和 JIS。其中，选择【居中】选项可以把标注文字放在尺寸线中间；选择【上方】选项，将把标注文字放在尺寸线的上方；选择【外部】选项可以把标注文字放在远离第一定义点的尺寸线一侧；选择 JIS 选项则按 JIS 规则放置标注文字，如图 8-18 所示。

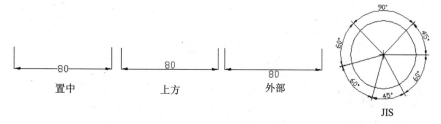

图 8-18　文字垂直位置的 4 种形式

- 【水平】下拉列表框：用于设置标注文字相对于尺寸线和延伸线在水平方向的位置，如【置中】、【第一条延伸线】、【第二条延伸线】、【第一条延伸线上方】、【第二条延伸线上方】，如图 8-19 所示。

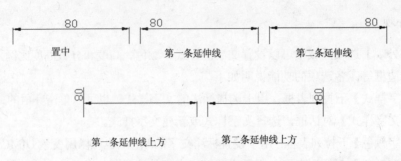

图 8-19　文字水平位置

- ◉ 【从尺寸线偏移】文本框：设置标注文字与尺寸线之间的距离。如果标注文字位于尺寸线的中间，则表示断开处尺寸线端点与尺寸文字的间距。若标注文字带有边框，则可以控制文字边框与其中文字的距离。
- ◉ 【观察方向】下拉列表框：用来控制标注文字的观察方向。

3. 文字对齐

在【文字对齐】选项区域中可以设置标注文字是保持水平还是与尺寸线平行。其中 3 个选项的含义如下。

- ◉ 【水平】单选按钮：使标注文字水平放置。
- ◉ 【与尺寸线对齐】单选按钮：使标注文字方向与尺寸线方向一致。
- ◉ 【ISO 标准】单选按钮：使标注文字按 ISO 标准放置，当标注文字在延伸线之内时，它的方向与尺寸线方向一致，而在延伸线之外时将水平放置。

图 8-20 显示了上述 3 种文字对齐方式。

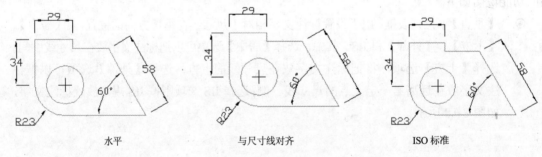

图 8-20　文字对齐方式

⑧.2.5　设置调整样式

在【新建标注样式】对话框中，可以使用【调整】选项卡设置标注文字、尺寸线、尺寸箭头的位置，如图 8-21 所示。

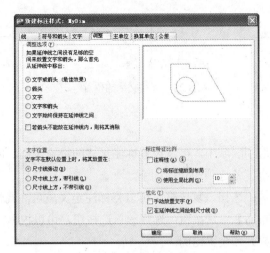

图 8-21　【调整】选项卡

1. 调整选项

在【调整选项】选项区域中，可以确定当延伸线之间没有足够的空间同时放置标注文字和箭头时，应从延伸线之间移出对象，如图 8-22 所示。

- ⊙ 【文字或箭头(最佳效果)】单选按钮：按最佳效果自动移出文本或箭头。
- ⊙ 【箭头】单选按钮：首先将箭头移出。
- ⊙ 【文字】单选按钮：首先将文字移出。
- ⊙ 【文字和箭头】单选按钮：将文字和箭头都移出。
- ⊙ 【文字始终保持在延伸线之间】单选按钮：将文本始终保持在延伸线之内。
- ⊙ 【若箭头不能放在延伸线内，则将其消除】复选框：如果选中该复选框，则抑制箭头显示。

图 8-22　标注文字和箭头在延伸线间的放置

2. 文字位置

在【文字位置】选项区域中，可以设置当文字不在默认位置时的位置。其中各选项含义如下。

- ⊙ 【尺寸线旁边】单选按钮：选中该单选按钮可以将文本放在尺寸线旁边。
- ⊙ 【尺寸线上方，带引线】单选按钮：选中该单选按钮可以将文本放在尺寸的上方，并带上引线。
- ⊙ 【尺寸线上方，不带引线】单选按钮：选中该单选按钮可以将文本放在尺寸的上方，但不带引线。

图 8-23 显示了当文字不在默认位置时的上述设置效果。

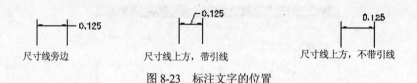

图 8-23　标注文字的位置

3. 标注特征比例

在【标注特征比例】选项区域中，可以设置标注尺寸的特征比例，以便通过设置全局比例来增加或减少各标注的大小。各选项的功能如下。

◉ 【注释性】复选框：选择该复选框，可以将标注定义成可注释性对象。

◉ 【将标注缩放到布局】单选按钮：选择该单选按钮，可以根据当前模型空间视口与图纸空间之间的缩放关系设置比例。

◉ 【使用全局比例】单选按钮：选择该单选按钮，可以对全部尺寸标注设置缩放比例，该比例不改变尺寸的测量值。

4. 优化

在【优化】选项区域中，可以对标注文字和尺寸线进行细微调整，该选项区域包括以下两个复选框。

◉ 【手动放置文字】复选框：选中该复选框，则忽略标注文字的水平设置，在标注时可将标注文字放置在指定的位置。

◉ 【在延伸线之间绘制尺寸线】复选框：选中该复选框，当尺寸箭头放置在延伸线之外时，也可在延伸线之内绘制出尺寸线。

⑧.2.6　设置主单位样式

在【新建标注样式】对话框中，可以使用【主单位】选项卡设置主单位的格式与精度等属性，如图 8-24 所示。

1. 线性标注

在【线性标注】选项区域中可以设置线性标注的单位格式与精度，主要选项功能如下。

◉ 【单位格式】下拉列表框：设置除角度标注之外的其余各标注类型的尺寸单位，包括【科学】、【小数】、【工程】、【建筑】、【分数】等选项。

◉ 【精度】下拉列表框：设置除角度标注之外的其他标注的尺寸精度。

◉ 【分数格式】下拉列表框、当单位格式是分数时，可以设置分数的格式，包括【水平】、【对角】和【非堆叠】3 种方式。

◉ 【小数分隔符】下拉列表框：设置小数的分隔符，包括【逗点】、【句点】和【空格】3 种方式。

- ⊙ 【舍入】文本框：用于设置除角度标注外的尺寸测量值的舍入值。
- ⊙ 【前缀】和【后缀】文本框：设置标注文字的前缀和后缀，在相应的文本框中输入字符即可。
- ⊙ 【测量单位比例】选项区域：使用【比例因子】文本框可以设置测量尺寸的缩放比例，AutoCAD 的实际标注值为测量值与该比例的积。选中【仅应用到布局标注】复选框，可以设置该比例关系仅适用于布局。
- ⊙ 【消零】选项区域：可以设置是否显示尺寸标注中的【前导】和【后续】零。

图 8-24 【主单位】选项卡

2. 角度标注

在【角度标注】选项区域中，可以使用【单位格式】下拉列表框设置标注角度时的单位，使用【精度】下拉列表框设置标注角度的尺寸精度，使用【消零】选项区域设置是否消除角度尺寸的前导和后续零。

8.2.7 设置换算单位样式

在【新建标注样式】对话框中，可以使用【换算单位】选项卡设置换算单位的格式，如图 8-25 所示。

在 AutoCAD 2011 中，通过换算标注单位，可以转换使用不同测量单位制的标注，通常是显示英制标注的等效公制标注，或公制标注的等效英制标注。在标注文字中，换算标注单位显示在主单位旁边的方括号[ ]中，如图 8-26 所示。

选中【显示换算单位】复选框后，对话框的其他选项才可用，可以在【换算单位】选项区域中设置换算单位的【单位格式】、【精度】、【换算单位倍数】、【舍入精度】、【前缀】及【后缀】等，方法与设置主单位的方法相同。

在【位置】选项区域中，可以设置换算单位的位置，包括【主值后】和【主值下】两种方式。

图 8-25 【换算单位】选项卡

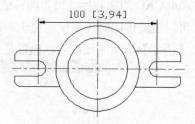

图 8-26 使用换算单位

8.2.8 设置公差样式

在【新建标注样式】对话框中,可以使用【公差】选项卡设置是否标注公差,以及以何种方式进行标注,如图 8-27 所示。

图 8-27 【公差】选项卡

在【公差格式】选项区域中可以设置公差的标注格式,部分选项的功能说明如下。

⦿ 【方式】下拉列表框:确定以何种方式标注公差,如图 8-28 所示。

图 8-28 公差标注

- ◉ 【上偏差】、【下偏差】文本框：设置尺寸的上偏差、下偏差。
- ◉ 【高度比例】文本框：确定公差文字的高度比例因子。确定后，AutoCAD 将该比例因子与尺寸文字高度之积作为公差文字的高度。
- ◉ 【垂直位置】下拉列表框：控制公差文字相对于尺寸文字的位置，包括【上】、【中】和【下】3 种方式。
- ◉ 【换算单位公差】选项：当标注换算单位时，可以设置换算单位精度和是否消零。

【例 8-1】根据下列要求，创建机械制图标注样式 MyDim1。

- ◉ 基线标注尺寸线间距为 7 毫米。
- ◉ 尺寸界限的起点偏移量为 1 毫米，超出尺寸线的距离为 2 毫米。
- ◉ 箭头使用【实心闭合】形状，大小为 2.0。
- ◉ 标注文字的高度为 3 毫米，位于尺寸线的中间，文字从尺寸线偏移距离为 0.5 mm。
- ◉ 标注单位的精度为 0.0。

(1) 在【功能区】选项板中选择【注释】选项卡，在【标注】面板中单击【标注样式】 按钮，打开【标注样式管理器】对话框。

(2) 单击【新建】按钮，打开【创建新标注样式】对话框。在【新样式名】文本框中输入新建样式的名称 MyDim1。

(3) 单击【继续】按钮，打开【新建标注样式：MyDim1】对话框。

(4) 在【直线】选项卡的【尺寸线】选项区域中，设置【基线间距】为 7 毫米；在【延伸线】选项区域中，设置【超出尺寸线】为 2 毫米，设置【起点偏移量】为 1 毫米。

(5) 在【箭头】选项区域的【第一项】和【第二个】下拉列表框中选择【实心闭合】选项，并设置【箭头大小】为 2。

(6) 选择【文字】选项卡，在【文字外观】选项区域中设置【文字高度】为 3 毫米；在【文字位置】选项区域中的【水平】下拉列表框中选择【居中】选项，设置【从尺寸线偏移】为 0.5 毫米。

(7) 选择【主单位】选项卡，在【线性标注】选项区域中设置【精度】为 0.0。

(8) 设置完毕，单击【确定】按钮，关闭【新建标注样式：MyDim1】对话框。然后再单击【关闭】按钮，关闭【标注样式管理器】对话框。

⑧.3 标注尺寸

在了解了尺寸标注的相关概念及标注样式的创建和设置方法后，本节介绍如何在中文版 AutoCAD 2011 中标注图形尺寸。

8.3.1 线性标注

在快速访问工具栏选择【显示菜单栏】命令，在弹出的菜单中选择【标注】|【线性】命令(DIMLINEAR)，或在【功能区】选项板中选择【注释】选项卡，在【标注】面板中单击【线型】按钮，可创建用于标注用户坐标系 XY 平面中的两个点之间的距离测量值，并通过指定点或选择一个对象来实现，此时命令行提示如下信息。

指定第一条延伸线原点或 <选择对象>:

1. 指定起点

默认情况下，在命令行提示下直接指定第一条延伸线的原点，并在【指定第二条延伸线原点:】提示下指定了第二条延伸线原点后，命令行提示如下。

指定尺寸线位置或[多行文字(M)/文字(T)/角度(A)/水平(H)/垂直(V)/旋转(R)]:

默认情况下，指定了尺寸线的位置后，系统将按自动测量出的两个延伸线起始点间的相应距离标注出尺寸。此外，其他各选项的功能说明如下。

- ◉ 【多行文字(M)】选项：选择该选项将进入多行文字编辑模式，可以使用【多行文字编辑器】对话框输入并设置标注文字。其中，文字输入窗口中的尖括号(< >)表示系统测量值。
- ◉ 【文字(T)】选项：可以以单行文字的形式输入标注文字，此时将显示【输入标注文字<1>:】提示信息，要求输入标注文字。
- ◉ 【角度(A)】选项：设置标注文字的旋转角度。
- ◉ 【水平(H)】选项和【垂直(V)】选项：标注水平尺寸和垂直尺寸。可以直接确定尺寸线的位置，也可以选择其他选项来指定标注的标注文字内容或标注文字的旋转角度。
- ◉ 【旋转(R)】选项：旋转标注对象的尺寸线。

2. 选择对象

如果在线性标注的命令行提示下直接按 Enter 键，则要求选择要标注尺寸的对象。当选择了对象以后，AutoCAD 将该对象的两个端点作为两条延伸线的起点，并显示如下提示(可以使用前面介绍的方法标注对象)。

指定尺寸线位置或[多行文字(M)/文字(T)/角度(A)/水平(H)/垂直(V)/旋转(R)]:

8.3.2 对齐标注

在快速访问工具栏选择【显示菜单栏】命令，在弹出的菜单中选择【标注】|【对齐】命令

(DIMALIGNED)，或在【功能区】选项板中选择【注释】选项卡，在【标注】面板中单击【对齐】按钮，可以对对象进行对齐标注，命令行提示如下信息。

指定第一条延伸线原点或 <选择对象>:

可见，对齐标注是线性标注尺寸的一种特殊形式。在对直线段进行标注时，如果该直线的倾斜角度未知，那么使用线性标注方法将无法得到准确的测量结果，这时可以使用对齐标注。

【例8-2】标注图 8-29 中的长度尺寸。

(1) 在【功能区】选项板中选择【注释】选项卡，在【标注】面板中单击【线性】按钮。

(2) 在状态栏上单击【对象捕捉】按钮将打开对象捕捉模式。

(3) 在图样上捕捉点 A，指定第一条延伸线的起点。

(4) 在图样上捕捉点 B，指定第一条延伸线的终点。

(5) 在命令提示行输入 H，创建水平标注，然后拖动光标，在点 1 处单击，确定尺寸线的位置，结果如图 8-30 所示。

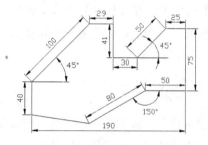
图 8-29　线性标注和对齐标注

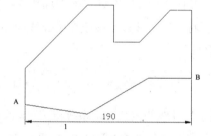
图 8-30　使用线性尺寸标注进行水平标注

(6) 重复上述步骤，捕捉点 B 和点 C，并在命令提示行输入 V，创建垂直标注，然后拖动鼠标，在点 2 处单击，确定尺寸线的位置，结果如图 8-31 所示。

(7) 使用同样的方法，标注其他水平和垂直标注，结果如图 8-32 所示。

(8) 在【功能区】选项板中选择【注释】选项卡，在【标注】面板中单击【对齐】按钮。

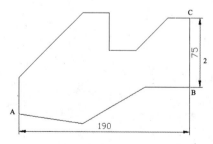
图 8-31　使用线性尺寸标注进行垂直标注

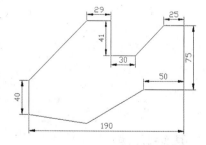
图 8-32　标注其他水平和垂直标注

(9) 捕捉点 D 和点 F，然后拖动鼠标，在点 3 处单击，确定尺寸线的位置，结果如图 8-33 所示。

(10) 使用同样的方法，标注其他尺寸，结果如图 8-34 所示。

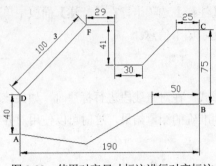

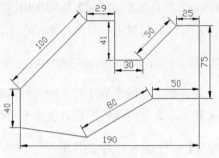

图 8-33　使用对齐尺寸标注进行对齐标注　　　　图 8-34　标注其他对齐标注

计算机 基础与实训教材系列

⑧.3.3　弧长标注

在快速访问工具栏选择【显示菜单栏】命令，在弹出的菜单中选择【标注】|【弧长】命令(DIMARC)，或在【功能区】选项板中选择【注释】选项卡，在【标注】面板中单击【弧长】按钮，可以标注圆弧线段或多段线圆弧线段部分的弧长。当选择需要的标注对象后，命令行提示如下信息。

> 指定弧长标注位置或 [多行文字(M)/文字(T)/角度(A)/部分(P)/引线(I)]:

当指定了尺寸线的位置后，系统将按实际测量值标注出圆弧的长度。也可以利用【多行文字(M)】、【文字(T)】或【角度(A)】选项，确定尺寸文字或尺寸文字的旋转角度。另外，如果选择【部分(P)】选项，可以标注选定圆弧某一部分的弧长，如图 8-35 所示。

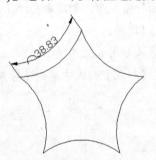

图 8-35　弧长标注

⑧.3.4　基线标注

在快速访问工具栏选择【显示菜单栏】命令，在弹出的菜单中选择【标注】|【基线】命令(DIMBASELINE)，或在【功能区】选项板中选择【注释】选项卡，在【标注】面板中单击【基线】按钮，可以创建一系列由相同的标注原点测量出来的标注。

与连续标注一样，在进行基线标注之前也必须先创建(或选择)一个线性、坐标或角度标注作为基准标注，然后执行 DIMBASELINE 命令，此时命令行提示如下信息。

> 指定第二条延伸线原点或 [放弃(U)/选择(S)] <选择>:

在该提示下，可以直接确定下一个尺寸的第二条延伸线的起始点。AutoCAD 将按基线标注方式标注出尺寸，直到按下 Enter 键结束命令为止。

8.3.5 连续标注

在快速访问工具栏选择【显示菜单栏】命令，在弹出的菜单中选择【标注】|【连续】命令(DIMCONTINUE)，或在【功能区】选项板中选择【注释】选项卡，在【标注】面板中单击【连续】按钮 ，可以创建一系列端对端放置的标注，每个连续标注都从前一个标注的第二个延伸线处开始。

在进行连续标注之前，必须先创建(或选择)一个线性、坐标或角度标注作为基准标注，以确定连续标注所需的前一尺寸标注的延伸线，然后执行 DIMCONTINUE 命令，此时命令行提示如下。

> 指定第二条延伸线原点或 [放弃(U)/选择(S)] <选择>:

在该提示下，当确定了下一个尺寸的第二条延伸线原点后，AutoCAD 按连续标注方式标注出尺寸，即把上一个或所选标注的第二条延伸线作为新尺寸标注的第一条延伸线标注尺寸。当标注完成后，按 Enter 键即可结束该命令。

【例 8-3】标注图 8-36 所示图形中的尺寸。

(1) 在【功能区】选项板中选择【注释】选项卡，在【标注】面板中单击【线性】按钮，创建点 A 与点 B 之间的水平线性标注，如图 8-37 所示。

(2) 在【功能区】选项板中选择【注释】选项卡，在【标注】面板中单击【连续】按钮，系统将以最后一次创建的尺寸标注 AB 的点 B 作为基点。

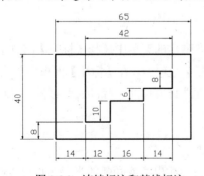

图 8-36　连续标注和基线标注

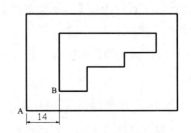

图 8-37　创建水平线形标注

(3) 依次在图样中单击点 C、D 和 E，指定连续标注尺寸界限的原点，最后按 Enter 键，此时标注效果如图 8-38 所示。

(4) 在【功能区】选项板中选择【注释】选项卡，在【标注】面板中单击【线性】按钮，创建点 A 与点 B 之间的垂直线性标注，如图 8-39 所示。

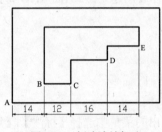

图 8-38　创建连续标注

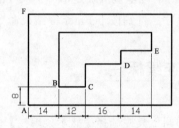

图 8-39　创建垂直线形标注

(5) 在【功能区】选项板中选择【注释】选项卡，在【标注】面板中单击【基线】按钮，系统将以最后一次创建的尺寸标注 AB 的原点 A 作为基点。

(6) 在图样中单击点 F，指定基线标注尺寸界限的原点，然后按 Enter 键结束标注，结果如图 8-40 所示。

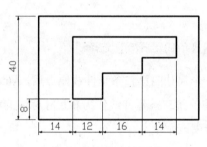

图 8-40　创建基线标注

(7) 在【功能区】选项板中选择【注释】选项卡，在【标注】面板中单击【线性】按钮，标注其他长度尺寸，结果如图 8-36 所示。

⑧.3.6　半径标注

在快速访问工具栏选择【显示菜单栏】命令，在弹出的菜单中选择【标注】|【半径】命令(DIMRADIUS)，或在【功能区】选项板中选择【注释】选项卡，在【标注】面板中单击【半径】按钮，可以标注圆和圆弧的半径。执行该命令，并选择要标注半径的圆弧或圆，此时命令行提示如下信息。

指定尺寸线位置或 [多行文字(M)/文字(T)/角度(A)]:

当指定了尺寸线的位置后，系统将按实际测量值标注出圆或圆弧的半径。也可以利用【多行文字(M)】、【文字(T)】或【角度(A)】选项，确定尺寸文字或尺寸文字的旋转角度。其中，当通过【多行文字(M)】和【文字(T)】选项重新确定尺寸文字时，只有给输入的尺寸文字加前缀 R，才能使标出的半径尺寸有半径符号 R，否则没有该符号。

8.3.7 折弯标注

在快速访问工具栏选择【显示菜单栏】命令，在弹出的菜单中选择【标注】|【折弯】命令 (DIMJOGGED)，可以折弯标注圆和圆弧的半径。该标注方式与半径标注方法基本相同，但需要指定一个位置代替圆或圆弧的圆心。

【例 8-4】标注半径为 100 的圆的半径。

(1) 在【功能区】选项板中选择【注释】选项卡，在【标注】面板中单击【半径标注】按钮。

(2) 在命令行的【选择圆弧或圆】提示下，单击圆，将显示标注文字 100。

(3) 在命令行的【指定尺寸线位置或 [多行文字(M)/文字(T)/角度(A)]:】提示信息下，单击圆内任意位置，确定尺寸线位置，则标注结果如图 8-41 所示。

(4) 在快速访问工具栏选择【显示菜单栏】命令，在弹出的菜单中选择【标注】|【折弯】命令。

(5) 在命令行的【选择圆弧或圆】提示下，单击圆。

(6) 在命令行的【指定中心位置替代:】提示下，单击圆内任意位置，确定用于替代中心位置的点，此时将显示标注文字为 100。

(7) 在命令行的【指定尺寸线位置或 [多行文字(M)/文字(T)/角度(A)]:】提示下，单击圆内任意位置，确定尺寸线位置。

(8) 在命令行的【指定折弯位置:】提示下，指定折弯位置，结果如图 8-42 所示。

图 8-41 创建半径标注

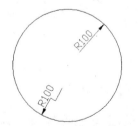
图 8-42 创建折弯标注

8.3.8 直径标注

在快速访问工具栏选择【显示菜单栏】命令，在弹出的菜单中选择【标注】|【直径】命令 (DIMDIAMETER)，或在【功能区】选项板中选择【注释】选项卡，在【标注】面板中单击【直

径标注】按钮 ，可以标注圆和圆弧的直径。

直径标注的方法与半径标注的方法相同。当选择了需要标注直径的圆或圆弧后，直接确定尺寸线的位置，系统将按实际测量值标注出圆或圆弧的直径。并且，当通过【多行文字(M)】和【文字(T)】选项重新确定尺寸文字时，需要在尺寸文字前加前缀%%C，才能使标出的直径尺寸有直径符号 Φ。

⑧.3.9　圆心标注

在快速访问工具栏选择【显示菜单栏】命令，在弹出的菜单中选择【标注】|【圆心标记】命令(DIMCENTER)，或在【功能区】选项板中选择【注释】选项卡，在【标注】面板中单击【圆心标记】按钮 ，即可标注圆和圆弧的圆心。此时只需要选择待标注其圆心的圆弧或圆即可。

圆心标记的形式可以由系统变量 DIMCEN 设置。当该变量的值大于 0 时，作圆心标记，且该值是圆心标记线长度的一半；当变量的值小于 0 时，画出中心线，且该值是圆心处小十字线长度的一半。

【例 8-5】标注如图 8-43 所示图形中的尺寸。

(1) 在【功能区】选项板中选择【注释】选项卡，在【标注】面板中单击【直径】按钮 。

(2) 在命令行的【选择圆弧或圆:】提示下，选择图形中的圆 A。

(3) 在命令行的【指定尺寸线位置或 [多行文字(M)/文字(T)/角度(A)]:】提示下，单击圆内部适当位置，标注出圆 A 的直径，如图 8-44 所示。

(4) 使用同样的方法，标注其他圆的直径。

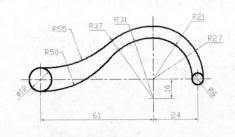

图 8-43　标注图形

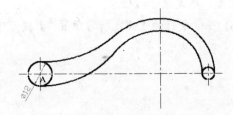

图 8-44　标注直径

(5) 在【功能区】选项板中选择【注释】选项卡，在【标注】面板中单击【半径】按钮 。在【选择圆弧或圆:】提示信息下，选择图形中的圆弧 B。在命令行的【指定尺寸线位置或 [多行文字(M)/文字(T)/角度(A)]:】提示信息下，单击圆弧 B 外部适当位置，标注出圆弧 B 的半径，如图 8-45 所示。

(6) 使用同样的方法，标注其他圆的半径。

(7) 在【功能区】选项板中选择【注释】选项卡，在【标注】面板中单击【圆心标记】按钮 。

(8) 在命令行的【选择圆弧或圆:】提示下，选择圆弧 C，标记圆心，如图 8-46 所示。

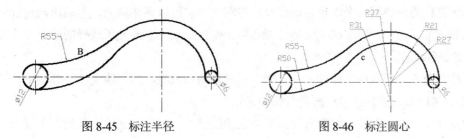

图 8-45 标注半径　　　　　　　　　　　　图 8-46 标注圆心

(9) 在【功能区】选项板中选择【注释】选项卡，在【标注】面板中单击【线性】按钮 ，创建线性标注，结果如图 8-43 示。

8.3.10 角度标注

在快速访问工具栏选择【显示菜单栏】命令，在弹出的菜单中选择【标注】|【角度】命令(DIMANGULAR)，或在【功能区】选项板中选择【注释】选项卡，在【标注】面板中单击【角度】按钮 ，都可以测量圆和圆弧的角度、两条直线间的角度，或者三点间的角度，如图 8-47 所示。执行 DIMANGULAR 命令，此时命令行提示如下。

选择圆弧、圆、直线或 <指定顶点>:

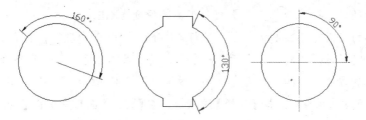

图 8-47 角度标注方式

在该提示下，可以选择需要标注的对象，其功能说明如下。

◉ 标注圆弧角度：当选择圆弧时，命令行显示【指定标注弧线位置或 [多行文字(M)/文字(T)/角度(A)]:】提示信息。此时，如果直接确定标注弧线的位置，AutoCAD 会按实际测量值标注出角度。也可以使用【多行文字(M)】、【文字(T)】及【角度(A)】选项，设置尺寸文字和它的旋转角度。

 提示

当通过【多行文字(M)】和【文字(T)】选项重新确定尺寸文字时，只有给新输入的尺寸文字加后缀%%D，才能使标注出的角度值有度(°)符号，否则没有该符号。

- ◉ 标注圆角度：当选择圆时，命令行显示【指定角的第二个端点:】提示信息，要求确定另一点作为角的第二个端点。该点可以在圆上，也可以不在圆上，然后再确定标注弧线的位置。这时，标注的角度将以圆心为角度的顶点，以通过所选择的两个点为延伸线(或延伸线)。
- ◉ 标注两条不平行直线之间的夹角：需要选择这两条直线，然后确定标注弧线的位置，AutoCAD 将自动标注出这两条直线的夹角。
- ◉ 根据 3 个点标注角度：这时首先需要确定角的顶点，然后分别指定角的两个端点，最后指定标注弧线的位置。

⑧.3.11 折弯线性标注

在快速访问工具栏选择【显示菜单栏】命令，在弹出的菜单中选择【标注】|【折弯线性】命令(DIMJOGLINE)，或在【功能区】选项板中选择【注释】选项卡，在【标注】面板中单击【折弯线】按钮，都可以在线性或对齐标注上添加或删除折弯线。此时只需选择线性标注或对齐标注即可。

【例 8-6】在图 8-34 中添加角度标注，并且为标注 190 添加折弯线。

(1) 启动 AutoCAD 2011，打开图 8-34 所示的文件。

(2) 在【功能区】选项板中选择【注释】选项卡，在【标注】面板中单击【角度】按钮。

(3) 在命令行的【选择圆弧、圆、直线或<指定顶点>:】提示下，选择直线 GH。

(4) 在命令行的【选择第二条直线:】提示下，选择直线 GB。

(5) 在命令行的【指定标注弧线位置或[多行文字(M)/文字(T)/角度(A)]:】提示下，直线 GH、GB 之间单击，确定标注弧线的位置，标注出这两直线之间的夹角，如图 8-48 所示。

(6) 使用同样的方法，添加其他角度标注，效果如图 8-49 所示。

(7) 在【功能区】选项板中选择【注释】选项卡，在【标注】面板中单击【折弯线】按钮。

(8) 在命令行的【选择要添加折弯的标注或 [删除(R)]:】提示下，选择标注 190。

(9) 在命令行的【选择要添加折弯的标注或 [删除(R)]:】提示下，在适当位置单击，效果如图 8-49 所示。

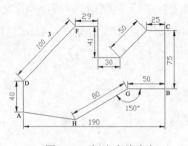

图 8-48 标注直线夹角

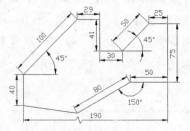

图 8-49 折弯线性标注

8.3.12　多重引线标注

在快速访问工具栏选择【显示菜单栏】命令，在弹出的菜单中选择【标注】|【多重引线】命令(MLEADER)，或在【功能区】选项板中选择【注释】选项卡，在【多重引线】面板(如图8-50所示)中单击【多重引线】按钮，都可以创建引线和注释以及设置引线和注释的样式。

图 8-50　【多重引线】面板

1. 创建多重引线标注

执行【多重引线】命令，命令行将提示【指定引线箭头的位置或 [引线钩线优先(L)/内容优先(C)/选项(O)] <选项>:】，在图形中单击确定引线箭头的位置；然后在打开的文字输入窗口输入注释内容即可。图8-51所示为左图的倒角位置添加倒角的文字注释。

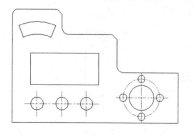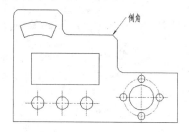

图 8-51　多重引线

在【多重引线】面板中单击【添加引线】按钮，可以为图形继续添加多个引线和注释。图8-52所示为在图8-51所示的右图中再添加一个倒角引线注释。

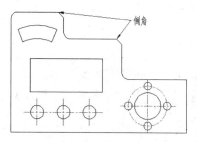

图 8-52　添加引线注释

> **提示**
>
> 单击【对齐】按钮，可以将多个引线注释进行对齐排列；单击【收集】按钮，可以将相同引线注释进行合并显示。

2. 管理多重引线样式

在【多重引线】面板中单击【多重引线样式管理器】按钮，将打开【多重引线样式管理器】对话框，如图8-53所示。该对话框和【标注样式管理器】对话框功能类似，可以设置多重引线的格式、结构和内容。单击【新建】按钮，在打开的【创建新多重引线样式】对话框中可以创建多重引线样式，如图 8-54 所示。

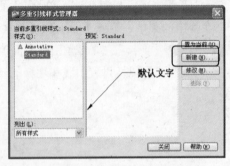

图 8-53　【多重引线样式管理器】对话框　　　图 8-54　【创建新多重引线样式】对话框

设置了新样式的名称和基础样式后，单击该对话框中的【继续】按钮，将打开【修改多重引线样式】对话框，可以创建多重引线的格式、结构和内容，如图 8-55 所示。用户自定义多重引线样式后，单击【确定】按钮。然后在【多重引线样式管理器】对话框将新样式置为当前即可。

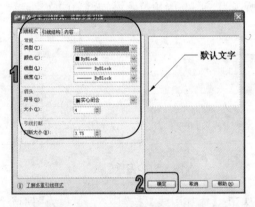

图 8-55　【修改多重引线样式】对话框

8.3.13　坐标标注

在快速访问工具栏选择【显示菜单栏】命令，在弹出的菜单中选择【标注】|【坐标】命令，或在【功能区】选项板中选择【注释】选项卡，在【标注】面板中单击【坐标】按钮，都可以标注相对于用户坐标原点的坐标，此时命令行提示如下信息。

指定点坐标:

在该提示下确定要标注坐标尺寸的点，而后系统将显示【指定引线端点或 [X 基准(X)/Y 基准(Y)/多行文字(M)/文字(T)/角度(A)]:】提示。默认情况下，指定引线的端点位置后，系统将在该点标注出指定点坐标。

此外，在命令提示中，【X 基准(X)】、【Y 基准(Y)】选项分别用来标注指定点的 X、Y

坐标，【多行文字(M)】选项用于通过当前文本输入窗口输入标注的内容，【文字(T)】选项直接要求输入标注的内容，【角度(A)】选项则用于确定标注内容的旋转角度。

8.3.14　快速标注

在快速访问工具栏选择【显示菜单栏】命令，在弹出的菜单中选择【标注】|【快速标注】命令，或在【功能区】选项板中选择【注释】选项卡，在【标注】面板中单击【快速标注】按钮，都可以快速创建成组的基线、连续、阶梯和坐标标注，快速标注多个圆、圆弧，以及编辑现有标注的布局。

执行【快速标注】命令，并选择需要标注尺寸的各图形对象后，命令行提示如下。

> 指定尺寸线位置或[连续(C)/并列(S)/基线(B)/坐标(O)/半径(R)/直径(D)/基准点(P)/编辑(E)/设置(T)]<连续>:

由此可见，使用该命令可以进行【连续(C)】、【并列(S)】、【基线(B)】、【坐标(O)】、【半径(R)】及【直径(D)】等一系列标注。

【例8-7】标注图8-56所示图形中的圆 A、圆 B 和圆弧 a 的半径，然后创建一个多重引线样式，并使用【多重引线标注】命令在 C 处标注引线注释。

(1) 在【功能区】选项板中选择【注释】选项卡，在【标注】面板中单击【快速标注】按钮。

(2) 在命令行的【选择要标注的几何图形:】提示下，选择要标注的圆 A、圆 B 和圆弧 a，然后按 Enter 键。

(3) 在命令行的【指定尺寸线位置或[连续(C)/并列(S)/基线(B)/坐标(O)/半径(R)/直径(D)/基准点(P)/编辑(E)/设置(T)]<连续>:】提示下输入 R，然后按 Enter 键。

(4) 移动光标到适当位置，然后单击，即可快速标注出所选择的圆和圆弧的半径，如图 8-57 所示。

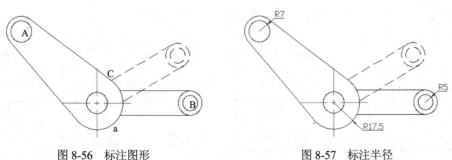

图 8-56　标注图形　　　　　　　　图 8-57　标注半径

(5) 在【功能区】选项板中选择【注释】选项卡，在【多重引线】面板中单击【多重引线样式】按钮 ，打开【多重引线样式管理器】对话框。

(6) 单击【新建】按钮，在打开的【创建新多重引线样式】对话框中输入新样式名称 cx1，保持默认的基础样式。

(7) 在打开的【修改多重引线样式:cx1】对话框中，选择【引线结构】选项卡，选择【第一段角度】和【第二段角度】复选框，并设置其角度都为 45°，如图 8-58 所示。

(8) 选择【内容】选项卡，在【多重引线类型】下拉列表框中选择【多行文字】选项。单击【默认文字】文本框后面的按钮，在打开的文字编辑窗口中设置默认文字为【4 号莫式锥度】，然后单击【确定】按钮，如图 8-59 所示。

(9) 此时返回【多重引线样式管理器】对话框，在【样式】列表中选择 cx1 选项，单击【置为当前】按钮，然后单击【关闭】按钮，如图 8-60 所示。

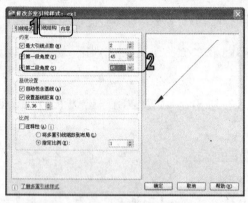

图 8-58　【引线结构】选项卡

图 8-59　【内容】选项卡

(10) 打开【多重样式】工具栏，单击【多重引线】按钮，在【指定引线箭头的位置或 [引线钩线优先(L)/内容优先(C)/选项(O)] <选项>:】提示下，单击图中的 C 处位置。

(11) 在【指定引线钩线的位置:】提示下，单击 C 处左侧的任意位置。

(12) 在【覆盖默认文字 [是(Y)/否(N)] <否>:】提示下，按 Enter 键，结束多重引线标注，得到最后结果，如图 8-61 所示。

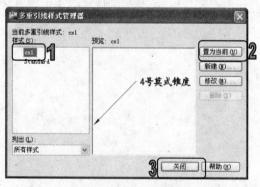

图 8-60　【多重引线样式管理器】对话框

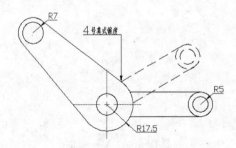

图 8-61　标注引线注释

8.3.15 标注间距和标注打断

在快速访问工具栏选择【显示菜单栏】命令，在弹出的菜单中选择【标注】|【标注间距】命令，或在【功能区】选项板中选择【注释】选项卡，在【标注】面板中单击【调整间距】按钮 ，可以修改已经标注的图形中的标注线的位置间距大小。

执行【标注间距】命令，命令行将提示【选择基准标注:】，在图形中选择第一个标注线；然后命令行提示【选择要产生间距的标注:】，这时再选择第二个标注线；接下来命令行提示【输入值或 [自动(A)] <自动>:】，这里输入标注线的间距数值，按 Enter 键完成标注间距。该命令可以选择连续设置多个标注线之间的间距。图 8-62 所示为左图的 1、2、3 处的标注线设置标注间距后的效果对比。

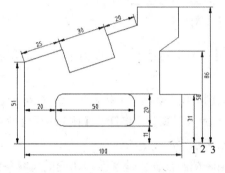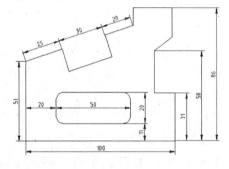

图 8-62　标注间距

在快速访问工具栏选择【显示菜单栏】命令，在弹出的菜单中选择【标注】|【标注打断】命令，或在【功能区】选项板中选择【注释】选项卡，在【标注】面板中单击【打断】按钮 ，可以在标注线和图形之间产生一个隔断。

执行【标注打断】命令，命令行将提示【选择标注或 [多个(M)]:】，在图形中选择需要打断的标注线；然后命令行提示【选择要打断标注的对象或 [自动(A)/恢复(R)/手动(M)] <自动>:】，这时选择该标注对应的线段，按 Enter 键完成标注打断。图 8-63 所示为左图的 1、2 处的标注线设置标注打断后的效果对比。

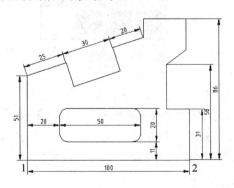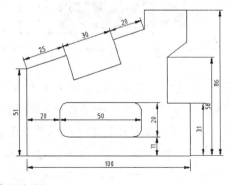

图 8-63　标注打断

8.4 标注形位公差

在快速访问工具栏选择【显示菜单栏】命令，在弹出的菜单中选择【标注】|【公差】命令，或在【功能区】选项板中选择【注释】选项卡，在【标注】面板中单击【公差】按钮 ，打开【形位公差】对话框，可以设置公差的符号、值及基准等参数，如图 8-64 所示。

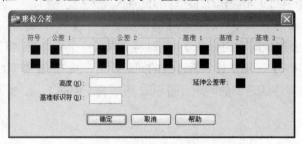

图 8-64 【形位公差】对话框

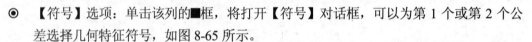

- ◉ 【符号】选项：单击该列的■框，将打开【符号】对话框，可以为第 1 个或第 2 个公差选择几何特征符号，如图 8-65 所示。
- ◉ 【公差 1】和【公差 2】选项区域：单击该列前面的■框，将插入一个直径符号。在中间的文本框中，可以输入公差值。单击该列后面的■框，将打开【附加符号】对话框，可以为公差选择包容条件符号，如图 8-66 所示。
- ◉ 【基准 1】、【基准 2】和【基准 3】选项区域：设置公差基准和相应的包容条件。
- ◉ 【高度】文本框：设置投影公差带的值。投影公差带控制固定垂直部分延伸区的高度变化，并以位置公差控制公差精度。
- ◉ 【延伸公差带】选项：单击该■框，可在延伸公差带值的后面插入延伸公差带符号。
- ◉ 【基准标识符】文本框：创建由参照字母组成的基准标识符号。

图 8-65 公差特征符号

图 8-66 选择包容条件

【例 8-8】标注如图 8-67 所示图形中的形位公差。

(1) 在快速访问工具栏选择【显示菜单栏】命令，在弹出的菜单中选择【标注】|【多重引线】命令，或在【多重引线】工具栏中单击【多重引线】按钮 。

(2) 在命令行提示下，依次在点 1、2 和 3 处单击创建引线，确定引线的位置。

(3) 在打开的文字编辑窗口中不输入文字，按 Esc 键取消。

(4) 在快速访问工具栏选择【显示菜单栏】命令，在弹出的菜单中选择【标注】|【公差】命令，打开【形位公差】对话框。

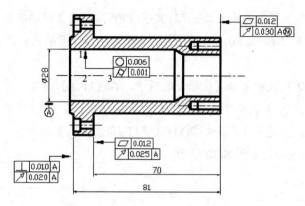

图 8-67 创建形位公差标注

(5) 在【符号】选项区域单击■框，并在打开的【特征符号】对话框中选择◯符号。

(6) 单击【公差 1】选项区域的文本框中输入公差值 0.006。

(7) 在【符号】选项区域的第二行单击■框，并在打开的【特征符号】对话框中选择◯符号。

(8) 在【公差 1】选项区域的文本框中输入公差值 0.001，然后单击【确定】按钮，关闭【形位公差】对话框。

(9) 在图形中选择引线的尾部放置形位公差。

(10) 重复上述步骤，创建其他的形位公差，效果如图 8-67 所示。

⑧.5 上机练习

综合运用多种标注命令，标注一个较为复杂的二维图形(如图 8-68 所示)，来巩固本章所介绍的知识点。

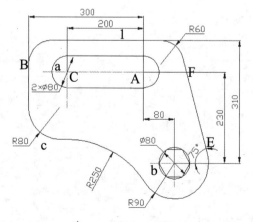

图 8-68 标注二维图形

(1) 在【功能区】选项板中选择【注释】选项卡，在【标注】面板中单击【直径】按钮。

(2) 在【选择圆弧或圆:】提示下选择图形中的圆弧 a。

(3) 在【指定尺寸线位置或 [多行文字(M)/文字(T)/角度(A)]:】提示下输入 t；在【输入标注文字 <14>:】提示下输入 2×%%C80，并且在圆弧 a 外部适当位置单击，标注两个圆弧的直径，如图 8-69 所示。

(4) 在【功能区】选项板中选择【注释】选项卡，在【标注】面板中单击【直径】按钮。

(5) 在【选择圆弧或圆:】提示下选择图形中的圆 b。

(6) 在【指定尺寸线位置或 [多行文字(M)/文字(T)/角度(A)]:】提示下，在圆 B 外部适当位置单击，标注出圆 b 的直径，如图 8-70 所示。

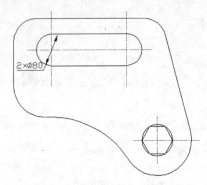

图 8-69 标注两个圆弧的直径

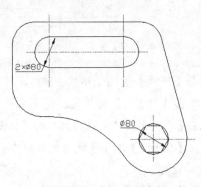

图 8-70 标注大圆直径

(7) 在【功能区】选项板中选择【注释】选项卡，在【标注】面板中单击【半径】按钮。在【选择圆弧或圆:】提示下选择圆弧 c。在【指定尺寸线位置或 [多行文字(M)/文字(T)/角度(A)]:】提示下，在圆弧 c 外部适当位置单击，标注出圆弧的半径，如图 8-71 所示。

(8) 在【功能区】选项板中选择【注释】选项卡，在【标注】面板中单击【线型】按钮。

(9) 在图样上捕捉点 A，指定第一条延伸线的起点，在图样上捕捉点 C，指定第一条延伸线的终点，在命令提示行输入 H，创建水平标注，然后拖动光标，在点 1 处单击，确定尺寸线的位置，结果如图 8-72 所示。

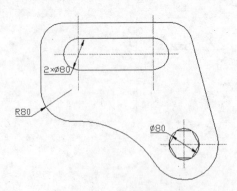

图 8-71 标注圆弧半径

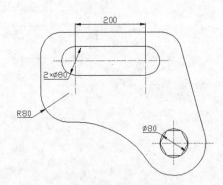

图 8-72 标注圆弧圆心

(10) 在【功能区】选项板中选择【注释】选项卡，在【标注】面板中单击【基线】按钮，系统将以最后一次创建的尺寸标注 AC 的原点 A 作为基点。

(11) 在图样中单击点 B，指定基线标注尺寸界限的原点，然后按 Enter 键结束标注，结果如图 8-73 所示。

(12) 在快速访问工具栏选择【显示菜单栏】命令，在弹出的菜单中选择【标注】|【角度】命令，或单击【标注】工具栏中的【角度】按钮。

(13) 在【选择圆弧、圆、直线或<指定顶点>:】提示下选择直线 EF。

(14) 在【选择第二条直线:】提示下选择直线下面一条红的水平辅助线。

(15) 在【指定标注弧线位置或[多行文字(M)/文字(T)/角度(A)]:】提示下，在直线 EF 和辅助线之间单击鼠标，确定标注弧线的位置，标注出这两直线之间的夹角，如图 8-74 所示。

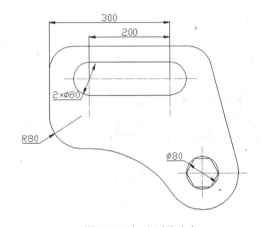

图 8-73 标注弧线夹角

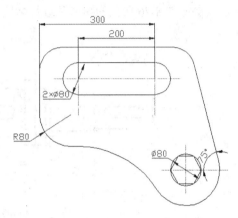

图 8-74 标注圆弧包含角

(16) 参照上述方法，再标注其他尺寸，最终效果如图 8-68 所示。

8.6 习题

1. 按照建筑绘图标准设置标注样式，具体要求如下:

- 尺寸界限与标注对象的间距为 1 毫米，超出尺寸线的距离为 3 毫米。
- 基线标注尺寸线间距为 10.5 毫米。
- 箭头使用【建筑标记】形状，大小为 3。
- 标注文字的高度为 6 毫米并位于尺寸线的中间，文字从尺寸线偏移距离为 1，对齐方式使用 ISO 标准。
- 长度标注单位的精度为 0.0，角度标注单位使用十进制，精度为 0.0。

2. 绘制如图 8-75 所示各图并标注尺寸。

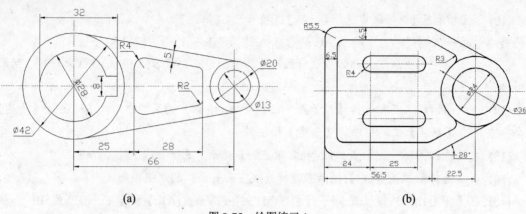

(a)

(b)

图 8-75 绘图练习 1

3. 绘制如图 8-76 所示的图形并进行标注。

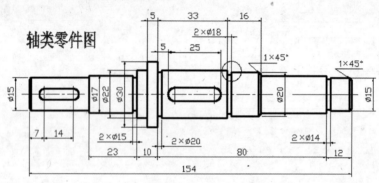

轴类零件图

图 8-76 绘图练习 2

第9章

块、外部参照和设计中心

学习目标

在绘制图形时，如果图形中有大量相同或相似的内容，或者所绘制的图形与已有的图形文件相同，则可以把要重复绘制的图形创建成块(也称为图块)，并根据需要为块创建属性，指定块的名称、用途及设计者等信息，在需要时直接插入它们，从而提高绘图效率。

当然，用户也可以把已有的图形文件以参照的形式插入到当前图形中(即外部参照)，或是通过 AutoCAD 设计中心浏览、查找、预览、使用和管理 AutoCAD 图形、块、外部参照等不同的资源文件。

本章重点

- ◉ 创建块、存储块的方法
- ◉ 在图形中插入块的方法
- ◉ 属性块的定义方法
- ◉ 编辑块属性的方法
- ◉ 在图形中附着外部参照图形的方法
- ◉ 编辑与管理外部参照的方法
- ◉ AutoCAD 设计中心的使用方法

9.1 创建与编辑块

块是一个或多个对象组成的对象集合，常用于绘制复杂、重复的图形。一旦一组对象组合成块，就可以根据作图需要将这组对象插入到图中任意指定位置，而且还可以按不同的比例和旋转角度插入。在 AutoCAD 中，使用块可以提高绘图速度、节省存储空间、便于修改图形。

9.1.1　块的特点

在 AutoCAD 中，使用块可以提高绘图速度、节省存储空间、便于修改图形并能够为其添加属性。总的来说，AutoCAD 中的块具有以下特点。

1. 提高绘图效率

在 AutoCAD 中绘图时，常常要绘制一些重复出现的图形。如果把这些图形做成块保存起来，绘制它们时就可以用插入块的方法实现，即把绘图变成了拼图，从而避免了大量的重复性工作，提高了绘图效率。

2. 节省存储空间

AutoCAD 要保存图中每一个对象的相关信息，如对象的类型、位置、图层、线型及颜色等，这些信息要占用存储空间。如果一幅图中包含有大量相同的图形，就会占据较大的磁盘空间。但如果把相同的图形事先定义成一个块，绘制它们时就可以直接把块插入到图中的各个相应位置。这样既满足了绘图要求，又可以节省磁盘空间。因为虽然在块的定义中包含了图形的全部对象，但系统只需要一次这样的定义。对块的每次插入，AutoCAD 仅需要记住这个块对象的有关信息(如块名、插入点坐标及插入比例等)。对于复杂需多次绘制的图形，这一优点更为明显。

3. 便于修改图形

一张工程图纸往往需要多次修改。如在机械设计中，旧的国家标准用虚线表示螺栓的内径，新的国家标准则用细实线表示。如果对旧图纸上的每一个螺栓按新国家标准修改，既费时又不方便。但如果原来各螺栓是通过插入块的方法绘制的，那么只要简单地对块进行再定义，就可对图中的所有螺栓进行修改。

4. 可以添加属性

很多块还要求有文字信息以进一步解释其用途。AutoCAD 允许用户为块创建这些文字属性，并可在插入的块中指定是否显示这些属性。此外，还可以从图中提取这些信息并将它们传送到数据库中。

9.1.2　创建块

在快速访问工具栏选择【显示菜单栏】命令，在弹出的菜单中选择【绘图】|【块】|【创建】命令(BLOCK)，或在【功能区】选项板中选择【常用】选项卡，在【块】面板中单击【创建】按钮，打开【块定义】对话框，可以将已绘制的对象创建为块，如图 9-1 所示。

【块定义】对话框中主要选项的功能说明如下。

- ◉ 【名称】文本框：输入块的名称，最多可使用 255 个字符。当行中包含多个块时，还可以在下拉列表框中选择已有的块。
- ◉ 【基点】选项区域：设置块的插入基点位置。用户可以直接在 X、Y、Z 文本框中输入，也可以单击【拾取点】按钮，切换到绘图窗口并选择基点。一般基点选在块的对称中心、左下角或其他有特征的位置。

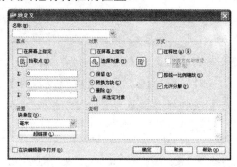

图 9-1 【块定义】对话框

- ◉ 【对象】选项区域：设置组成块的对象。其中，单击【选择对象】按钮，可切换到绘图窗口选择组成块的各对象；单击【快速选择】按钮，可以使用弹出的【快速选择】对话框设置所选择对象的过滤条件；选择【保留】单选按钮，创建块后仍在绘图窗口上保留组成块的各对象；选择【转换为块】单选按钮，创建块后将组成块的各对象保留并把它们转换成块；选择【删除】单选按钮，创建块后删除绘图窗口上组成块的原对象。
- ◉ 【方式】选项区域：设置组成块的对象的显示方式。选择【注释性】复选框，可以将对象设置成可注释性对象；选择【按统一比例缩放】复选框，设置对象是否按统一的比例进行缩放；选择【允许分解】复选框，设置对象是否允许被分解。
- ◉ 【设置】选项区域：设置块的基本属性。单击【块单位】下拉列表框，可以选择从 AutoCAD 设计中心中拖动块时的缩放单位；单击【超链接】按钮，将打开【插入超链接】对话框，在该对话框中可以插入超链接文档，如图 9-2 所示。
- ◉ 【说明】文本框：用来输入当前块的说明部分。

【例 9-1】在 AutoCAD 中，没有直接定义粗糙度的标注功能，可以将图 9-3 所示的粗糙度符号定义成块。

图 9-2 【插入超链接】对话框

图 9-3 粗糙度的图形

(1) 在绘图文档中绘制如图 9-3 所示的表示粗糙度的图形。

(2) 在【功能区】选项板中选择【常用】选项卡，在【块】面板中单击【创建】按钮，打开【块定义】对话框。

(3) 在【名称】文本框中输入块的名称，如 Myblock。

(4) 在【基点】选项区域中单击【拾取点】按钮，然后单击图形点 O，确定基点位置。

(5) 在【对象】选项区域中选择【保留】单选按钮，再单击【选择对象】按钮，切换到绘图窗口，使用窗口选择方法选择所有图形，然后按 Enter 键返回【块定义】对话框。

(6) 在【块单位】下拉列表中选择【毫米】选项，将单位设置为毫米。

(7) 在【说明】文本框中输入对图块的说明，如【粗糙度符号】。

(8) 设置完毕，单击【确定】按钮保存设置。

提示

创建块时，必须先绘出要创建块的对象。如果新块名与已定义的块名重复，系统将显示警告对话框，要求用户重新定义块名称。此外，使用 BLOCK 命令创建的块只能由块所在的图形使用，而不能由其他图形使用。如果希望在其他图形中也使用块，则需使用 WBLOCK 命令创建块。

9.1.3 插入块

在快速访问工具栏选择【显示菜单栏】命令，在弹出的菜单中选择【插入】|【块】命令，或在【功能区】选项板中选择【常用】选项卡，在【块】面板中单击【插入】按钮，将打开【插入】对话框，如图 9-4 所示。使用该对话框，可以在图形中插入块或其他图形，在插入的同时还可以改变所插入块或图形的比例与旋转角度。

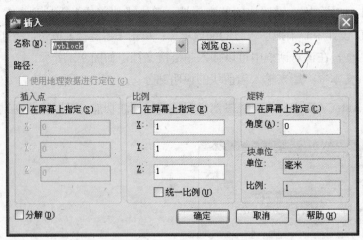

图 9-4　【插入】对话框

【插入】对话框中各主要选项的意义如下。

- ◉ 【名称】下拉列表框：用于选择块或图形的名称。也可以单击其后的【浏览】按钮，打开【选择图形文件】对话框，选择保存的块和外部图形。

- ◉ 【插入点】选项区域：用于设置块的插入点位置。可直接在 X、Y、Z 文本框中输入点的坐标，也可以通过选中【在屏幕上指定】复选框，在屏幕上指定插入点位置。

- ◉ 【比例】选项区域：用于设置块的插入比例。可直接在 X、Y、Z 文本框中输入块在 3 个方向的比例；也可以通过选中【在屏幕上指定】复选框，在屏幕上指定。此外，该选项区域中的【统一比例】复选框用于确定所插入块在 X、Y、Z 3 个方向的插入比例是否相同，选中时表示比例将相同，用户只需在 X 文本框中输入比例值即可。

- ◉ 【旋转】选项区域：用于设置块插入时的旋转角度。可直接在【角度】文本框中输入角度值，也可以选择【在屏幕上指定】复选框，在屏幕上指定旋转角度。

- ◉ 【块单位】选项区域：用于设置块的单位以及比例。

- ◉ 【分解】复选框：选择该复选框，可以将插入的块分解成组成块的各基本对象。

【例 9-2】在图 9-5 所示的图形中插入【例 9-1】中定义的块，并设置缩放比例为 20%。

(1) 在【功能区】选项板中选择【常用】选项卡，在【块】面板中单击【插入】按钮 ，打开【插入】对话框。

(2) 在【名称】下拉列表框中选择 Myblock。

(3) 在【插入点】选项区域中选中【在屏幕上指定】复选框。

(4) 在【缩放比例】选项区域中选中【统一比例】复选框，并在 X 和 Y 文本框中输入 0.2。

(5) 在【旋转】选项区域的【角度】文本框中输入-90，然后单击【确定】按钮。

(6) 单击绘图窗口中需要插入块的位置。

(7) 重复上述步骤，在其他位置插入多个块，效果如图 9-6 所示。

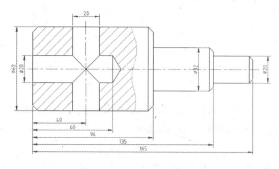

图 9-5 原始图形

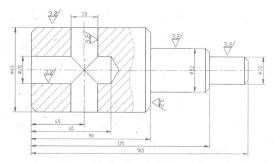

图 9-6 插入粗糙度块

9.1.4 存储块

在 AutoCAD 2011 中，使用 WBLOCK 命令可以将块以文件的形式写入磁盘。执行 WBLOCK 命令将打开【写块】对话框，如图 9-7 所示。

在该对话框的【源】选项区域中，可以设置组成块的对象来源，各选项的功能说明如下。

- ⊙ 【块】单选按钮：用于将使用 BLOCK 命令创建的块写入磁盘，可在其后的下拉列表框中选择块名称。
- ⊙ 【整个图形】单选按钮：用于将全部图形写入磁盘。
- ⊙ 【对象】单选按钮：用于指定需要写入磁盘的块对象。选择该单选按钮时，用户可根据需要使用【基点】选项区域设置块的插入基点位置，使用【对象】选项区域设置组成块的对象。

在该对话框的【目标】选项区域中可以设置块的保存名称和位置，各选项的功能说明如下。

- ⊙ 【文件名和路径】文本框：用于输入块文件的名称和保存位置，用户也可以单击其后的■按钮，使用打开的【浏览文件夹】对话框设置文件的保存位置。
- ⊙ 【插入单位】下拉列表框：用于选择从 AutoCAD 设计中心中拖动块时的缩放单位。

【例 9-3】创建一个块，并将其写入磁盘中，然后将其插入到其他绘图文档中。

(1) 在【功能区】选项板中选择【常用】选项卡，在【块】面板中单击【创建】按钮，创建如图 9-8 所示的块，并定义块的名称为 Myblock1。

图 9-7　【写块】对话框

图 9-8　创建块

(2) 打开创建的块文档，并在命令行中输入命令 WBLOCK，系统将打开【写块】对话框。

(3) 在该对话框的【源】选项区域中选择【块】单选按钮，然后在其后的下拉列表框中选择创建的块 Myblock1。

(4) 在【目标】选项区域的【文件名和路径】文本框中输入文件名和路径，如 E:\Myblock1.dwg，并在【插入单位】下拉列表中选择【毫米】选项。

(5) 单击【确定】按钮，然后打开如图 9-9 所示的文档。

(6) 在【功能区】选项板中选择【块和参照】选项卡，在【块】面板中单击【插入点】按钮，打开【插入】对话框。单击【浏览】按钮，在打开的【选择图形文件】对话框中选择创建的块 E:\Myblock1.dwg，并单击【打开】按钮。

(7) 在【插入】对话框的【插入点】选项区域中选中【在屏幕上指定】复选框，然后单击【确定】按钮。

(8) 在图 9-9 所示的文档中单击即可插入块，最后的效果如图 9-10 所示。

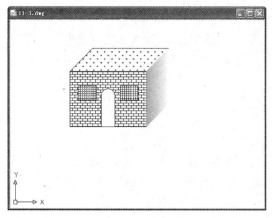

图 9-9 打开文档

图 9-10 插入块后的效果

9.1.5 设置插入基点

在快速访问工具栏选择【显示菜单栏】命令，在弹出的菜单中选择【绘图】|【块】|【基点】命令(BASE)，或在【功能区】选项板中选择【常用】选项卡，在【块】面板中单击【设置基点】按钮 ，可以设置当前图形的插入基点。当把某一图形文件作为块插入时，系统默认将该图的坐标原点作为插入点，这样往往会给绘图带来不便。这时就可以使用【基点】命令，对图形文件指定新的插入基点。

执行 BASE 命令后，可以直接在【输入基点：】提示下指定作为块插入基点的坐标。

9.1.6 块与图层的关系

块可以由绘制在若干图层上的对象组成，系统可以将图层的信息保留在块中。当插入这样的块时，AutoCAD 有如下约定：

- 块插入后，原来位于图层上的对象被绘制在当前层，并按当前层的颜色与线型绘出。
- 对于块中其他图层上的对象，若块中包含有与图形中的图层同名的层，块中该层上的对象仍绘制在图中的同名层上，并按图中该层的颜色与线型绘制。块中其他图层上的对象仍在原来的层上绘出，并给当前图形增加相应的图层。
- 如果插入的块由多个位于不同图层上的对象组成，那么冻结某一对象所在的图层后，此图层上属于块上的对象将不可见；当冻结插入块时的当前层时，不管块中各对象处于哪一图层，整个块将不可见。

9.2 编辑与管理块属性

块属性是附属于块的非图形信息，是块的组成部分，是特定的可包含在块定义中的文字对象。在定义一个块时，属性必须预先定义而后选定。通常属性用于在块的插入过程中进行自动注释。

9.2.1 块属性的特点

在 AutoCAD 中，用户可以在图形绘制完成后(甚至在绘制完成前)，使用 ATTEXT 命令将块属性数据从图形中提取出来，并将这些数据写入到一个文件中，这样就可以从图形数据库文件中获取块数据信息了。块属性具有以下特点。

- 块属性由属性标记名和属性值两部分组成。例如，可以把 Name 定义为属性标记名，而具体的姓名 Mat 就是属性值，即属性。
- 定义块前，应先定义该块的每个属性，即规定每个属性的标记名、属性提示、属性默认值、属性的显示格式(可见或不可见)及属性在图中的位置等。一旦定义了属性，该属性以其标记名将在图中显示出来，并保存有关的信息。
- 定义块时，应将图形对象和表示属性定义的属性标记名一起用来定义块对象。
- 插入有属性的块时，系统将提示用户输入需要的属性值。插入块后，属性用它的值表示。因此，同一个块在不同点插入时，可以有不同的属性值。如果属性值在属性定义时规定为常量，系统将不再询问它的属性值。
- 插入块后，用户可以改变属性的显示可见性，对属性作修改，把属性单独提取出来写入文件，以供统计、制表使用，还可以与其他高级语言或数据库进行数据通信。

9.2.2 创建并使用带有属性的块

在快速访问工具栏选择【显示菜单栏】命令，在弹出的菜单中选择【绘图】|【块】|【定义属性】命令(ATTDEF)，或在【功能区】选项板中选择【常用】选项卡，在【属性】面板中单击【定义属性】按钮，可以使用打开的【属性定义】对话框创建块属性，如图 9-11 所示。其中各选项的功能如下。

图 9-11　【属性定义】对话框

- ⊙ 【模式】选项区域：用于设置属性的模式。其中，【不可见】复选框用于确定插入块后是否显示其属性值；【固定】复选框用于设置属性是否为固定值，为固定值时，插入块后该属性值不再发生变化；【验证】复选框用于验证所输入的属性值是否正确；【预设】复选框用于确定是否将属性值直接预设成它的默认值。【锁定位置】复选框用于固定插入块的坐标位置；【多行】复选框用于使用多段文字来标注块的属性值。

- ⊙ 【属性】选项区域：用于定义块的属性。其中，【标记】文本框用于输入属性的标记；【提示】文本框用于输入插入块时系统显示的提示信息；【默认】文本框用于输入属性的默认值。

- ⊙ 【插入点】选项区域：用于设置属性值的插入点，即属性文字排列的参照点。用户可直接在 X、Y、Z 文本框中输入点的坐标，也可以单击【拾取点】按钮 ，在绘图窗口上拾取一点作为插入点。

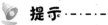 **提示**

　　确定该插入点后，系统将以该点为参照点，按照在【文字设置】选项区域的【对正】下拉列表框中确定的文字排列方式放置属性值。

- ⊙ 【文字设置】选项区域：用于设置属性文字的格式，包括对正、文字样式、文字高度以及旋转角度等选项。

　　此外，在【属性定义】对话框中选中【在上一个属性定义下对齐】复选框，可以为当前属性采用上一个属性的文字样式、字高及旋转角度，且另起一行，按上一个属性的对正方式排列。

　　设置完【属性定义】对话框中的各项内容后，单击对话框中的【确定】按钮，系统将完成一次属性定义，用户可以用上述方法为块定义多个属性。

　　【例9-4】将图9-12所示的图形定义成表示位置公差基准的符号块，如图9-13所示。要求如下：符号块的名称为 BASE；属性标记为 A；属性提示为【请输入基准符号】；属性默认值为 A；以圆的圆心作为属性插入点；属性文字对齐方式采用【中间】；并且以两条直线的交点作为块的基点。

　　(1) 在【功能区】选项板中选择【常用】选项卡，在【块】面板中单击【定义属性】按钮，打开【属性定义】对话框。

　　(2) 在【属性】选项区域的【标记】文本框中输入 A，在【提示】文本框中输入【请输入基准符号】，在【值】文本框中输入 A。

　　(3) 在【插入点】选项区域中选择【在屏幕上指定】选项。

　　(4) 在【文字设置】选项区域的【对正】下拉列表框中选择【中间】选项，在【文字高度】文本框中输入5，其他选项采用默认设置。

　　(5) 单击【确定】按钮，在绘图窗口中单击圆的圆心，确定插入点的位置。完成属性块的定义，同时在图中的定义位置将显示出该属性的标记，如图9-13所示。

计算机基础与实训教材系列

图 9-12 定义带有属性的块   图 9-13 显示 A 属性的标记

(6) 在命令行中输入命令 WBLOCK，打开【写块】对话框，在【基点】选项区域中单击【拾取点】按钮，然后在绘图窗口中单击两条直线的交点。

(7) 在【对象】选项区域中选择【保留】单选按钮，并单击【选择对象】按钮，然后在绘图窗口中使用窗口选择所有图形。

(8) 在【目标】选项区域的【文件名和路径】文本框中输入【E:\BASE.dwg】，并在【插入单位】下拉列表框中选择【毫米】选项，然后单击【确定】按钮。

⑨.2.3 在图形中插入带属性定义的块

在创建带有附加属性的块时，需要同时选择块属性作为块的成员对象。带有属性的块创建完成后，就可以使用【插入】对话框在文档中插入该块。

【例 9-5】在图 9-6 中插入【例 9-4】中定义的属性块。

(1) 在快速访问工具栏选择【显示菜单栏】命令，在弹出的菜单中选择【文件】|【打开】命令，打开如图 9-6 所示的图形文件。

(2) 在快速访问工具栏选择【显示菜单栏】命令，在弹出的菜单中选择【插入】|【块】命令，打开【插入】对话框。单击【浏览】按钮，选择创建的 BASE.dwg 块并打开。

(3) 在【插入点】选项区域中选择【在屏幕上指定】选项。

(4) 单击【确定】按钮，返回绘图窗口。在绘图窗口中单击，确定插入点的位置，并在命令行的【请输入基准符号<A>:】提示下输入基准符号 A，然后按 Enter 键，结果如图 9-14 所示。

(5) 重复步骤(2)~(3)，单击【确定】按钮，返回绘图窗口。然后在绘图窗口中单击，确定插入点的位置，并在命令行的【请输入基准符号<A>:】提示下输入基准符号 B，然后按 Enter 键，结果如图 9-15 所示。

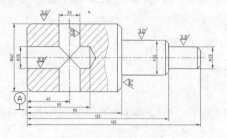
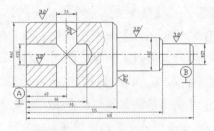

图 9-14 图形文档   图 9-15 插入带属性的块

9.2.4　修改属性定义

在快速访问工具栏选择【显示菜单栏】命令，在弹出的菜单中选择【修改】|【对象】|【文字】|【编辑】命令(DDEDIT)，单击块属性，或直接双击块属性，打开【增强属性编辑器】对话框。在【属性】选项卡的列表中选择文字属性，然后在下面的【值】文本框中可以编辑块中定义的标记和值属性，如图 9-16 所示。

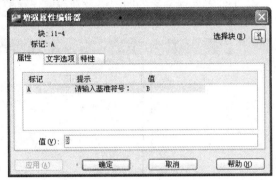

图 9-16　【增强属性编辑器】对话框

在快速访问工具栏选择【显示菜单栏】命令，在弹出的菜单中选择【修改】|【对象】|【文字】|【比例】命令(SCALETEXT)，或在【功能区】选项板中选择【注释】选项卡，在【文字】面板中单击【缩放】按钮 ，可以按同一缩放比例因子同时修改多个属性定义的比例。

> 输入缩放的基点选项[现有(E)/左(L)/中心(C)/中间(M)/右(R)/左上(TL)/中上(TC)/右上(TR)/左中(ML)/正中(MC)/右中(MR)/左下(BL)/中下(BC)/右下(BR)]:

在快速访问工具栏选择【显示菜单栏】命令，在弹出的菜单中选择【修改】|【对象】|【文字】|【对正】命令(JUSTIFYTEXT)，或在【功能区】选项板中选择【注释】选项卡，在【文字】面板中单击【对正】按钮 [A↕ 对正]，可以在不改变属性定义位置的前提下重新定义文字的插入基点，命令行提示如下。

> 输入对正选项[左(L)/对齐(A)/调整(F)/中心(C)/中间(M)/右(R)/左上(TL)/中上(TC)/右上(TR)/左中(ML)/正中(MC)/右中(MR)/左下(BL)/中下(BC)/右下(BR)]:

9.2.5　编辑块属性

在快速访问工具栏选择【显示菜单栏】命令，在弹出的菜单中选择【修改】|【对象】|【属性】|【单个】命令(EATTEDIT)，或在【功能区】选项板中选择【插入】选项卡，在【属性】面板中单击【编辑单个属性】按钮 ，都可以编辑块对象的属性。在绘图窗口中选择需要编

辑的块对象后，系统将打开【增强属性编辑器】对话框，如图 9-16 所示。其中 3 个选项卡的功能如下。

- ◉ 【属性】选项卡：显示了块中每个属性的标识、提示和值。在列表框中选择某一属性后，在【值】文本框中将显示出该属性对应的属性值，可以通过它来修改属性值。
- ◉ 【文字选项】选项卡：用于修改属性文字的格式，该选项卡如图 9-17 所示。在其中可以设置文字样式、对齐方式、高度、旋转角度、宽度比例、倾斜角度等内容。
- ◉ 【特性】选项卡：用于修改属性文字的图层以及其线宽、线型、颜色及打印样式等，该选项卡如图 9-18 所示。

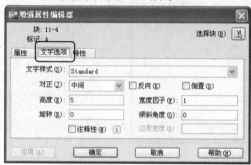

图 9-17　【文字选项】选项卡　　　　　　　图 9-18　【特性】选项卡

9.2.6　块属性管理器

在快速访问工具栏选择【显示菜单栏】命令，在弹出的菜单中选择【修改】|【对象】|【属性】|【块属性管理器】命令(BATTMAN)，或在【功能区】选项板中选择【插入】选项卡，在【属性】面板中单击【管理】按钮，都可打开【块属性管理器】对话框，可在其中管理块中的属性，如图 9-19 所示。

在【块属性管理器】对话框中单击【编辑】按钮，将打开【编辑属性】对话框，可以重新设置属性定义的构成、文字特性和图形特性等，如图 9-20 所示。

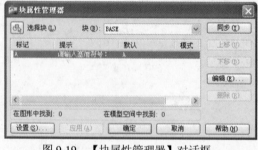
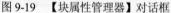
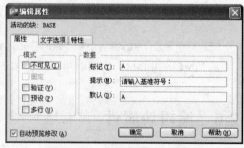

图 9-19　【块属性管理器】对话框　　　　　图 9-20　【编辑属性】对话框

在【块属性管理器】对话框中单击【设置】按钮，将打开【块属性设置】对话框，可以设置在【块属性管理器】对话框的属性列表框中能够显示的内容，如图 9-21 所示。

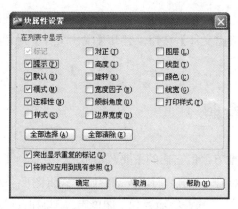

图 9-21 【块属性设置】对话框

9.2.7 使用 ATTEXT 命令提取属性

AutoCAD 的块及其属性中含有大量的数据。例如，块的名字、块的插入点坐标、插入比例、各个属性的值等。可以根据需要将这些数据提取出来，并将它们写入到文件中作为数据文件保存起来，以供其他高级语言程序分析使用，也可以传送给数据库。

在命令行输入 ATTEXT 命令，即可提取块属性的数据。此时将打开【属性提取】对话框，如图 9-22 所示。各选项的功能如下。

- ⊙ 【文件格式】选项区域：设置数据提取的文件格式。用户可以在 CDF、SDF、DXF 3 种文件格式中选择，选中相应的单选按钮即可。
- ⊙ 【选择对象】按钮：用于选择块对象。单击该按钮，AutoCAD 将切换到绘图窗口，用户可选择带有属性的块对象，按 Enter 键后返回到【属性提取】对话框。
- ⊙ 【样板文件】按钮：用于样板文件。用户可以直接在【样板文件】按钮后的文本框内输入样板文件的名字，也可以单击【样板文件】按钮，打开【样板文件】对话框，从中可以选择样板文件，如图 9-23 所示。

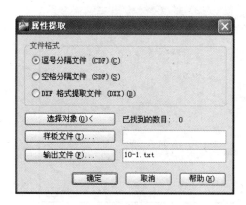

图 9-22 【属性提取】对话框

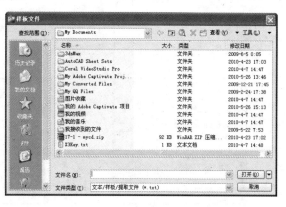

图 9-23 【样板文件】对话框

◉ 【输出文件】按钮：用于设置提取文件的名字。可以直接在其后的文本框中输入文件名，也可以单击【输出文件】按钮，打开【输出文件】对话框，并指定存放数据文件的位置和文件名。

9.3 使用外部参照

外部参照与块有相似的地方，但它们的主要区别是：一旦插入了块，该块就永久性地插入到当前图形中，成为当前图形的一部分。而以外部参照方式将图形插入到某一图形(称之为主图形)后，被插入图形文件的信息并不直接加入到主图形中，主图形只是记录参照的关系，例如，参照图形文件的路径等信息。另外，对主图形的操作不会改变外部参照图形文件的内容。当打开具有外部参照的图形时，系统会自动把各外部参照图形文件重新调入内存并在当前图形中显示出来。

9.3.1 附着外部参照

在快速访问工具栏选择【显示菜单栏】命令，在弹出的菜单中选择【插入】|【外部参照】命令(EXTERNALREFERENCES)，或在【功能区】选项板中选择【插入】选项卡，在【参照】面板中单击【外部参照】按钮，将打开如图 9-24 所示的【外部参照】选项板。在选项板上方单击【附着 DWG】按钮，可以打开【选择参照文件】对话框。选择参照文件后，将打开【附着外部参照】对话框，利用该对话框可以将图形文件以外部参照的形式插入到当前图形中，如图 9-25 所示。

图 9-24 【外部参照】选项板

图 9-25 【附着外部参照】对话框

从图 9-25 可以看出，在图形中插入外部参照的方法与插入块的方法相同，只是在【附着外部参照】对话框中多了几个特殊选项。

在【参照类型】选项区域中可以确定外部参照的类型，包括【附着型】和【覆盖型】两种类型。如果选择【附着型】单选按钮，将显示出嵌套参照中的嵌套内容。选择【覆盖型】单选按钮，则不显示嵌套参照中的嵌套内容。

在 AutoCAD 2011 中，可以使用相对路径附着外部参照，它包括【完整路径】、【相对路径】和【无路径】3 种类型。各选项的功能如下。

- ◉ 【完整路径】选项：当使用完整路径附着外部参照时，外部参照的精确位置将保存到主图形中。此选项的精确度最高，但灵活性最小。如果移动工程文件夹，AutoCAD 将无法融入任何使用完整路径附着的外部参照。

- ◉ 【相对路径】选项：使用相对路径附着外部参照时，将保存外部参照相对于主图形的位置。此选项的灵活性最大。如果移动工程文件夹，AutoCAD 仍可以融入使用相对路径附着的外部参照，只要此外部参照相对主图形的位置未发生变化。

- ◉ 【无路径】选项：在不使用路径附着外部参照时，AutoCAD 首先在主图形的文件夹中查找外部参照。当外部参照文件与主图形位于同一个文件夹时，此选项非常有用。

【例 9-6】使用如图 9-26 所示的图形创建一个图形。图 9-26 中的图形名称分别为文件 Ref1.dwg、Ref2.dwg 和 Ref3.dwg，其中心点都是坐标原点(0,0)。

(1) 在快速访问工具栏选择【显示菜单栏】命令，在弹出的菜单中选择【文件】|【新建】命令，新建一个文件。

(2) 在【功能区】选项板中选择【插入】选项卡，在【参照】面板中单击【外部参照】 按钮，在打开的【外部参照】选项板上方单击【附着 DWG】按钮，打开【选择参照文件】对话框，选择 Ref1.dwg 文件，然后单击【打开】按钮。

(3) 打开【附着外部参照】对话框，在【参照类型】选项区域中选择【附加型】单选按钮，在【插入点】选项区域中确认当前坐标 X、Y、Z 均为 0，然后单击【确定】按钮，将外部参照文件 Ref1.dwg 插入到文档中。

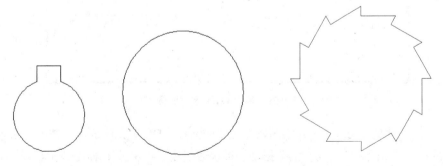

图 9-26　外部参照文件 Ref1.dwg、Ref2.dwg 和 Ref3.dwg

(4) 重复步骤(2)~(3)，将外部参照文件 Ref2.dwg 插入到文档中，结果 9-27 所示。

(5) 重复步骤(2)~(3)，将外部参照文件 Ref3.dwg 插入到文档中，结果 9-28 所示。

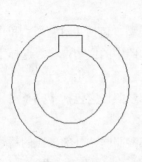
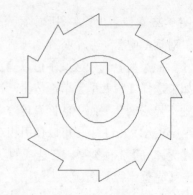

图 9-27　插入参照文件 Ref2.dwg 后的效果　　　图 9-28　插入参照文件 Ref3.dwg 后的效果

⑨.3.2　插入 DWG、DWF、DGN 参考底图

　　AutoCAD 2011 提供了插入 DWG、DWF、DGN 参考底图的功能，该类功能和附着外部参照功能相同，用户可以在快速访问工具栏选择【显示菜单栏】命令，在弹出的菜单中选择【插入】菜单中的相关命令。如图 9-29 所示在文档中插入 DWF 格式的外部参照文件。

　　DWF 格式文件是一种从 DWG 文件创建的高度压缩的文件格式，DWF 文件易于在 Web 上发布和查看。DWF 文件是基于矢量的格式创建的压缩文件。用户打开和传输压缩的 DWF 文件的速度要比 AutoCAD 的 DWG 格式图形文件快。此外，DWF 文件支持实时平移和缩放以及对图层显示和命名视图显示的控制。

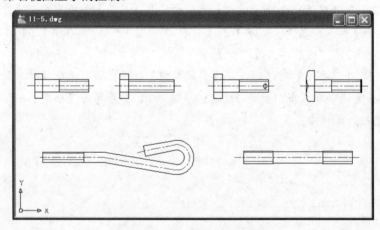

图 9-29　插入 DWF 参考底图

　　DGN 格式文件是 MicroStation 绘图软件生成的文件，DGN 文件格式对精度、层数以及文件和单元的大小是不限制的，其中的数据是经过快速优化、校验并压缩到 DGN 文件中，这样更加有利于节省网络带宽和存储空间。

⑨.3.3　管理外部参照

在 AutoCAD 2011 中，用户可以在【外部参照】选项板中对外部参照进行编辑和管理。单击选项板上方的【附着】按钮 可以添加不同格式的外部参照文件；在选项板下方的外部参照列表框中显示当前图形中各个外部参照文件名称；选择任意一个外部参照文件后，在下方【详细信息】选项区域中显示该外部参照的名称、加载状态、文件大小、参照类型、参照日期及参照文件的存储路径等内容。

单击选项板右上方的【列表图】或【树状图】按钮，可以设置外部参照列表框以何种形式显示。单击【列表图】按钮 可以以列表形式显示，如图 9-30 所示；单击【树状图】按钮 可以以树形显示，如图 9-31 所示。

图 9-30　以列表形式显示外部参照列表框　　图 9-31　以树状图形显示外部参照列表框

当附着多个外部参照后，在外部参照列表框中的文件上右击，将弹出如图 9-32 所示的快捷菜单。在菜单上选择不同的命令可以对外部参照进行相关操作，下面详细介绍每个命令选项的含义。

图 9-32　管理外部参照文件

- ◉　【打开】命令：单击该按钮可在新建窗口中打开选定的外部参照进行编辑。在【外部参照管理器】对话框关闭后，显示新建窗口。

- ◉ 【附着】命令：单击该按钮可打开【选择参照文件】对话框，在该对话框中可以选择需要插入到当前图形中的外部参照文件。
- ◉ 【卸载】命令：单击该按钮可从当前图形中移走不需要的外部参照文件，但移走后仍保留该参照文件的路径，当希望再次参照该图形时，单击对话框中的【重载】按钮即可。
- ◉ 【重载】命令：单击该按钮可在不退出当前图形的情况下，更新外部参照文件。
- ◉ 【拆离】命令：单击该按钮可从当前图形中移去不再需要的外部参照文件。

9.3.4 参照管理器

AutoCAD 图形可以参照多种外部文件，包括图形、文字字体、图像和打印配置。这些参照文件的路径保存在每个 AutoCAD 图形中。有时可能需要将图形文件或它们参照的文件移动到其他文件夹或其他磁盘驱动器中，这时就需要更新保存的参照路径。

Autodesk 参照管理器提供了多种工具，列出了选定图形中的参照文件，可以修改保存的参照路径而不必打开 AutoCAD 中的图形文件。选择【开始】|【程序】| Autodesk | AutoCAD 2011 |【参照管理器】命令，打开【参照管理器】窗口，可以在其中对参照文件进行处理，也可以设置参照管理器的显示形式，如图 9-33 所示。

图 9-33　【参照管理器】窗口

9.4 使用 AutoCAD 设计中心

AutoCAD 设计中心(AutoCAD DesignCenter, 简称 ADC)为用户提供了一个直观且高效的工具，它与 Windows 资源管理器类似。在快速访问工具栏选择【显示菜单栏】命令，在弹出的菜单中选择【工具】|【选项板】|【设计中心】命令，可以打开【设计中心】选项板，如图 9-34 所示。

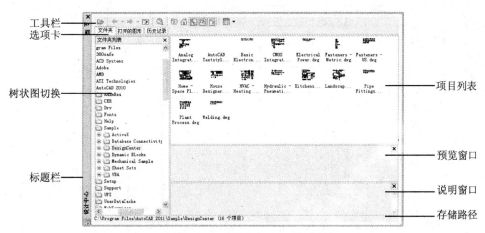

图 9-34　【设计中心】选项板

9.4.1　AutoCAD 设计中心的功能

在 AutoCAD 2011 中，使用 AutoCAD 设计中心可以完成如下工作。

- 创建对频繁访问的图形、文件夹和 Web 站点的快捷方式。
- 根据不同的查询条件在本地计算机和网络上查找图形文件，找到后可以将它们直接加载到绘图区或设计中心。
- 浏览不同的图形文件，包括当前打开的图形和 Web 站点上的图形库。
- 查看块、图层和其他图形文件的定义并将这些图形定义插入到当前图形文件中。
- 通过控制显示方式来控制设计中心控制板的显示效果，还可以在控制板中显示与图形文件相关的描述信息和预览图像。

9.4.2　观察图形信息

AutoCAD 设计中心选项板包含一组工具按钮和选项卡，使用它们可以选择和观察设计中心中的图形。

- 【文件夹】选项卡：显示设计中心的资源，可以将设计中心的内容设置为本计算机的桌面，或是本地计算机的资源信息，也可以是网上邻居的信息(参见图 9-34 所示)。
- 【打开的图形】选项卡：显示在当前 AutoCAD 环境中打开的所有图形，其中包括最小化的图形。此时单击某个文件图标，就可以看到该图形的有关设置，如图层、线型、文字样式、块及尺寸样式等，如图 9-35 所示。
- 【历史记录】选项卡：显示最近访问过的文件，包括这些文件的完整路径，如图 9-36 所示。

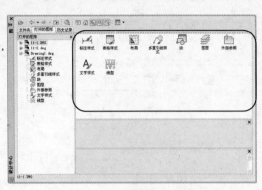 

图 9-35 【打开的图形】选项卡　　　　　　　　图 9-36 【历史记录】选项卡

- ⊙ 【树状图切换】按钮📑：单击该按钮，可以显示或隐藏树状视图。
- ⊙ 【收藏夹】按钮🌸：单击该按钮，可以在【文件夹列表】中显示 Favorites/Autodesk 文件夹(在此称为收藏夹)中的内容，同时在树状视图中反向显示该文件夹。可以通过收藏夹来标记存放在本地硬盘、网络驱动器或 Internet 网页上常用的文件，如图 9-37 所示。

图 9-37 AutoCAD 设计中心的收藏夹

- ⊙ 【加载】按钮📂：单击该按钮，将打开【加载】对话框，使用该对话框可以从 Windows 的桌面、收藏夹或通过 Internet 加载图形文件。
- ⊙ 【预览】按钮🖼：单击该按钮，可以打开或关闭预览窗格，以确定是否显示预览图像。打开预览窗格后，单击控制板中的图形文件，如果该图形文件包含预览图像，则在预览窗格中显示该图像。如果选择的图形中不包含预览图像，则预览窗格为空。也可以通过拖动鼠标的方式改变预览窗格的大小。
- ⊙ 【说明】按钮📄：打开或关闭说明窗格，以确定是否显示说明内容。打开说明窗格后，单击控制板中的图形文件，如果该图形文件包含有文字描述信息，则在说明窗格中显示出图形文件的文字描述信息。如果图形文件没有文字描述信息，则说明窗格为空。可以通过拖动鼠标的方式来改变说明窗格的大小。
- ⊙ 【视图】按钮📊▼：用于确定控制板所显示内容的显示格式。单击该按钮将弹出一快捷菜单，可从中选择显示内容的显示格式。

计算机 基础与实训教材系列

● 【搜索】按钮：用于快速查找对象。单击该按钮，将打开【搜索】对话框，如图 9-38 所示。可使用该对话框，快速查找诸如图形、块、图层及尺寸样式等图形内容或设置。

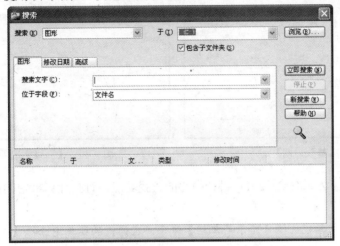

图 9-38 【搜索】对话框

计算机 基础与实训教材系列

⑨.4.3 在"设计中心"中查找内容

使用 AutoCAD 设计中心的查找功能，可通过【搜索】对话框快速查找诸如图形、块、图层及尺寸样式等图形内容或设置。

在【搜索】对话框中，可以设置条件来缩小搜索范围，或者搜索块定义说明中的文字和其他任何【图形属性】对话框中指定的字段。例如，如果不记得将块保存在图形中还是保存为单独的图形，则可以选择搜索图形和块。

当在【查找】下拉列表中选择的对象不同时，对话框中显示的选项卡也将不同。例如，当选择了【图形】选项时，【搜索】对话框中将包含以下 3 个选项卡，可以在每个选项卡中设置不同的搜索条件。

● 【图形】选项卡：使用该选项卡可提供按【文件名】、【标题】、【主题】、【作者】或【关键字】查找图形文件的条件，如图 9-38 所示。

● 【修改日期】选项卡：指定图形文件创建或上一次修改的日期或指定日期范围。默认情况下不指定日期，如图 9-39 所示。

● 【高级】选项卡：指定其他搜索参数，如图 9-40 所示。例如，可以输入文字进行搜索，查找包含特定文字的块定义名称、属性或图形说明。还可以在该选项卡中指定搜索文件的大小范围。例如，如果在【大小】下拉列表中选择【至少】选项，并在其后的文本框中输入 50，则表示查找大小为 50KB 以上的文件。

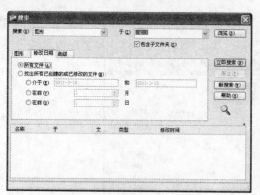

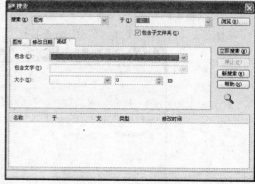

图 9-39   【修改日期】选项卡   图 9-40   【高级】选项卡

【例 9-7】使用 AutoCAD 2011 设计中心的查找功能，查找计算机中的图形文件 House Designer.dwg。

(1) 在快速访问工具栏选择【显示菜单栏】命令，在弹出的菜单中选择【工具】|【选项板】|【设计中心】命令，打开【设计中心】选项板

(2) 在工具栏中单击【搜索】按钮 ，打开【搜索】对话框。

(3) 在【搜索】下拉列表框中选择【图形】选项，在【于】下拉列表框中选择需要搜索的范围，如【我的电脑】。

(4) 在【图形】选项卡的【搜索文字】文本框中输入需要查找的图形文件 House Designer.dwg，再在【位于字段】下拉列表框中选择【文件名】选项。

(5) 单击【立即搜索】按钮，系统开始搜索并在下方对话框中显示搜索结果。

⑨.4.4　使用设计中心的图形

使用 AutoCAD 设计中心，可以方便地在当前图形中插入块，引用光栅图像及外部参照，在图形之间复制块、复制图层、线型、文字样式、标注样式以及用户定义的内容等。

1. 插入块

插入块时，用户可以选择在插入时是自动换算插入比例，还是在插入时确定插入点、插入比例和旋转角度。

如果采用【插入时自动换算插入比例】方法，可以从设计中心窗口中选择要插入的块，并拖到绘图窗口，移到插入位置时释放鼠标，即可实现块的插入。系统将按在【选项】对话框的【用户系统配置】选项卡中确定的单位，自动转换插入比例。

如果采用【在插入时确定插入点、插入比例和旋转角度】方法，可以在设计中心窗口中选择要插入的块，然后用鼠标右键将该块拖到绘图窗口后释放鼠标，此时将弹出一个快捷菜单，选择【插入块】命令。打开【插入】对话框，可以利用插入块的方法，确定插入点、插入比例及旋转角度。

2. 引用外部参照

从 AutoCAD 设计中心选项板中选择外部参照，用鼠标右键将其拖到绘图窗口后释放，将弹出一个快捷菜单，选择【附着为外部参照】子命令，打开【外部参照】对话框，可以在其中确定插入点、插入比例及旋转角度。

3. 在图形中复制图层、线型、文字样式、尺寸样式、布局及块等

在绘图过程中，一般将具有相同特征的对象放在同一个图层上。利用 AutoCAD 设计中心，可以将图形文件中的图层复制到新的图形文件中。这样一方面节省了时间，另一方面也保持了不同图形文件结构的一致性。

在 AutoCAD 设计中心选项板中，选择一个或多个图层，然后将它们拖到打开的图形文件后松开鼠标按键，即可将图层从一个图形文件复制到另一个图形文件。

9.5　上机练习

综合运用创建和插入块的功能，先创建一个螺钉块，然后将其插入到绘制好的零件图形中。其中螺钉图形如图 9-41 所示，零件图形如图 9-42 所示。

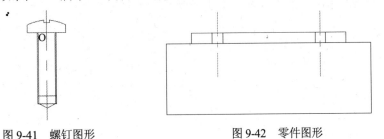

图 9-41　螺钉图形　　　　　　　图 9-42　零件图形

(1) 综合使用绘图工具在绘图文档中绘制如图 9-41 所示的螺钉图形。

(2) 在快速访问工具栏选择【显示菜单栏】命令，在弹出的菜单中选择【绘图】|【块】|【创建】命令，打开【块定义】对话框。

(3) 在【名称】文本框中输入块的名称为 bolt。在【基点】选项区域中单击【拾取点】按钮，然后单击图形点 O，确定基点位置。

(4) 在【对象】选项区域中选择【保留】单选按钮，再单击【选择对象】按钮，切换到绘图窗口，使用窗口选择方法选择所有图形，然后按 Enter 键返回【块定义】对话框。

(5) 在【块单位】下拉列表中选择【毫米】选项，将单位设置为毫米。在【说明】文本框中输入对图块的说明【螺钉】。设置完毕，单击【确定】按钮保存设置。

(6) 打开如图 9-42 所示的零件图形，在快速访问工具栏选择【显示菜单栏】命令，在弹出的菜单中选择【插入】|【块】命令，打开【插入】对话框。

(7) 在【名称】下拉列表框中选择 bolt，在【插入点】选项区域中选中【在屏幕上指定】复选框。

(8) 在【缩放比例】选项区域中选中【统一比例】复选框，并在 X 文本框中输入 0.8。

(9) 设置完毕后，单击【确定】按钮返回到绘图区。

(10) 在绘图区的零件图形的螺钉孔处插入螺钉块，效果如图 9-43 所示。

(11) 然后使用同样方法插入另一个螺钉块，效果如图 9-44 所示。

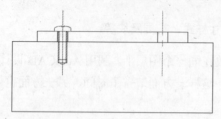

图 9-43　插入第一个螺钉块

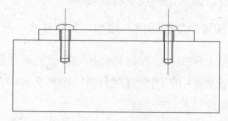

图 9-44　插入第二个螺钉块

(12) 在快速访问工具栏选择【显示菜单栏】命令，在弹出的菜单中选择【修改】|【修剪】命令，裁剪图形中的多余线条，效果如图 9-45 所示。

(13) 在快速访问工具栏选择【显示菜单栏】命令，在弹出的菜单中选择【绘图】|【图案填充】命令，给零件图形填充如图 9-46 所示的剖面线，并设置剖面的角度分别为 0° 和 90°，比例均为 1。

(14) 此时图形绘制完毕，最终效果如图 9-46 所示。

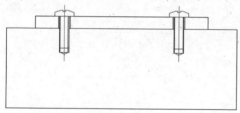

图 9-45　裁剪图形

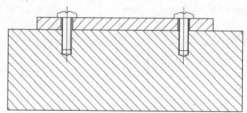

图 9-46　填充剖面线

⑨.6　习题

1. 绘制如图 9-47 所示的图形，并将其定义成块(块名为 MyDrawing)，然后在图形中以不同的比例、旋转角度插入该块。

2. 为下面的图形添加标题属性【轴类零件图】，并将其定义为块，结果如图 9-48 所示。

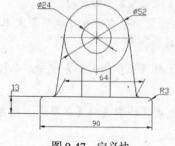

图 9-47　定义块

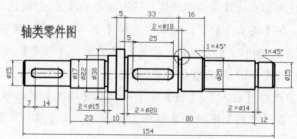

图 9-48　为块添加属性

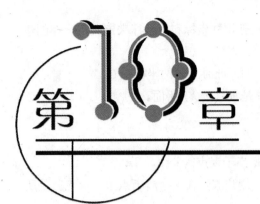

第10章

绘制三维图形

学习目标

在工程设计和绘图过程中，三维图形应用越来越广泛。AutoCAD 可以利用 3 种方式来创建三维图形，即线架模型方式、曲面模型方式和实体模型方式。线架模型方式为一种轮廓模型，它由三维的直线和曲线组成，没有面和体的特征。曲面模型用面描述三维对象，它不仅定义了三维对象的边界，而且还定义了表面，即具有面的特征。实体模型不仅具有线和面的特征，而且还具有体的特征，各实体对象间可以进行各种布尔运算操作，从而创建复杂的三维实体图形。

本章重点

- ◎ 三维绘图术语和坐标系
- ◎ 视图观测点的设立方法
- ◎ 绘制三维点和曲线
- ◎ 绘制三维网格
- ◎ 绘制三维实体
- ◎ 通过二维对象创建三维对象

10.1 三维绘图术语和坐标系

在 AutoCAD 中，要创建和观察三维图形，就一定要使用三维坐标系和三维坐标。因此，了解并掌握三维坐标系，树立正确的空间观念，是学习三维图形绘制的基础。

10.1.1 了解三维绘图的基本术语

三维实体模型需要在三维实体坐标系下进行描述，在三维坐标系下，可以使用直角坐标或极坐标方法来定义点。此外，在绘制三维图形时，还可使用柱坐标和球坐标来定义点。在创建三维实体模型前，应先了解下面的一些基本术语。

- ◉ *XY* 平面：它是 *X* 轴垂直于 *Y* 轴组成的一个平面，此时 *Z* 轴的坐标是 0。
- ◉ *Z* 轴：*Z* 轴是一个三维坐标系的第三轴，它总是垂直于 *XY* 平面。
- ◉ 高度：高度主要是 *Z* 轴上坐标值。
- ◉ 厚度：主要是 *Z* 轴的长度。
- ◉ 相机位置：在观察三维模型时，相机的位置相当于视点。
- ◉ 目标点：当用户眼睛通过照相机看某物体时，用户聚焦在一个清晰点上，该点就是所谓的目标点。
- ◉ 视线：假想的线，它是将视点和目标点连接起来的线。
- ◉ 和 *XY* 平面的夹角：即视线与其在 *XY* 平面的投影线之间的夹角。
- ◉ *XY* 平面角度：即视线在 *XY* 平面的投影线与 *X* 轴之间的夹角。

⑩.1.2　建立三维绘图坐标系

前面第 2 章已经详细介绍了平面坐标系的使用方法，其所有变换和使用方法同样适用于三维坐标系。例如，在三维坐标系下，同样可以使用直角坐标或极坐标方法来定义点。此外，在绘制三维图形时，还可使用柱坐标和球坐标来定义点。

1. 柱坐标

柱坐标使用 *XY* 平面的角和沿 *Z* 轴的距离来表示，如图 10-1 所示，其格式如下：

- ◉ *XY* 平面距离<*XY* 平面角度，*Z* 坐标(绝对坐标)。
- ◉ @*XY* 平面距离<*XY* 平面角度，*Z* 坐标(相对坐标)。

2. 球坐标

球坐标系具有 3 个参数：点到原点的距离、在 *XY* 平面上的角度和 *XY* 平面的夹角(如图 10-2 所示)，其格式如下：

- ◉ *XYZ* 距离<*XY* 平面角度<和 *XY* 平面的夹角(绝对坐标)。
- ◉ @*XYZ* 距离<*XY* 平面角度<和 *XY* 平面的夹角(相对坐标)。

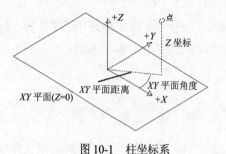

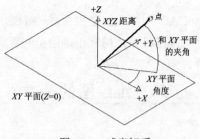

图 10-1　柱坐标系　　　　　　　　图 10-2　球坐标系

10.2　设置视点

　　视点是指观察图形的方向。例如，绘制三维球体时，如果使用平面坐标系即 Z 轴垂直于屏幕，此时仅能看到该球体在 *XY* 平面上的投影；如果调整视点至东南等轴测视图，将看到的是三维球体，如图 10-3 所示。

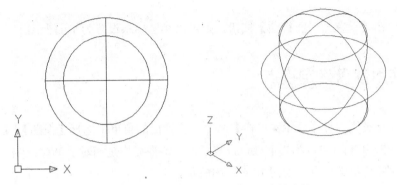

图 10-3　在平面坐标系和三维视图中的球体

　　在 AutoCAD 中，可以使用视点预置、视点命令等多种方法来设置视点。

10.2.1　使用"视点预置"对话框设置视点

　　在快速访问工具栏选择【显示菜单栏】命令，在弹出的菜单中选择【视图】|【三维视图】|【视点预设】命令(DDVPOINT)，如图 10-4 所示，打开【视点预设】对话框，如图 10-5 所示，为当前视口设置视点。

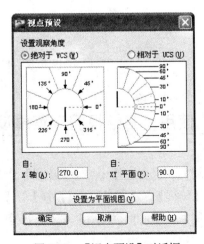

图 10-4　选择【视点预设】命令　　　　　　　　图 10-5　【视点预设】对话框

默认情况下，观察角度是绝对于 WCS 坐标系的。选择【相对于 UCS】单选按钮，则可设置相对于 UCS 坐标系的观察角度。

无论是相对于哪种坐标系，用户都可以直接单击对话框中的坐标图来获取观察角度，或是在【X 轴】、【XY 平面】文本框中输入角度值。其中，对话框中的左图用于设置原点和视点之间的连线在 XY 平面的投影与 X 轴正向的夹角；右面的半圆形图用于设置该连线与投影线之间的夹角。

此外，若单击【设置为平面视图】按钮，则可以将坐标系设置为平面视图。

⑩.2.2　使用罗盘确定视点

在快速访问工具栏选择【显示菜单栏】命令，在弹出的菜单中选择【视图】|【三维视图】|【视点】命令(VPOINT)，可以为当前视口设置视点。该视点均是相对于 WCS 坐标系的，可通过屏幕上显示的罗盘定义视点，如图 10-6 左图所示。

在图 10-6 左图所示的坐标球和三轴架中，三轴架的 3 个轴分别代表 X、Y 和 Z 轴的正方向。当光标在坐标球范围内移动时，三维坐标系通过绕 Z 轴旋转可调整 X、Y 轴的方向。坐标球中心及两个同心圆可定义视点和目标点连线与 X、Y、Z 平面的角度。例如，图 10-3 绘制的球体使用罗盘定义视点后的效果如图 10-6 右图所示。

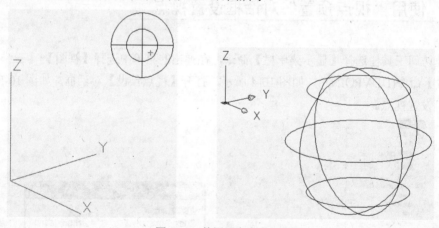

图 10-6　使用罗盘定义视点

⑩.2.3　使用"三维视图"菜单设置视点

在快速访问工具栏选择【显示菜单栏】命令，在弹出的菜单中选择【视图】|【三维视图】子菜单中的【俯视】、【仰视】、【左视】、【右视】、【主视】、【后视】、【西南等轴测】、【东南等轴测】、【东北等轴测】和【西北等轴测】命令，可以从多个方向来观察图形，如图 10-7 所示。

图 10-7　【三维视图】菜单

10.3　绘制三维点和曲线

在 AutoCAD 中，用户可以使用点、直线、样条曲线、三维多段线及三维网格等命令绘制简单的三维图形。

10.3.1　绘制三维点

在【功能区】选项板中选择【常用】选项卡，在【绘图】面板中单击【单点】按钮，或在快速访问工具栏选择【显示菜单栏】命令，在弹出的菜单中选择【绘图】|【点】|【单点】命令，都可在命令行中直接输入三维坐标绘制三维点。

由于三维图形对象上的一些特殊点，如交点、中点等不能通过输入坐标的方法来实现，可以采用三维坐标下的目标捕捉法来拾取点。

二维图形方式下的所有目标捕捉方式在三维图形环境中可以继续使用。不同之处在于，在三维环境下只能捕捉三维对象的顶面和底面(也即平行与 XY 平面的面)的一些特殊点，而不能捕捉柱体等实体侧面的特殊点(即在柱状体侧面竖线上无法捕捉目标点)，因为柱体的侧面上的竖线只是帮助显示的模拟曲线。在三维对象的平面视图中也不能捕捉目标点，因为在顶面上的任意一点都对应着底面上的一点，此时的系统无法辨别所选的点究竟在哪个面上。

10.3.2 绘制三维直线和三维多段线

在二维平面绘图中，两点决定一条直线。同样，在三维空间中，也是通过指定两个点来绘制三维直线。

例如，要在视图方向 VIEWDIR 为(3, -2,1)的视图中，绘制过点(0,0,0)和点(1,1,1)的三维直线，可在【功能区】选项板中选择【常用】选项卡，在【绘图】面板中单击【直线】按钮 ，然后输入这两个点坐标即可，如图 10-8 所示。

在二维坐标系下，在【功能区】选项板中选择【常用】选项卡，在【绘图】面板中单击【多段线】按钮 ，可以绘制多段线，此时可以设置各段线条的宽度和厚度，但它们必须共面。在三维坐标系下，多段线的绘制过程和二维多段线基本相同，但其使用的命令不同，并且在三维多段线中只有直线段，没有圆弧段。在【功能区】选项板中选择【常用】选项卡，在【绘图】面板中单击【三维多段线】按钮 ，或在快速访问工具栏选择【显示菜单栏】命令，在弹出的菜单中选择【绘图】|【三维多段线】命令(3DPOLY)，此时命令行提示依次输入不同的三维空间点，以得到一个三维多段线。例如，经过点(40,0,0)、(0,0,0)、(0,60,0)和(0,60,30)绘制的三维多段线如图 10-9 所示。

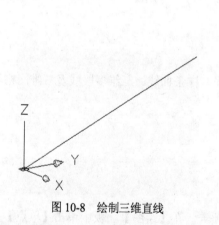

图 10-8 绘制三维直线

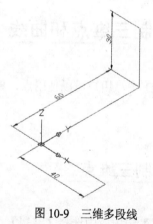

图 10-9 三维多段线

10.3.3 绘制三维样条曲线和三维弹簧

在三维坐标系下，在【功能区】选项板中选择【常用】选项卡，在【绘图】面板中单击【样条曲线】按钮 ，或在快速访问工具栏选择【显示菜单栏】命令，在弹出的菜单中选择【绘图】|【样条曲线】命令，可以绘制三维样条曲线，这时定义样条曲线的点不是共面点，而是三维空间点。例如，经过点(0,0,0)、(10,10,10)、(0,0,20)、(-10,-10,30)、(0,0,40)、(10,10,50)和(0,0,60)绘制的三维样条曲线如图 10-10 所示。

同样，在【功能区】选项板中选择【常用】选项卡，在【绘图】面板中单击【螺旋】按钮 ，或在快速访问工具栏选择【显示菜单栏】命令，在弹出的菜单中选择【绘图】|【螺旋】命令，

可以绘制三维螺旋线，如图 10-11 所示。当分别指定了螺旋线底面的中心点、底面半径(或直径)和顶面半径(或直径)后，命令行显示如下提示。

指定螺旋高度或 [轴端点(A)/圈数(T)/圈高(H)/扭曲(W)] <2.0000>:

在该命令提示下，可以直接输入螺旋线的高度来绘制螺旋线。也可以选择【轴端点(A)】选项，通过指定轴的端点，绘制出以底面中心点到该轴端点的距离为高度的螺旋线；选择【圈数(T)】选项，可以指定螺旋线的螺旋圈数，默认情况下，螺旋圈数为 3，当指定了螺旋圈数后，仍将显示上述提示信息，可以进行其他参数设置；选择【圈高(H)】选项，可以指定螺旋线各圈之间的间距；选择【扭曲(W)】选项，可以指定螺旋线的扭曲方式是【顺时针(CW)】还是【逆时针(CCW)】。

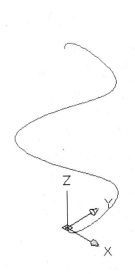

图 10-10　样条曲线

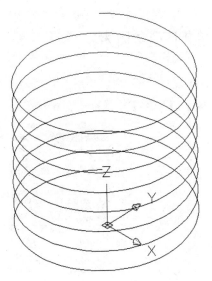

图 10-11　螺旋线

【例 10-1】绘制如图 10-11 所示的螺旋线，其中，底面中心为(0,0,0)，底面半径为 100，顶面半径为 100，高度为 200，顺时针旋转 8 圈。

(1) 在快速访问工具栏选择【显示菜单栏】命令，在弹出的菜单中选择【视图】|【三维视图】|【东南等轴测】命令，切换到三维东南等轴测视图。

(2) 在【功能区】选项板中选择【常用】选项卡，在【绘图】面板中单击【螺旋】按钮，绘制螺旋线。

(3) 在命令行的【指定底面的中心点:】提示信息下输入(0,0,0)，指定螺旋线底面的中心点坐标。

(4) 在命令行的【指定底面半径或 [直径(D)] <1.0000>:】提示信息下输入 100，指定螺旋线底面的半径。

(5) 在命令行的【指定顶面半径或 [直径(D)] <100.0000>:】提示信息下输入 100，指定螺旋线顶面的半径。

计算机基础与实训教材系列

(6) 在命令行的【指定螺旋高度或 [轴端点(A)/圈数(T)/圈高(H)/扭曲(W)] <1.0000>:】提示信息下输入 T，以设置螺旋线的圈数。

(7) 在命令行的【输入圈数 <3.0000>: 】提示信息下输入 8，指定螺旋线的圈数为 8。

(8) 在命令行的【指定螺旋高度或 [轴端点(A)/圈数(T)/圈高(H)/扭曲(W)] <1.0000>:】提示信息下输入 W，以设置螺旋线的扭曲方向。

(9) 在命令行的【输入螺旋的扭曲方向 [顺时针(CW)/逆时针(CCW)] <CCW>: 】提示信息下输入 CW，指定螺旋线的扭曲方向为顺时针。

(10) 在命令行的【指定螺旋高度或 [轴端点(A)/圈数(T)/圈高(H)/扭曲(W)] <1.0000>:】提示信息下输入 200，指定螺旋线的高度。此时绘制的螺旋线效果如图 10-10 所示。

10.4 绘制三维网格

在 AutoCAD 2011 中，在快速访问工具栏选择【显示菜单栏】命令，在弹出的菜单中选择【绘图】|【建模】|【网格】中的命令，可以绘制三维网格，如图 10-12 所示。

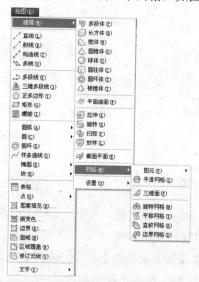

图 10-12 绘制三维网格的工具和菜单命令

10.4.1 绘制二维填充图形

在命令行中输入【二维填充】命令(SOLID)，可以绘制三角形和四边形的有色填充区域。

绘制三角形填充区域时，需要在命令行提示下依次指定三角形的 3 个角点，然后按下 Enter 键直到退出命令即可，结果如图 10-13 所示。

绘制四边形填充区域时，应注意点的排列顺序，如果第 3 点和第 4 点的顺序不同，得到的图形形状也将不同，如图 10-14 所示。

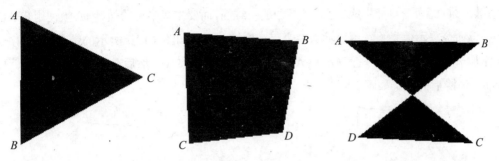

图 10-13 绘制三角形填充区域　　　　图 10-14 第 3 点和第 4 点顺序将影响图形的形状

10.4.2 绘制三维面与多边三维面

在快速访问工具栏选择【显示菜单栏】命令，在弹出的菜单中选择【绘图】|【建模】|【网格】|【三维面】命令(3DFACE)，可以绘制三维面。三维面是三维空间的表面，它没有厚度，也没有质量属性。由【三维面】命令创建的每个面的各顶点可以有不同的 Z 坐标，但构成各个面的顶点最多不能超过 4 个。如果构成面的 4 个顶点共面，消隐命令认为该面是不透明的，可以消隐。反之，消隐命令对其无效。

【例 10-2】绘制如图 10-15 所示的图形。

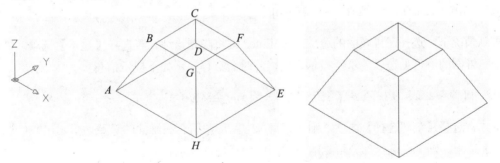

图 10-15 三维面线框图形及其消隐后的效果

(1) 在快速访问工具栏选择【显示菜单栏】命令，在弹出的菜单中选择【视图】|【三维视图】|【东南等轴测】命令，切换到三维东南等轴测视图。

(2) 在快速访问工具栏选择【显示菜单栏】命令，在弹出的菜单中选择【绘图】|【建模】|【网格】|【三维面】命令(3DFACE)，发出绘制三维面命令。

(3) 在命令行提示下，依次输入三维面上的点坐标 $A(60,40,0)$、$B(80,60,40)$、$C(80,100,40)$、$D(60,120,0)$、$E(140,120,0)$、$F(120,100,40)$、$G(120,60,40)$、$H(140,40,0)$、$A(60,40,0)$、$B(80,60,40)$，最后按 Enter 键结束命令，结果如图 10-15 左图所示。

(4) 在快速访问工具栏选择【显示菜单栏】命令，在弹出的菜单中选择【视图】|【消隐】

命令，结果如同 11-15 右图所示。

使用【三维面】命令只能生成 3 条或 4 条边的三维面,而要生成多边曲面,则必须使用 PFACE 命令。在该命令提示信息下,可以输入多个点。例如,要在如图 10-16 所示的带有厚度的正六边形上添加一个面,可在命令行输入 PFACE,并依次单击点 1~6,然后在命令行依次输入顶点编号 1~6,消隐后的效果如图 10-17 所示。

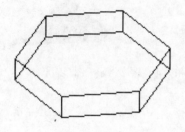

图 10-16　原始图形

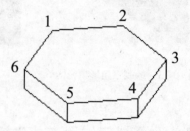

图 10-17　添加三维多重面并消隐后的效果

⑩.4.3　控制三维面的边的可见性

在命令行中输入【边】命令(EDGE),可以修改三维面的边的可见性。执行该命令时,命令行显示如下提示信息:

指定要切换可见性的三维表面的边或 [显示(D)]:

默认情况下,选择三维表面的边后,按 Enter 键将隐藏该边。若选择【显示】选项,则可以选择三维面的不可见边以便重新显示它们,此时命令行显示如下提示信息:

输入用于隐藏边显示的选择方法 [选择(S)/全部选择(A)] <全部选择>:

其中,选择【全部选择】选项,则可以将选中图形中所有三维面的隐藏边显示出来;选择【选择】选项,则可以选择部分可见的三维面的隐藏边并显示它们。

例如,在图 10-15 中,要隐藏 AD、DE、DC 边,可在命令行中输入【边】命令(EDGE),然后依次单击这些边,最后按 Enter 键,结果如图 10-18 所示。

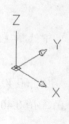
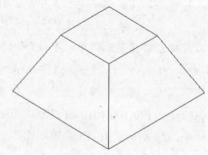

图 10-18　隐藏边

如果要使三维面的边再次可见，可以再次使用【边】命令，然后用定点设备(如鼠标)选定每条边即可显示它。系统将自动显示【对象捕捉】标记和【捕捉模式】，指示在每条可见边的外观捕捉位置。

⑩.4.4　绘制三维网格

在命令行中输入【三维网格】命令(3DMESH)，可以根据指定的 M 行 N 列个顶点和每一顶点的位置生成三维空间多边形网格。M 和 N 的最小值为 2，表明定义多边形网格至少要 4 个点，其最大值为 256。

例如，要绘制如图 10-19 所示的 4×4 网格，可在命令行中输入【三维网格】命令(3DMESH)，并设置 M 方向上的网格数量为 4，N 方向上的网格数量为 4，然后依次指定 16 个顶点的位置。如果选择【修改】|【对象】|【多段线】命令，则可以编辑绘制的三维网格。其中，若选择该命令的【平滑曲面】选项，则可以将该三维网格转化为平滑曲面，效果如图 10-20 所示。

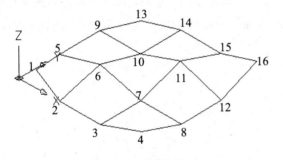

图 10-19　绘制网格

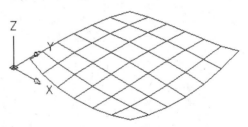

图 10-20　对三维网格进行平滑处理后的效果

⑩.4.5　绘制旋转网格

在快速访问工具栏选择【显示菜单栏】命令，在弹出的菜单中选择【绘图】|【建模】|【网格】|【旋转网格】命令(REVSURF)，可以将曲线绕旋转轴旋转一定的角度，形成旋转网格。

例如，当系统变量 SURFTAB1=40、SURFTAB2=30 时，将图 10-21 中左图的样条曲线绕直线旋转 360° 后，将得到图 10-21 右图所示的效果。其中，旋转方向的分段数由系统变量 SURFTAB1 确定，旋转轴方向的分段数由系统变量 SURFTAB2 确定。

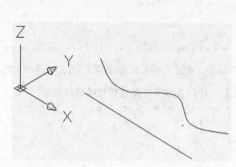
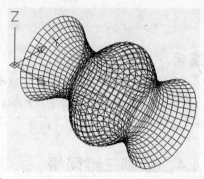

图 10-21　旋转网格

10.4.6　绘制平移网格

在快速访问工具栏选择【显示菜单栏】命令，在弹出的菜单中选择【绘图】|【建模】|【网格】|【平移网格】命令(TABSURF)，可以将路径曲线沿方向矢量进行平移后构成平移曲面，如图 10-22 所示。这时可在命令行的【选择用作轮廓曲线的对象:】提示下选择曲线对象，在【选择用作方向矢量的对象:】提示信息下选择方向矢量。当确定了拾取点后，系统将向方向矢量对象上远离拾取点的端点方向创建平移曲面。平移曲面的分段数由系统变量 SURFTAB1 确定。

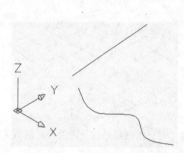
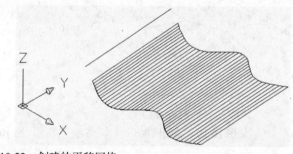

图 10-22　创建的平移网格

10.4.7　绘制直纹网格

在快速访问工具栏选择【显示菜单栏】命令，在弹出的菜单中选择【绘图】|【建模】|【网格】|【直纹网格】命令(RULESURF)，可以在两条曲线之间用直线连接从而形成直纹网格。这时可在命令行的【选择第一条定义曲线:】提示信息下选择第一条曲线，在命令行的【选择第二条定义曲线:】提示信息下选择第二条曲线。

例如，对图 10-23 左图中的样条曲线和直线使用【直纹网格】命令，将得到图 10-23 右图所示的效果。

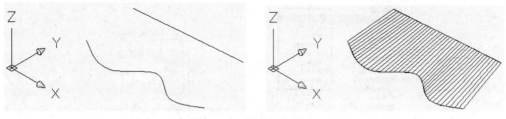

图 10-23 创建直纹曲面

10.4.8 绘制边界网格

在快速访问工具栏选择【显示菜单栏】命令，在弹出的菜单中选择【绘图】|【建模】|【网格】|【边界网格】命令(EDGESURF)，可以使用 4 条首尾连接的边创建三维多边形网格。这时可在命令行的【选择用作曲面边界的对象 1:】提示信息下选择第一条曲线，在命令行的【选择用作曲面边界的对象 2:】提示信息下选择第二条曲线，在命令行的【选择用作曲面边界的对象 3:】提示信息下选择第三条曲线，在命令行的【选择用作曲面边界的对象 4:】提示信息下选择第四条曲线。

例如，通过对图 10-24 左图中的边界曲线使用【边界网格】命令，将得到图 10-24 右图所示的效果。

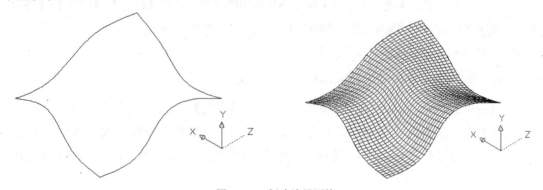

图 10-24 创建边界网格

10.5 绘制三维实体

在 AutoCAD 中，最基本的实体对象包括多段体、长方体、楔体、圆锥体、球体、圆柱体、圆环体及棱锥面，可以在【功能区】选项板中选择【常用】选项卡，在【建模】面板中单击相应的按钮，或在快速访问工具栏选择【显示菜单栏】命令，在弹出的菜单中选择【绘图】|【建模】子命令来创建，如图 10-25 所示。

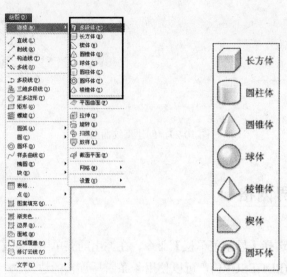

图 10-25　创建基本实体对象的命令和工具

⑩.5.1　绘制多段体

在【功能区】选项板中选择【常用】选项卡，在【建模】面板中单击【多段体】按钮，
或在快速访问工具栏选择【显示菜单栏】命令，在弹出的菜单中选择【绘图】|【建模】|【多段
体】命令(POLYSOLID)，可以创建三维多段体。

绘制多段体时，命令行显示如下提示信息。

> 指定起点或 [对象(O)/高度(H)/宽度(W)/对正(J)] <对象>:

选择【高度】选项，可以设置多段体的高度；选择【宽度】选项，可以设置多段体的宽度；
选择【对正】选项，可以设置多段体的对正方式，如左对正、居中和右对正，默认为居中对正。
当设置了高度、宽度和对正方式后，可以通过指定点来绘制多段体，也可以选择【对象】选项
将图形转换为多段体。

【例 10-3】绘制如图 10-26 所示的管状多段体。

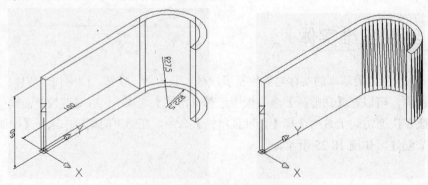

图 10-26　多段体及其消隐后的效果

(1) 在快速访问工具栏选择【显示菜单栏】命令，在弹出的菜单中选择【视图】|【三维视图】|【东南等轴测】命令，切换到三维东南等轴测视图。

(2) 在【功能区】选项板中选择【常用】选项卡，在【建模】面板中单击【多段体】按钮，发出绘制三维多段体命令。

(3) 在命令行的【指定起点或 [对象(O)/高度(H)/宽度(W)/对正(J)] <对象>：】提示信息下，输入 H，并在【指定高度 <10.0000>：】提示信息下输入 60，指定三维多段体的高度为 60。

(4) 在命令行的【指定起点或 [对象(O)/高度(H)/宽度(W)/对正(J)] <对象>：】提示信息下，输入 W，并在【指定宽度 <2.0000>：】提示信息下输入 5，指定三维多段体的宽度为 5。

(5) 在命令行的【指定起点或 [对象(O)/高度(H)/宽度(W)/对正(J)] <对象>：】提示信息下，输入 J，并在【输入对正方式 [左对正(L)/居中(C)/右对正(R)] <居中>：】提示信息下输入 C，设置对正方式为居中。

(6) 在命令行的【指定起点或 [对象(O)/高度(H)/宽度(W)/对正(J)] <对象>：】提示信息下指定起点坐标为(0,0)。

(7) 在命令行的【指定下一个点或 [圆弧(A)/放弃(U)]：】提示信息下指定下一点的坐标为(0,100)。

(8) 在命令行的【指定下一个点或 [圆弧(A)/放弃(U)]：】提示信息下输入 A，绘制圆弧。

(9) 在命令行的【指定圆弧的端点或 [闭合(C)/方向(D)/直线(L)/第二个点(S)/放弃(U)]：】提示信息下，输入圆弧端点为(50,100)。

(10) 按 Enter 键结束多段体绘制命令，结果将如图 10-26 所示。

 提示

多段体的绘制方法与二维平面绘图中多段线的绘制方法相同，只是在绘制多段体时，需要指定它的高度、厚度和对正方式。

10.5.2　绘制长方体与楔体

在【功能区】选项板中选择【常用】选项卡，在【建模】面板中单击【长方体】按钮，或在快速访问工具栏选择【显示菜单栏】命令，在弹出的菜单中选择【绘图】|【建模】|【长方体】命令(BOX)，可以绘制长方体，此时命令行显示如下提示。

指定第一个角点或 [中心(C)]:

在创建长方体时，其底面应与当前坐标系的 *XY* 平面平行，方法主要有指定长方体角点和中心两种。

默认情况下，可以根据长方体的某个角点位置创建长方体。当在绘图窗口中指定了一角点后，命令行将显示如下提示。

指定其他角点或 [立方体(C)/长度(L)]:

如果在该命令提示下直接指定另一角点，可以根据另一角点位置创建长方体。当在绘图窗口中指定角点后，如果该角点与第一个角点的Z坐标不一样，系统将以这两个角点作为长方体的对角点创建出长方体。如果第二个角点与第一个角点位于同一高度，系统则需要用户在【指定高度:】提示下指定长方体的高度。

在命令行提示下，选择【立方体(C)】选项，可以创建立方体。创建时需要在【指定长度:】提示下指定立方体的边长；选择【长度(L)】选项，可以根据长、宽、高创建长方体，此时，用户需要在命令提示行下依次指定长方体的长度、宽度和高度值。

在创建长方体时，如果在命令的【指定第一个角点或 [中心(C)]:】提示下选择【中心(C)】选项，则可以根据长方体的中心点位置创建长方体。在命令行的【指定中心:】提示信息下指定了中心点的位置后，将显示如下提示，用户可以参照【指定角点】的方法创建长方体。

指定角点或 [立方体(C)/长度(L)]:

 提示

　　创建的长方体的各边应分别与当前UCS的X轴、Y轴和Z轴平行。在根据长度、宽度和高度创建长方体时，长、宽、高的方向分别与当前UCS的X轴、Y轴和Z轴方向平行。在系统提示中输入长度、宽度及高度时，输入的值可正、可负，正值表示沿相应坐标轴的正方向创建长方体，反之沿坐标轴的负方向创建长方体。

【例10-4】绘制一个200×100×150的长方体，如图10-27所示。

(1) 在快速访问工具栏选择【显示菜单栏】命令，在弹出的菜单中选择【视图】|【三维视图】|【东南等轴测】命令，切换到三维东南等轴测视图。

(2) 在【功能区】选项板中选择【常用】选项卡，在【建模】面板中单击【长方体】按钮，发出长方体绘制命令。

(3) 在命令行的【指定第一个角点或 [中心(C)]:】提示信息下输入(0,0,0)，通过指定角点来绘制长方体。

(4) 在命令行的【指定其他角点或 [立方体(C)/长度(L)]:】提示信息下输入 L，根据长、宽、高来绘制长方体。

(5) 在命令行的【指定长度:】提示信息下输入 200，指定长方体的长度。

(6) 在命令行的【指定宽度:】提示信息下输入 100，指定长方体的宽度。

(7) 在命令行的【指定高度:】提示信息下输入 150，指定长方体的高度，此时绘制的长方体效果如图 10-27 所示。

在【功能区】选项板中选择【常用】选项卡，在【建模】面板中单击【楔体】按钮，或在快速访问工具栏选择【显示菜单栏】命令，在弹出的菜单中选择【绘图】|【建模】|【楔体】命令(WEDGE)，可以绘制楔体。

创建【长方体】和【楔体】的命令不同，但创建方法却相同，因为楔体是长方体沿对角线切成两半后的结果。因此可以使用与绘制长方体同样的方法来绘制楔体。

例如，可以使用与【例 10-5】中绘制长方体完全相同的方法，绘制的楔体效果如图 10-28 所示。

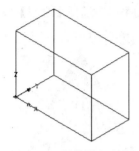

图 10-27　绘制的长方体

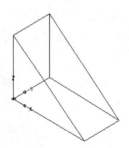

图 10-28　绘制楔体

10.5.3　绘制圆柱体与圆锥体

在【功能区】选项板中选择【常用】选项卡，在【建模】面板中单击【圆柱体】按钮，或在快速访问工具栏选择【显示菜单栏】命令，在弹出的菜单中选择【绘图】|【建模】|【圆柱体】命令(CYLINDER)，可以绘制圆柱体或椭圆柱体，如图 10-29 所示。

图 10-29　绘制圆柱体或椭圆柱体

绘制圆柱体或椭圆柱体时，命令行将显示如下提示。

指定底面的中心点或 [三点(3P)/两点(2P)/相切、相切、半径(T)/椭圆(E)]

默认情况下，可以通过指定圆柱体底面的中心点位置来绘制圆柱体。在命令行的【指定底面半径或 [直径(D)]:】提示下指定圆柱体基面的半径或直径后，命令行显示如下提示信息。

指定高度或 [两点(2P)/轴端点(A)]:

可以直接指定圆柱体的高度，根据高度创建圆柱体；也可以选择【轴端点(A)】选项，根据圆柱体另一底面的中心位置创建圆柱体，此时两中心点位置的连线方向为圆柱体的轴线方向。

当执行 CYLINDER 命令时，如果在命令行提示下选择【椭圆(E)】选项，可以绘制椭圆柱体。此时，用户首先需要在命令行的【指定第一个轴的端点或 [中心(C)]:】提示下指定基面上的椭圆形状(其操作方法与绘制椭圆相似)，然后在命令行的【指定高度或 [两点(2P)/轴端点(A)]:】提示下指定圆柱体的高度或另一个圆心位置即可。

在【功能区】选项板中选择【常用】选项卡，在【建模】面板中单击【圆锥体】按钮，或在快速访问工具栏选择【显示菜单栏】命令，在弹出的菜单中选择【绘图】|【建模】|【圆锥体】命令(CONE)，可以绘制圆锥体或椭圆形锥体，如图 10-30 所示。

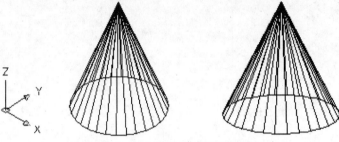

图 10-30　绘制圆锥体或椭圆形锥体

绘制圆锥体或椭圆形锥体时，命令行显示如下提示信息。

指定底面的中心点或 [三点(3P)/两点(2P)/相切、相切、半径(T)/椭圆(E)]:

在该提示信息下，如果直接指定点即可绘制圆锥体，此时需要在命令行的【指定底面半径或 [直径(D)]:】提示信息下指定圆锥体底面的半径或直径，以及在命令行的【指定高度或 [两点(2P)/轴端点(A)/顶面半径(T)]:】提示下指定圆锥体的高度或圆锥体的锥顶点位置。如果选择【椭圆(E)】选项，则可以绘制椭圆锥体，此时需要先确定椭圆的形状(方法与绘制椭圆的方法相同)，然后在命令行的【指定高度或 [两点(2P)/轴端点(A)/顶面半径(T)]:】提示信息下，指定圆锥体的高度或顶点位置即可。

⑩.5.4　绘制球体与圆环体

在【功能区】选项板中选择【常用】选项卡，在【建模】面板中单击【球体】按钮，或在快速访问工具栏选择【显示菜单栏】命令，在弹出的菜单中选择【绘图】|【建模】|【球体】命令(SPHERE)，可以绘制球体。这时只需要在命令行的【指定中心点或 [三点(3P)/两点(2P)/相切、相切、半径(T)]:】提示信息下指定球体的球心位置，在命令行的【指定半径或 [直径(D)]:】提示信息下指定球体的半径或直径即可。

绘制球体时可以通过改变 ISOLINES 变量，来确定每个面上的线框密度，如图 10-31 所示。

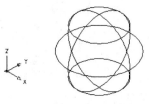

ISOLINES=4　　　　　　　　　　ISOLINES=32

图 10-31　球体实体示例图

在【功能区】选项板中选择【常用】选项卡，在【建模】面板中单击【圆环体】按钮，或在快速访问工具栏选择【显示菜单栏】命令，在弹出的菜单中选择【绘图】|【建模】|【圆环体】命令(TORUS)，可以绘制圆环实体，此时需要指定圆环的中心位置、圆环的半径或直径，以及圆管的半径或直径。

【例 10-5】绘制一个圆环半径为 150，圆管半径为 30 的圆环体，如图 10-32 所示。

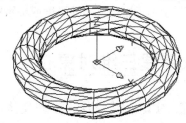

图 10-32　绘制圆环体

(1) 在快速访问工具栏选择【显示菜单栏】命令，在弹出的菜单中选择【视图】|【三维视图】|【东南等轴测】命令，切换到三维东南等轴测视图。

(2) 在【功能区】选项板中选择【常用】选项卡，在【建模】面板中单击【圆环体】按钮，发出圆环体绘制命令。

(3) 在命令行的【指定中心点或 [三点(3P)/两点(2P)/相切、相切、半径(T)]:】提示信息下，指定圆环的中心位置(0,0,0)。

(4) 在命令行的【指定半径或 [直径(D)]:】提示信息下输入 150，指定圆环的半径。

(5) 在命令行的【指定圆管半径或 [两点(2P)/直径(D)]:】提示信息下输入 30，指定圆管的半径。此时绘制的圆环体效果如图 10-32 所示。

10.5.5　绘制棱锥面

在【功能区】选项板中选择【常用】选项卡，在【建模】面板中单击【棱锥体】按钮，或在快速访问工具栏选择【显示菜单栏】命令，在弹出的菜单中选择【绘图】|【建模】|【棱锥体】命令(PYRAMID)，可以绘制棱锥面，如图 10-33 所示。

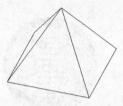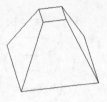

图 10-33　棱锥面

绘制棱锥面时，命令行显示如下提示信息。

> 指定底面的中心点或 [边(E)/侧面(S)]:

在该提示信息下，如果直接指定点即可绘制棱锥面，此时需要在命令行的【指定底面半径或 [内接(I)]:】提示信息下指定棱锥面底面的半径，以及在命令行的【指定高度或 [两点(2P)/轴端点(A)/顶面半径(T)]:】提示下指定棱锥面的高度或棱锥面的锥顶点位置。如果选择【顶面半径(T)】选项，可以绘制有顶面的棱锥面，在【指定顶面半径:】提示下输入顶面的半径，在【指定高度或 [两点(2P)/轴端点(A)]:】提示下指定棱锥面的高度或棱锥面的锥顶点位置即可。

10.6　通过二维对象创建三维对象

在 AutoCAD 中，除了可以通过实体绘制命令绘制三维实体外，还可以通过拉伸、旋转、扫掠、放样等方法，通过二维对象创建三维实体或曲面。可以在快速访问工具栏选择【显示菜单栏】命令，在弹出的菜单中选择【绘图】|【建模】命令的子命令(如图 10-34 所示)，或在【功能区】选项板中选择【常用】选项卡，在【建模】面板中单击相应的工具按钮来实现。

图 10-34　用于通过二维对象创建三维对象的命令

10.6.1 将二维对象拉伸成三维对象

在【功能区】选项板中选择【常用】选项卡，在【建模】面板中单击【拉伸】按钮 ，或在快速访问工具栏选择【显示菜单栏】命令，在弹出的菜单中选择【绘图】|【建模】|【拉伸】命令(EXTRUDE)，可以通过拉伸二维对象来创建三维实体或曲面。拉伸对象被称为断面，在创建实体时，断面可以是任何二维封闭多段线、圆、椭圆、封闭样条曲线和面域，其中，多段线对象的顶点数不能超过 500 个且不小于 3 个。若创建三维曲面，则断面是不封闭的二维对象。

默认情况下，可以沿 Z 轴方向拉伸对象，这时需要指定拉伸的高度和倾斜角度。其中，拉伸高度值可以为正或为负，它们表示了拉伸的方向。拉伸角度也可以为正或为负，其绝对值不大于 90°，默认值为 0°，表示生成的实体的侧面垂直于 XY 平面，没有锥度。如果为正，将产生内锥度，生成的侧面向里靠；如果为负，将产生外锥度，生成的侧面向外，如图 10-35 所示。

拉伸倾斜角为 0°　　　拉伸倾斜角为 15°　　　拉伸倾斜角为 −10°

图 10-35 拉伸锥角效果

 提示

在拉伸对象时，如果倾斜角度或拉伸高度较大，将导致拉伸对象或拉伸对象的一部分在到达拉伸高度之前就已经汇聚到一点，此时将无法进行拉伸。

通过指定拉伸路径，也可以将对象拉伸成三维实体，拉伸路径可以是开放的，也可以是封闭的。

【例 10-6】绘制如图 10-36 所示的半圆形轨道。

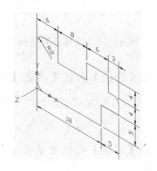 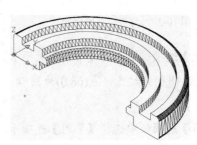

图 10-36 轨道模型

(1) 在快速访问工具栏选择【显示菜单栏】命令，在弹出的菜单中选择【视图】|【三维视图】|【东南等轴测】命令，切换到三维东南等轴测视图。

(2) 在【功能区】选项板中选择【视图】选项卡，在【坐标】面板中单击 X 按钮，将当前坐标系绕 X 轴旋转 90°。

(3) 在【功能区】选项板中选择【常用】选项卡，在【绘图】面板中单击【多段线】按钮，依次指定多段线的起点和经过点，即(0,0)、(18,0)、(18,5)、(23,5)、(23,9)、(20,9)、(20,13)、(14,13)、(14,9)、(6,9)、(6,13)和(0,13)，绘制闭合多段线，结果如图 10-37 所示。

(4) 在【功能区】选项板中选择【常用】选项卡，在【修改】面板中单击【圆角】按钮，设置圆角半径为 2，然后对绘制的多段线修圆角，结果如图 10-38 所示。

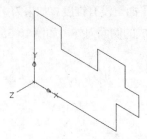
图 10-37 绘制闭合多段线

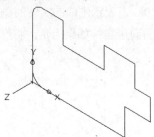
图 10-38 对多段线修圆角

(5) 在【功能区】选项板中选择【常用】选项卡，在【修改】面板中单击【倒角】按钮，设置倒角距离为 1，然后对绘制的多段线修倒角，结果如图 10-39 所示。

(6) 在【功能区】选项板中选择【视图】选项卡，在【坐标】面板中单击【世界】按钮，恢复到世界坐标系，如图 10-40 所示。

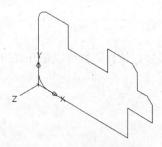
图 10-39 对多段线修倒角

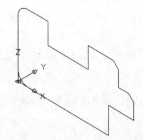
图 10-40 恢复世界坐标系

(7) 在【功能区】选项板中选择【常用】选项卡，在【绘图】面板中单击【起点、圆心、角度】按钮，以点(18,0)为起点，点(68,0)为圆心，角度为-180°，绘制一个半圆弧，结果如图 10-41 所示。

(8) 在【功能区】选项板中选择【常用】选项卡，在【建模】面板中单击【拉伸】按钮，将绘制的多段线沿圆弧路径拉伸，结果如图 10-42 所示。

图 10-41　绘制圆弧

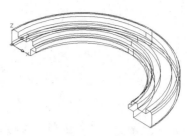

图 10-42　拉伸图形

(9) 在快速访问工具栏选择【显示菜单栏】命令，在弹出的菜单中选择【视图】|【消隐】命令，消隐图形，结果将如图 10-36 右图所示。

10.6.2　将二维对象旋转成三维对象

在【功能区】选项板中选择【常用】选项卡，在【建模】面板中单击【旋转】按钮，或在快速访问工具栏选择【显示菜单栏】命令，在弹出的菜单中选择【绘图】|【建模】|【旋转】命令(REVOLVE)，可以通过绕轴旋转二维对象来创建三维实体或曲面。在创建实体时，用于旋转的二维对象可以是封闭多段线、多边形、圆、椭圆、封闭样条曲线、圆环及封闭区域。三维对象、包含在块中的对象、有交叉或自干涉的多段线不能被旋转，而且每次只能旋转一个对象。若创建三维曲面，则用于旋转的二维对象是不封闭的。

使用【旋转】命令时，在选择需要旋转的二维对象后，通过指定两个端点来确定旋转轴。例如，图 10-43 所示图形为封闭多段线绕直线旋转一周后得到的实体。

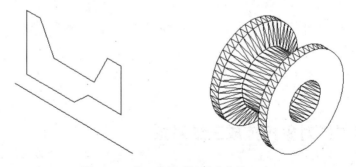

图 10-43　将二维图形旋转成实体

【例 10-7】通过旋转的方法绘制如图 10-44 所示的实体模型。

(1) 在【功能区】选项板中选择【常用】选项卡，在【建模】面板中单击【多段线】按钮，依次指定多段线的起点和经过点，即(590,490)、(@0,-280)、(@130,0)、(@0,50)、(650,330)、(650,370)、(730,450)、(730,490)，绘制封闭多段线，如图 10-45 所示。

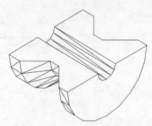

图 10-44　三维实体模型　　　　　　　　图 10-45　绘制多段线

(2) 在【功能区】选项板中选择【常用】选项卡，在【建模】面板中单击【直线】按钮，指定直线经过两点为(550,190)和((@0,510)。

(3) 在快速访问工具栏选择【显示菜单栏】命令，在弹出的菜单中选择【视图】|【三维视图】|【视点】命令，并在命令行【指定视点或 [旋转(R)] <显示坐标球和三轴架>:】提示下输入 (1,1,1)，指定视点，如图 10-46 所示。

(4) 在【功能区】选项板中选择【常用】选项卡，在【建模】面板中单击【旋转】按钮，发出 REVOLVE 命令。

(5) 在命令行的【选择对象：】提示下选择多段线作为旋转二维对象，并按 Enter 键。

(6) 在命令行的【指定旋转轴的起点或定义轴依照 [对象(O)/X 轴(X)/Y 轴(Y)]:】提示下输入 O，绕指定的对象旋转。

(7) 在命令行的【选择对象：】提示下选择直线作为旋转轴对象。

(8) 在命令行的【指定旋转角度<360>:】提示下输入-180，指定旋转的角度，效果如图 10-47所示。

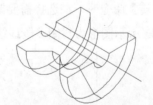

图 10-46　调整视点　　　　　　　　图 10-47　将二维图形旋转成实体

⑩.6.3　将二维对象扫掠成三维对象

在【功能区】选项板中选择【常用】选项卡，在【建模】面板中单击【扫掠】按钮，或在快速访问工具栏选择【显示菜单栏】命令，在弹出的菜单中选择【绘图】|【建模】|【扫掠】命令(SWEEP)，可以通过沿路径扫掠二维对象创建三维实体和曲面。如果要扫掠的对象不是封闭的图形，那么使用【扫掠】命令后得到的是网格面，否则得到的是三维实体。

使用【扫掠】命令绘制三维对象时，当用户指定了封闭图形作为扫掠对象后，命令行显示如下提示信息。

选择扫掠路径或 [对齐(A)/基点(B)/比例(S)/扭曲(T)]:

在该命令提示下，可以直接指定扫掠路径来创建三维对象，也可以设置扫掠时的对齐方式、基点、比例和扭曲参数。其中，【对齐】选项用于设置扫掠前是否对齐垂直于路径的扫掠对象；【基点】选项用于设置扫掠的基点；【比例】选项用于设置扫掠的比例因子，当指定了该参数后，扫掠效果与单击扫掠路径的位置有关；【扭曲】选项用于设置扭曲角度或允许非平面扫掠路径倾斜。如图 10-48 所示为对圆形进行螺旋路径扫掠成实体的效果。

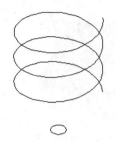 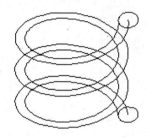 

图 10-48　通过扫掠绘制实体

10.6.4　将二维对象放样成三维对象

在【功能区】选项板中选择【常用】选项卡，在【建模】面板中单击【放样】按钮，或在快速访问工具栏选择【显示菜单栏】命令，在弹出的菜单中选择【绘图】|【建模】|【放样】命令(LOFT)，可以在多个横截面之间的空间中创建三维实体或曲面，如果要放样的对象不是封闭的图形，那么使用【放样】命令后得到的是网格面，否则得到的是三维实体。如图 10-49 所示是三维空间中 3 个圆放样后得到的实体。

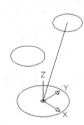  

图 10-49　放样并消隐图形

在放样时，当依次指定了放样截面后(至少两个)，命令行显示如下提示信息。

输入选项 [导向(G)/路径(P)/仅横截面(C)] <仅横截面>:

在该命令提示下，需要选择放样方式。其中，【导向】选项用于使用导向曲线控制放样，每条导向曲线必须要与每一个截面相交，并且起始于第一个截面，结束于最后一个截面；【路径】选项用于使用一条简单的路径控制放样，该路径必须与全部或部分截面相交；【仅横截面】

选项用于只使用截面进行放样，此时将打开【放样设置】对话框，可以设置放样横截面上的曲面控制选项，如图 10-50 所示。

【例 10-8】 在(0,0,0)、(0,0,50)、(0,0,100) 3 点处绘制半径分别为 50、30 和 50 的圆，然后以绘制的圆为截面进行放样创建放样实体，效果如图 10-51 所示。

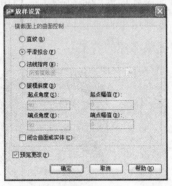

图 10-50　【放样设置】对话框　　　　　图 10-51　绘制放样截面

(1) 在快速访问工具栏选择【显示菜单栏】命令，在弹出的菜单中选择【视图】|【三维视图】|【东南等轴测】命令，切换到三维东南等轴测视图。

(2) 在【功能区】选项板中选择【常用】选项卡，在【建模】面板中单击【圆心，半径】按钮 ⊘·，分别在点(0,0,0)、(0,0,50)、(0,0,100)处绘制半径为 50、30 和 50 的圆，如图 10-52 所示。

(3) 在【功能区】选项板中选择【常用】选项卡，在【建模】面板中单击【放样】按钮 ⃟，发出放样命令。

(4) 在命令行的【按放样次序选择横截面:】提示下，从下向上，依次单击绘制的圆作为放样截面。

(5) 在命令行的【输入选项 [导向(G)/路径(P)/仅横截面(C)] <路径>:】提示下，输入 C，仅通过横截面来进行放样，此时将弹出【放样设置】对话框。

(6) 在【放样设置】对话框中，选择【平滑拟合】单选按钮，然后单击【确定】按钮，即可生成放样图形，如图 10-53 所示。

(7) 在快速访问工具栏选择【显示菜单栏】命令，在弹出的菜单中选择【视图】|【消隐】命令，消隐图形，效果如图 10-51 所示。

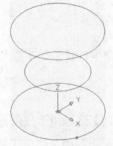

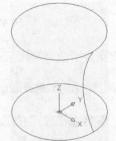

图 10-52　绘制放样截面　　　　　图 10-53　放样生成的图形

10.6.5 根据标高和厚度绘制三维图形

用户在绘制二维对象时，可以为对象设置标高和延伸厚度。一旦设置了标高和延伸厚度，就可以用二维绘图的方法绘制出三维图形对象。

绘制二维图形时，绘图面应是当前 UCS 的 XY 面或与其平行的平面。标高就是用来确定这个面的位置，它用绘图面与当前 UCS 的 XY 面的距离表示。厚度则是所绘二维图形沿当前 UCS 的 Z 轴方向延伸的距离。

在 AutoCAD 中，规定当前 UCS 的 XY 面的标高为 0，沿 Z 轴正方向的标高为正，沿负方向为负。沿 Z 轴正方向延伸时的厚度为正，反之则为负。

实现标高、厚度设置的命令是 ELEV。执行该命令，AutoCAD 提示：

指定新的默认标高 <0.0000>： (输入新标高)
指定新的默认厚度 <0.0000>： (输入新厚度)

设置标高、厚度后，用户就可以创建在标高方向上各截面形状和大小相同的三维对象。

 提示

执行 AutoCAD 的绘制矩形命令时，可以直接根据选择项设置标高和厚度。

【**例 10-9**】根据标高和厚度绘制如图 10-54 所示的图形。

(1) 在【功能区】选项板中选择【常用】选项卡，在【绘图】面板中单击【矩形】按钮，绘制一个长度为 300，宽度为 200，厚度为 50 的矩形。

(2) 在快速访问工具栏选择【显示菜单栏】命令，在弹出的菜单中选择【视图】|【三维视图】|【东南等轴测】命令，这时将看到绘制的是一个有厚度的矩形，如图 10-55 所示。

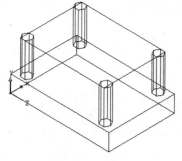

图 10-54　三维观察效果图

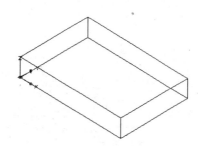

图 10-55　绘制有厚度的矩形

(3) 在【功能区】选项板中选择【视图】选项卡，在【坐标】面板中单击【原点】按钮，然后单击矩形的角点 A 处，将坐标原点移到该点上，如图 10-56 所示。

(4) 在快速访问工具栏选择【显示菜单栏】命令，在弹出的菜单中选择【视图】|【三维视

图】|【平面视图】|【当前 UCS】命令，将视图设置为平面视图，如图 10-57 所示。

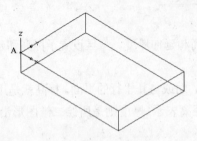

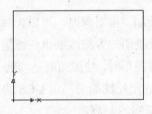

图 10-56　移动 UCS

图 10-57　将视图设置为平面视图

(5) 在命令行输入命令 ELEV，在【指定新的默认标高 <0.0000>:】提示信息下设置新的标高为 0，在【指定新的默认厚度 <0.0000>:】提示信息下设置新的厚度为 100。

(6) 在【功能区】选项板中选择【常用】选项卡，在【绘图】面板中单击【正多边形】按钮⬠，绘制一个内接于半径为 15 的圆的正六边形，如图 10-58 所示。

(7) 在【功能区】选项板中选择【常用】选项卡，在【修改】面板中单击【阵列】按钮⬛，打开【阵列】对话框，选择阵列类型为矩形阵列，并设置阵列的行数为 2，列数为 2，行偏移为 160，列偏移为 240，然后单击【确定】按钮，阵列结果如图 10-59 所示。

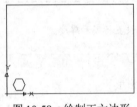

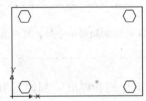

图 10-58　绘制正六边形

图 10-59　阵列复制后的效果

(8) 在快速访问工具栏选择【显示菜单栏】命令，在弹出的菜单中选择【视图】|【三维视图】|【东南等轴测】命令，得到如图 10-60 所示的三维视图效果。

(9) 在【功能区】选项板中选择【视图】选项卡，在【坐标】面板中单击【原点】按钮⌐，然后单击矩形的角点 B，将坐标系移动到该点上，如图 10-61 所示。

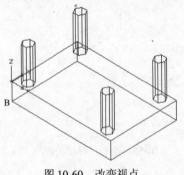

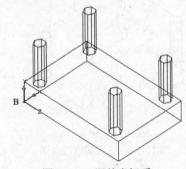

图 10-60　改变视点

图 10-61　调整坐标系

(10) 在【功能区】选项板中选择【视图】选项卡，在【坐标】面板中分别单击 Z 按钮⌐和 Y 按钮⌐，将坐标系分别绕 Z 轴和 Y 轴旋转 90°。

(11) 在快速访问工具栏选择【显示菜单栏】命令，在弹出的菜单中选择【视图】|【三维视图】|【平面视图】|【当前 UCS】命令，将视图设置为平面视图，效果如图 10-62 所示。

(12) 在命令行输入命令 ELEV，在【指定新的默认标高 <0.0000>:】提示信息下设置新的标高为 0，在【指定新的默认厚度 <0.0000>:】提示信息下设置新的厚度为 255。

(13) 在【功能区】选项板中选择【常用】选项卡，在【绘图】面板中单击【直线】按钮，通过端点捕捉点 1 和点 2 绘制一条直线。

(14) 在快速访问工具栏选择【显示菜单栏】命令，在弹出的菜单中选择【视图】|【三维视图】|【东南等轴测】命令，得到如图 10-63 所示的三维视图效果。

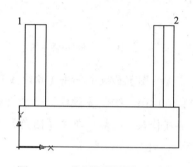

图 10-62　将视图设置为平面视图

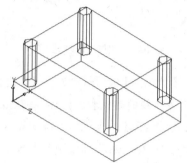

图 10-63　三维效果图

10.7　上机练习

通过本章的学习，读者已经掌握绘制多段体、长方体、圆柱体、拉伸实体以及放样实体的操作方法。本节将通过按路径拉伸二维对象的方法绘制如图 10-64 所示的圆管实例，来巩固本章所介绍的知识点。

(1) 在快速访问工具栏选择【显示菜单栏】命令，在弹出的菜单中选择【视图】|【三维视图】|【东南等轴测】命令，切换到三维视图模式下。

(2) 在【功能区】选项板中选择【常用】选项卡，在【绘图】面板中单击【多段线】按钮，并依次指定多段线的起点和经过点，即(40,0)、(0,0)、(0,40)和(40,40)，绘制一条多段线，如图 10-65 所示。

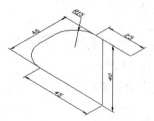

图 10-64　绘制图形

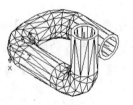

图 10-65　绘制多段线

(3) 在【功能区】选项板中选择【常用】选项卡，在【修改】面板中单击【圆角】按钮，设置圆角半径为 15，然后对绘制的多段线修圆角，结果如图 10-66 所示。

（4）在【功能区】选项板中选择【视图】选项卡，在【坐标】面板中单击 X 按钮 ，将当前坐标系绕 X 轴旋转 90°，得到如图 10-67 所示效果。

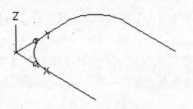

图 10-66　对多段线修圆角　　　　　　　　图 10-67　旋转坐标系

（5）在【功能区】选项板中选择【常用】选项卡，在【绘图】面板中单击【多段线】按钮 ，并依次指定多段线的起点和经过点，即(40,0)、(60,0)和(60,40)，绘制多段线，如图 10-68 所示。

（6）在【功能区】选项板中选择【常用】选项卡，在【修改】面板中单击【圆角】按钮 ，设置圆角半径为 15，然后对绘制的多段线修圆角，结果如图 10-69 所示。

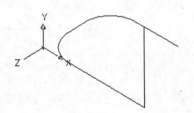
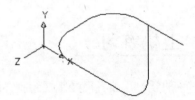

图 10-68　绘制多段线　　　　　　　　　图 10-69　对多段线修圆角

（7）在【功能区】选项板中选择【视图】选项卡，在【坐标】面板中单击 X 按钮 ，将当前坐标系绕 X 轴旋转 - 90°。

（8）在【功能区】选项板中选择【常用】选项卡，在【绘图】面板中单击【圆心，半径】按钮 ，以点(60,0,40)为圆心，绘制半径分别为 8 和 6 的圆，如图 10-70 所示。

（9）在【功能区】选项板中选择【视图】选项卡，在【坐标】面板中分别单击 Y 按钮 ，将坐标系绕 Y 轴旋转 90°。

（10）在【功能区】选项板中选择【常用】选项卡，在【绘图】面板中单击【圆心，半径】按钮 ，以点(0,40,40)为圆心，绘制半径分别为 8 和 6 的圆，如图 10-71 所示。

（11）在【功能区】选项板中选择【常用】选项卡，在【绘图】面板中单击【面域】按钮 ，选择所绘制的 4 个圆，将它们转换为面域。

（12）在【功能区】选项板中选择【常用】选项卡，在【实体编辑】面板中单击【差集】按钮 ，用半径为 8 的面域减去半径为 6 面域，得到两个圆环形面域。

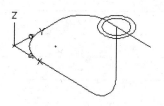

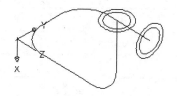

图 10-70 绘制圆(1)　　　　　　　　　图 10-71 绘制圆(2)

(13) 在命令行输入 ISOLINES 命令，设置 ISOLINES 变量为 32。

(14) 在【功能区】选项板中选择【常用】选项卡，在【建模】面板中单击【拉伸】按钮 ，将创建的圆环形面域分别为多段线为路径进行拉伸，结果如图 10-72 所示。

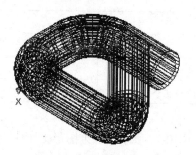

图 10-72 拉伸图形后得到的三维图形

(15) 在快速访问工具栏选择【显示菜单栏】命令，在弹出的菜单中选择【视图】|【消隐】命令，消隐图形，结果将如图 10-64 右图所示。

10.8 习题

1. 绘制一个底面中心为(0,0)，底面半径为 10，顶面半径为 10，高度为 20，顺时针旋转 10 圈的弹簧，如图 10-73 所示。

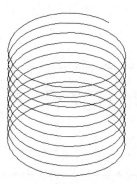

图 10-73 弹簧

2. 按照表 11-1 和 11-2 所示的参数要求，绘制如图 10-74 所示的球表面和圆环面。

表 11-1　球表面参数

参　数	值
球心坐标	100,80,50
半径	40
输入球表面的经线数目	20
输入球表面的纬线数目	20

表 11-2　圆环体表面参数

参　数	值
圆环中心点坐标	100,80,50
圆环面的半径	100
圆管的半径	15
环绕圆管圆周的网格分段数目	20
环绕圆环体表面圆周的网格分段数目	20

3. 使用标高及厚度绘制如图 10-75 所示的三维图形(图形尺寸请读者自行确定)。

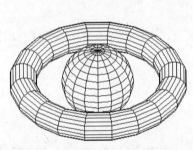

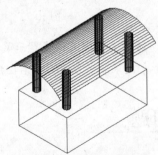

图 10-74　绘制的球表面和圆环面　　　　图 10-75　绘制三维图形

4. 绘制如图 10-76 所示的轮廓图，然后使用 EXTRUDE 命令创建与其对应的拉伸实体，拉伸高度为 50。

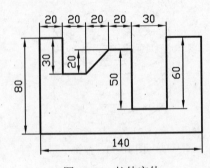

图 10-76　拉伸实体

第11章

三维对象的编辑与标注

学习目标

使用三维操作命令和实体编辑命令，可以对三维对象进行移动、复制、镜像、旋转、对齐、阵列等操作，或对实体进行布尔运算，编辑面、边和体等操作。在对三维图形进行操作时，为了使对象看起来更加清晰，可以消除图形中的隐藏线来观察其效果。此外，本章还将通过具体实例介绍三维对象的尺寸标注方法。

本章重点

- ◉ 编辑三维对象
- ◉ 编辑三维实体
- ◉ 标注三维对象

11.1 编辑三维对象

在二维图形编辑中的许多修改命令(如移动、复制、删除等)同样适用于三维对象。另外，用户可以在快速访问工具栏选择【显示菜单栏】命令，在弹出的菜单中选择【修改】|【三维操作】菜单中的子命令，对三维空间中的对象进行三维阵列、三维镜像、三维旋转以及对齐位置等操作，如图 11-1 所示。

11.1.1 三维移动

在【功能区】选项板中选择【常用】选项卡，在【修改】面板中单击【三维移动】按钮，或在快速访问工具栏选择【显示菜单栏】命令，在弹出的菜单中选择【修改】|【三维操作】|【三维移动】命令(3DMOVE)，可以移动三维对象。执行【三维移动】命令时，命令行显示如下提示：

指定基点或 [位移(D)] <位移>:

默认情况下，当指定一个基点后，再指定第二点，即可以第一点为基点，以第二点和第一点之间的距离为位移，移动三维对象，如图 11-2 所示。如果选择【位移】选项，则可以直接移动三维对象。

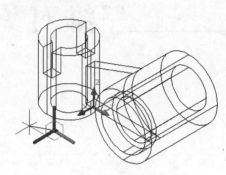

图 11-1 三维操作命令　　　　图 11-2 在三维空间中移动对象

11.1.2 三维旋转

在【功能区】选项板中选择【常用】选项卡，在【修改】面板中单击【三维旋转】按钮，或在快速访问工具栏选择【显示菜单栏】命令，在弹出的菜单中选择【修改】|【三维操作】|【三维旋转】命令(ROTATE3D)，可以使对象绕三维空间中任意轴(X 轴、Y 轴或 Z 轴)、视图、对象或两点旋转。

【例 11-1】将如图 11-3 所示的图形绕 X 轴旋转 45°。

(1) 在【功能区】选项板中选择【常用】选项卡，在【修改】面板中单击【三维旋转】按钮，在【选择对象: 】提示下选择需要旋转的对象。

(2) 在命令行的【指定基点:】提示信息下确定旋转的基点(0,0)。

(3) 此时在绘图窗口中出现一个球形坐标(红色代表 X 轴，绿色代表 Y 轴，蓝色代表 Z 轴)，单击红色环型线确认绕 X 轴旋转，如图 11-4 所示。

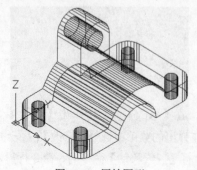

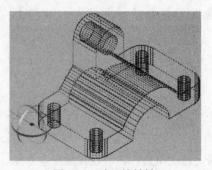

图 11-3 原始图形　　　　　图 11-4 确认旋转轴

(4) 在命令行的【指定角的起点或键入角度:】提示信息下输入 45，并按 Enter 键，此时图形将绕 X 轴选择 45°，结果如图 11-5 所示。

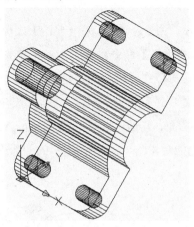

图 11-5　旋转后的图形

11.1.3　对齐和三维对齐

计算机 基础与实训教材系列

在【功能区】选项板中选择【常用】选项卡，在【修改】面板中，单击【三维对齐】按钮，或在快速访问工具栏选择【显示菜单栏】命令，在弹出的菜单中选择【修改】|【三维操作】|【三维对齐】命令(3DALIGN)，可以在二维或三维空间中将选定对象与其他对象对齐。

对齐对象时，首先选择源对象，在命令行【指定基点或 [复制(C)]:】提示下输入第 1 个点，在命令行【指定第二个点或 [继续(C)] <C>:】提示下输入第 2 个点，在命令行【指定第三个点或 [继续(C)] <C>:】提示下输入第 3 个点。在目标对象上同样需要确定 3 个点，与源对象的点一一对应，对齐效果如图 11-6 所示。

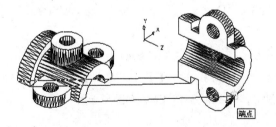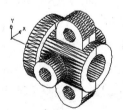

图 11-6　在三维空间中对齐对象

 提示

在 AutoCAD 2011 中，在快速访问工具栏选择【显示菜单栏】命令，在弹出的菜单中选择【修改】|【三维操作】|【对齐】命令(ALIGN)，也可以在二维或三维空间中将选定对象与其他对象对齐。

⑪.1.4　三维镜像

在【功能区】选项板中选择【常用】选项卡，在【修改】面板中单击【三维镜像】按钮，或在快速访问工具栏选择【显示菜单栏】命令，在弹出的菜单中选择【修改】|【三维操作】|【三维镜像】命令(MIRROR3D)，可以在三维空间中将指定对象相对于某一平面镜像。

执行三维镜像命令，并选择需要进行镜像的对象，然后指定镜像面。镜像面可以通过3点确定，也可以是对象、最近定义的面、Z轴、视图、XY平面、YZ平面和ZX平面。

【例11-2】使用三维镜像功能对如图11-7左图所示的图形进行镜像复制，绘制如图11-7右图所示的图形。

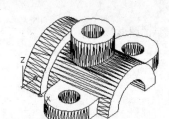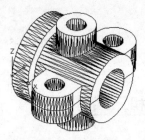

图 11-7　镜像复制图形

(1) 在【功能区】选项板中选择【常用】选项卡，在【修改】面板中单击【三维镜像】按钮，并选择图11-7左图所示的图形。

(2) 在命令行的【指定镜像平面 (三点) 的第一个点或[对象(O)/最近的(L)/Z 轴(Z)/视图(V)/XY 平面(XY)/YZ 平面(YZ)/ZX 平面(ZX)/三点(3)] <三点>:】提示下，输入 XY，以 XY 平面作为镜像面。

(3) 在命令行的【指定 XY 平面上的点 <0,0,0>:】提示下，指定 XY 平面经过的点(0,0,0)。

(4) 在命令行的【是否删除源对象? [是(Y)/否(N)]:】提示下输入 N，在镜像的同时不删除源对象。

(5) 在【功能区】选项板中选择【常用】选项卡，在【实体编辑】面板中单击【并集】按钮，对图形做并集运算，然后再在快速访问工具栏选择【显示菜单栏】命令，在弹出的菜单中选择【视图】|【消隐】命令，消隐图形，结果将如图11-7右图所示。

⑪.1.5　三维阵列

在【功能区】选项板中选择【常用】选项卡，在【修改】面板中单击【三维阵列】按钮，或在快速访问工具栏选择【显示菜单栏】命令，在弹出的菜单中选择【修改】|【三维操作】|【三维阵列】命令(3DARRAY)，可以在三维空间中使用环形阵列或矩形阵列方式复制对象。

1. 矩形阵列

在命令行的【输入阵列类型 [矩形(R)/环形(P)] <矩形>:】提示下，选择【矩形】选项或者直接按 Enter 键，可以以矩形阵列方式复制对象，此时需要依次指定阵列的行数、列数、阵列的层数、行间距、列间距及层间距。其中，矩形阵列的行、列、层分别沿着当前 UCS 的 X 轴、Y 轴和 Z 轴的方向；输入某方向的间距值为正值时，表示将沿相应坐标轴的正方向阵列，否则沿反方向阵列。

【例 11-3】在长方体(150×80×20)上创建 6 个半径为 8 的圆孔，如图 11-8 所示。

(1) 在【功能区】选项板中选择【常用】选项卡，在【建模】面板中单击【长方体】按钮，以点(0，0，0)为第一个角点，绘制一个长为 150，宽为 80，高为 20 的长方体，如图 11-9 所示。

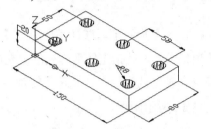

图 11-8 带孔的长方体

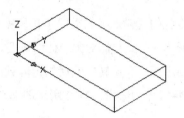

图 11-9 绘制长方体

(2) 在【功能区】选项板中选择【常用】选项卡，在【建模】面板中单击【圆柱体】按钮，以点(17,15,0)为圆柱体底面中心点，绘制一个半径为 8，高为 20 的圆柱体，结果如图 11-10 所示。

(3) 在【功能区】选项板中选择【常用】选项卡，在【修改】面板中单击【三维阵列】按钮，在【输入阵列类型 [矩形(R)/环形(P)] <矩形>:】提示下输入 R，选择矩形阵列，然后根据命令行提示，依次输入行数 2，列数 3，层数 1，行间距 50，列间距 58，阵列复制结果如图 11-11 所示。

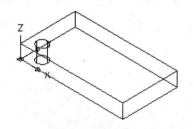

图 11-10 绘制圆柱体

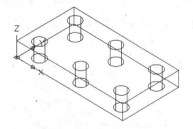

图 11-11 阵列复制结果

(4) 在【功能区】选项板中选择【常用】选项卡，在【实体编辑】面板中单击【差集】按钮，对源图形与新绘制的 6 个圆柱体做差集运算，然后再在快速访问工具栏选择【显示菜单栏】命令，在弹出的菜单中选择【视图】|【消隐】命令消隐图形，得到的最后结果如图 11-12 所示。

245

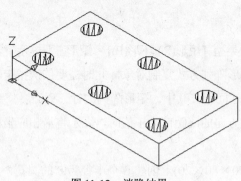

图 11-12　消隐结果

2. 环形阵列

在命令行的【输入阵列类型 [矩形(R)/环形(P)] <矩形>:】提示下，选择【环形(R)】选项，可以以环形阵列方式复制对象，此时需要输入阵列的项目个数，并指定环形阵列的填充角度，确认是否要进行自身旋转，然后指定阵列的中心点及旋转轴上的另一点，确定旋转轴。

【例 11-4】使用如图 11-13 所示图形，绘制如图 11-14 所示图形。

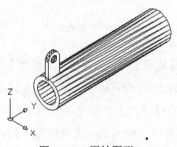

图 11-13　原始图形

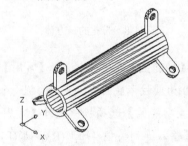

图 11-14　阵列复制后得到的图形

(1) 在【功能区】选项板中选择【常用】选项卡，在【修改】面板中单击【复制】按钮，选择图 11-15 中所示的固定架，并以圆管的一端中心为基点，复制到另一端，即点(@0，360)处，结果如图 11-16 所示。

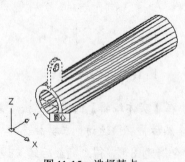

图 11-15　选择基点

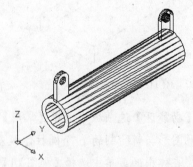

图 11-16　复制对象

(2) 在【功能区】选项板中选择【常用】选项卡，在【修改】面板中单击【三维阵列】按钮，并选择图 11-16 中的两个固定架。在【输入阵列类型 [矩形(R)/环形(P)] <矩形>:】提示下输入 P，选择环形阵列复制方式。然后根据命令提示，依次输入阵列中的项目数目 3，指定环形阵列的填充角度为 360，选择旋转阵列对象。

(3) 在快速访问工具栏选择【显示菜单栏】命令，在弹出的菜单中选择【视图】|【消隐】命令消隐图形，结果将如图 11-14 所示。

11.2　编辑三维实体

在 AutoCAD 2011 中，在快速访问工具栏选择【显示菜单栏】命令，在弹出的菜单中选择【修改】|【实体编辑】菜单中的子命令，或在【功能区】选项板中选择【常用】选项卡，在【实体编辑】面板中单击实体编辑工具按钮，都可以对三维实体进行编辑，如图 11-17 所示。

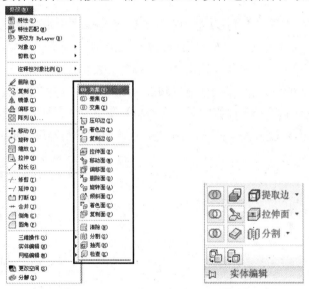

图 11-17　实体编辑菜单和工具栏面板

11.2.1　并集运算

在【功能区】选项板中选择【常用】选项卡，在【实体编辑】面板中单击【并集】按钮，或在快速访问工具栏选择【显示菜单栏】命令，在弹出的菜单中选择【修改】|【实体编辑】|【并集】命令(UNION)，可以合并选定的三维实体，生成一个新实体。该命令主要用于将多个相交或相接触的对象组合在一起。当组合一些不相交的实体时，其显示效果看起来还是多个实体，但实际上却被当作一个对象。在使用该命令时，只需要依次选择待合并的对象即可。

例如，对图 11-18 所示的两个球体做并集运算，可在【功能区】选项板中选择【常用】选项卡，在【实体编辑】面板中单击【并集】按钮，然后分别选择两个球体，按 Enter 键即可得到并集效果，如图 11-19 所示。

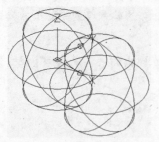
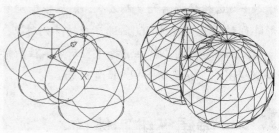

图 11-18　用作并集运算的实体　　　　图 11-19　求并集并消隐后的效果

⑪.2.2　差集运算

在【功能区】选项板中选择【常用】选项卡，在【实体编辑】面板中单击【差集】按钮⚪▾，或在快速访问工具栏选择【显示菜单栏】命令，在弹出的菜单中选择【修改】|【实体编辑】|【差集】命令(SUBTRACT)，即可从一些实体中去掉部分实体，从而得到一个新的实体。

例如，要从图 11-20 所示的左侧的球体中减去右侧的球体，可在【功能区】选项板中选择【常用】选项卡，在【实体编辑】面板中单击【差集】按钮⚪▾，然后单击左侧球体作为被减实体，按 Enter 键，再单击右侧球体后按 Enter 键确认，即可得到差集效果，如图 11-21 所示。

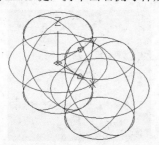
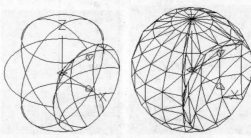

图 11-20　用作差集运算的实体　　　　图 11-21　求差集并消隐后的效果

⑪.2.3　交集运算

在【功能区】选项板中选择【常用】选项卡，在【实体编辑】面板中单击【交集】按钮⚪▾，或在快速访问工具栏选择【显示菜单栏】命令，在弹出的菜单中选择【修改】|【实体编辑】|【交集】命令(INTERSECT)，就可以利用各实体的公共部分创建新实体。

例如，要对如图 11-22 所示的两个球体求交集，可在【功能区】选项板中选择【常用】选项卡，在【实体编辑】面板中单击【交集】按钮⚪▾，然后单击所有需要求交集的球体，按 Enter 键即可得到交集效果，如图 11-23 所示。

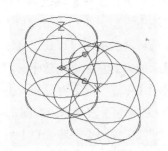

图 11-22　用作交集运算的实体

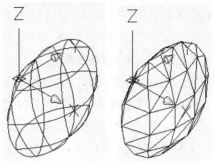

图 11-23　求交集并消隐后的效果

11.2.4　干涉运算

在【功能区】选项板中选择【常用】选项卡，在【实体编辑】面板中单击【干涉检查】按钮 ，或在快速访问工具栏选择【显示菜单栏】命令，在弹出的菜单中选择【修改】|【三维操作】|【干涉检查】命令(INTERFERE)，可以对对象进行干涉运算。

干涉检查通过从两个或多个实体的公共体积创建临时组合三维实体，来亮显重叠的三维实体。如果定义了单个选择集，干涉检查将对比检查集合中的全部实体。如果定义了两个选择集，干涉检查将对比检查第一个选择集中的实体与第二个选择集中的实体。如果在两个选择集中都包括了同一个三维实体，干涉检查将此三维实体视为第一个选择集中的一部分，而在第二个选择集中忽略它。

在【功能区】选项板中选择【常用】选项卡，在【实体编辑】面板中单击【干涉检查】按钮 ，命令行显示如下提示：

选择第一组对象或 [嵌套选择(N)/设置(S)]:

默认情况下，选择第一组对象后，按 Enter 键，命令行将显示【选择第二组对象或 [嵌套选择(N)/检查第一组(K)] <检查>: 】提示，此时，按 Enter 键，将打开【干涉检查】对话框，如图11-24 所示。

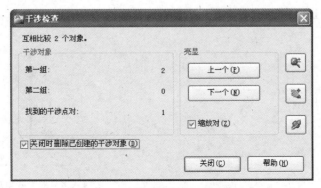

图 11-24　【干涉检查】对话框

【干涉检查】对话框可以使用户在干涉对象之间循环并缩放干涉对象，也可以指定关闭对话框时是否删除干涉对象。其中，在【干涉对象】选项区域中，显示执行【干涉检查】命令时在每组对象的数目及在其间找到的干涉数目；在【亮显】选项区域中，可以通过【上一个】和【下一个】按钮，在对象中循环时亮显干涉对象，通过【缩放对】复选框缩放干涉对象；通过【缩放】、【平移】和【三维动态观测器】按钮，可以关闭【干涉检查】对话框，并分别启动【缩放】、【平移】和【三维动态观测器】，来缩放、移动和观察干涉对象，如图 11-25 所示。此外，若选择【关闭时删除已创建的干涉对象】复选框，可以在关闭【干涉检查】对话框时删除干涉对象；单击【关闭】按钮可关闭【干涉检查】对话框并删除干涉对象。

在命令行的【选择第一组对象或 [嵌套选择(N)/设置(S)]:】提示下，选择【嵌套选择(N)】选项，使用户可以选择嵌套在块和外部参照中的单个实体对象。此时命令行将显示【选择嵌套对象或 [退出(X)] <退出>:】提示，可以选择嵌套对象或按 Enter 键返回普通对象选择。

在命令行的【选择第一组对象或 [嵌套选择(N)/设置(S)]:】提示下，选择【设置(S)】选项，将打开【干涉设置】对话框，如图 11-26 所示。

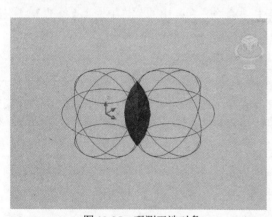

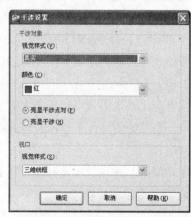

图 11-25　观测干涉对象　　　　　　图 11-26　【干涉设置】对话框

【干涉设置】对话框用于控制干涉对象的显示。其中，【干涉对象】选项区域用于指定干涉对象的视觉样式和颜色，是亮显实体的干涉对象，还是亮显从干涉点对中创建的干涉对象；【视口】选项区域则用于指定检查干涉时的视觉样式。

例如，要对图 11-27 所示的球体求干涉集后，得到的干涉对象如图 11-28 所示。

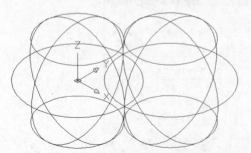

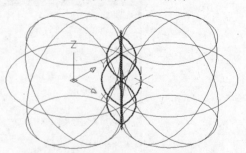

图 11-27　待求干涉集的实体　　　　　图 11-28　求干涉集后的效果

11.2.5　编辑实体边

在 AutoCAD 的【功能区】选项板中选择【常用】选项卡，在【实体编辑】面板中单击编辑【提取边】按钮，或在快速访问工具栏选择【显示菜单栏】命令，在弹出的菜单中选择【修改】|【实体编辑】子菜单中的命令，可以编辑实体的边，如提取边、复制边、着色边等。如图 11-29 所示为用于编辑实体边的工具。

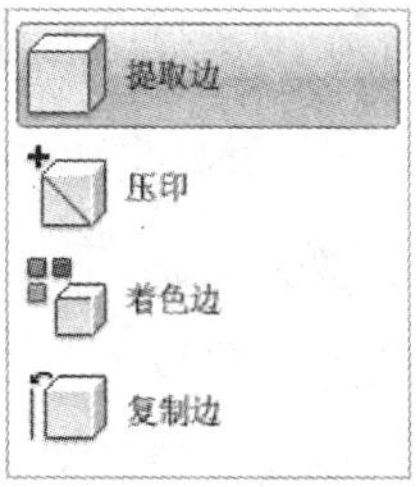

图 11-29　实体边编辑工具

1. 提取边

在【功能区】选项板中选择【常用】选项卡，在【实体编辑】面板中单击【提取边】按钮，或在快速访问工具栏选择【显示菜单栏】命令，在弹出的菜单中选择【修改】|【三维操作】|【提取边】命令(XEDGES)，可以通过从三维实体或曲面中提取边来创建线框几何体。也可以选择提取单个边和面。按住 Ctrl 键以选择边和面。

例如，要提取如图 11-30 所示长方体中的边，可在【功能区】选项板中选择【常用】选项卡，在【实体编辑】面板中单击【提取边】按钮，然后选择长方体，按 Enter 键即可。如图 11-31 所示为提取出的一条边。

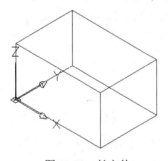

图 11-30　长方体

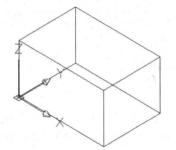

图 11-31　从长方体中提取的边

2. 压印边

在【功能区】选项板中选择【常用】选项卡，在【实体编辑】面板中单击【压印】按钮，或在快速访问工具栏选择【显示菜单栏】命令，在弹出的菜单中选择【修改】|【实体编辑】|【压印】命令(IMPRINT)，可以将对象压印到选定的实体上。为了使压印操作成功，被压印的对象必须与选定对象的一个或多个面相交。【压印】选项仅限于圆弧、圆、直线、二维和三维多段线、椭圆、样条曲线、面域、体和三维实体对象。

例如，要在长方体上压印圆，可在【功能区】选项板中选择【常用】选项卡，在【实体编辑】面板中单击【压印】按钮，然后选择长方体作为三维实体，选择圆作为要压印的对象，若要删除压印对象，可在命令行【是否删除源对象 [是(Y)/否(N)] <N>:】提示下输入 Y，然后连续按 Enter 键即可，如图 11-32 所示。

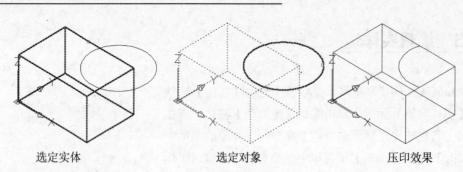

| 选定实体 | 选定对象 | 压印效果 |

图 11-32　压印边

3．着色边

在【功能区】选项板中选择【常用】选项卡，在【实体编辑】面板中单击【着色边】按钮，或在快速访问工具栏选择【显示菜单栏】命令，在弹出的菜单中选择【修改】|【实体编辑】|【着色边】命令，可以着色实体的边。

执行着色边命令，并选定边后，将弹出【选择颜色】对话框，可以选择用于着色边的颜色。

4．复制边

在【功能区】选项板中选择【常用】选项卡，在【实体编辑】面板中单击【复制边】按钮，或在快速访问工具栏选择【显示菜单栏】命令，在弹出的菜单中选择【修改】|【实体编辑】|【复制边】命令，可以将三维实体边复制为直线、圆弧、圆、椭圆或样条曲线。

11.2.6　编辑实体面

在 AutoCAD 的【功能区】选项板中选择【常用】选项卡，在【实体编辑】面板中单击编辑实体面按钮，或在快速访问工具栏选择【显示菜单栏】命令，在弹出的菜单中选择【修改】|【实体编辑】子菜单中的命令，可以对实体面进行拉伸、移动、偏移、删除、旋转、倾斜、着色和复制等操作，如图 11-33 所示为实体面编辑工具。

图 11-33　实体面编辑工具

1. 拉伸面

在【功能区】选项板中选择【常用】选项卡，在【实体编辑】面板中单击【拉伸面】按钮 ，或在快速访问工具栏选择【显示菜单栏】命令，在弹出的菜单中选择【修改】|【实体编辑】|【拉伸面】命令，可以按指定的长度或沿指定的路径拉伸实体面。

例如，要将图 11-34 所示图形中 A 处的面拉伸 40 个单位，可在【常用】选项卡的【实体编辑】面板中，单击【拉伸面】按钮，并单击 A 处所在的面，然后在命令行的提示下输入拉伸高度为 40，其结果如图 11-35 所示。

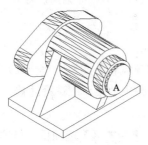

图 11-34　待拉伸的图形

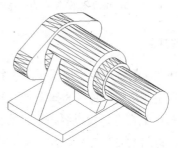

图 11-35　拉伸后的效果

2. 移动面

在【功能区】选项板中选择【常用】选项卡，在【实体编辑】面板中单击【移动面】按钮，或在快速访问工具栏选择【显示菜单栏】命令，在弹出的菜单中选择【修改】|【实体编辑】|【移动面】命令，可以按指定的距离移动实体的指定面。

例如，若要对图 11-34 所示对象中点 A 处的面进行移动，并指定位移的基点为(0,0,0)，位移的第 2 点为(0,40,0)，移动的结果也将如图 11-35 所示。

3. 偏移面

在【功能区】选项板中选择【常用】选项卡，在【实体编辑】面板中单击【偏移面】按钮，或在快速访问工具栏选择【显示菜单栏】命令，在弹出的菜单中选择【修改】|【实体编辑】|【偏移面】命令，可以等距离偏移实体的指定面。

例如，若对图 11-34 所示对象中点 A 处的面进行偏移，并指定偏移距离为 40，移动的结果也将如图 11-35 所示。

4. 删除面

在【功能区】选项板中选择【常用】选项卡，在【实体编辑】面板中单击【删除面】按钮，在快速访问工具栏选择【显示菜单栏】命令，在弹出的菜单中选择【修改】|【实体编辑】|【删除面】命令，可以删除实体上指定的面。

例如，要删除图 11-36 所示图形中 A 处的面，在【功能区】选项板中选择【常用】选项卡，在【实体编辑】面板中单击【删除】按钮，并单击 A 处所在的面，然后按 Enter 键即可，其结果如图 11-37 所示。

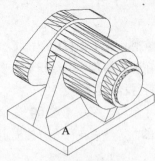

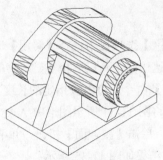

图 11-36　需要删除其面的实体　　　　　图 11-37　删除面后的效果

5. 旋转面

在【功能区】选项板中选择【常用】选项卡，在【实体编辑】面板中单击【旋转面】按钮 ，或在快速访问工具栏选择【显示菜单栏】命令，在弹出的菜单中选择【修改】|【实体编辑】|【旋转面】命令，可以绕指定轴旋转实体的面。

例如，将图 11-38 中 A 处的面绕 X 轴旋转 45°，可在【功能区】选项板中选择【常用】选项卡，在【实体编辑】面板中单击【旋转面】按钮 ，并单击点 A 处的面作为旋转面，指定轴为 X 轴，旋转原点的坐标为(0，0，0)，旋转角度为 45°，则旋转后的效果如图 11-39 所示。

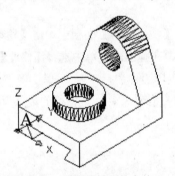

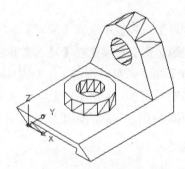

图 11-38　需要旋转面的实体　　　　　图 11-39　旋转面后的效果

6. 倾斜面

在【功能区】选项板中选择【常用】选项卡，在【实体编辑】面板中单击【倾斜面】按钮 ，或选择【修改】|【实体编辑】|【倾斜面】命令，可以将实体面倾斜为指定角度。

例如，将图 11-38 中 A 处的面以(0,0,0)为基点，以(0，0，10)为沿倾斜轴上的一点，倾斜 - 45°，也可得到图 11-39 所示的结果。

7. 着色面

在【功能区】选项板中选择【常用】选项卡，在【实体编辑】面板中单击【着色面】按钮 ，或在快速访问工具栏选择【显示菜单栏】命令，在弹出的菜单中选择【修改】|【实体编辑】|【着色面】命令，可以修改实体上单个面的颜色。

当执行着色面命令时，在绘图窗口中选择需要着色的面，然后按 Enter 键将打开【选择颜色】对话框。在颜色调色板中可以选择需要的颜色，最后单击【确定】按钮即可。

当为实体的面着色后，可在【功能区】选项板中选择【输出】选项卡，在【渲染】面板中单击【渲染】按钮，渲染图形，以观察其着色效果，如图 11-40 所示。

8. 复制面

在【功能区】选项板中选择【常用】选项卡，在【实体编辑】面板中单击【复制面】按钮，或在快速访问工具栏选择【显示菜单栏】命令，在弹出的菜单中选择【修改】|【实体编辑】|【复制面】命令，可以复制指定的实体面。

例如，要复制图形中的圆环面，在【功能区】选项板中选择【常用】选项卡，在【实体编辑】面板中单击【复制面】按钮，并单击需要复制的面，然后指定位移的基点和位移的第2点，并按 Enter 键，结果如图 11-41 所示。

图 11-40　着色实体面后的渲染效果

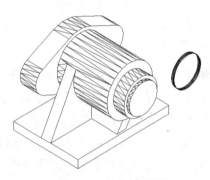

图 11-41　复制实体面

11.2.7　实体清除、分割、抽壳与选中

在 AutoCAD 的【功能区】选项板中选择【常用】选项卡，使用【实体编辑】面板中的清除、分割、抽壳和检查工具，或在快速访问工具栏选择【显示菜单栏】命令，在弹出的菜单中选择【修改】|【实体编辑】子菜单中的相关命令，可以对实体进行清除、分割、抽壳和选中操作，如图 11-42 所示为相关的编辑工具。

图 11-42　分割、清除、抽壳和选中工具

1. 分割

在【功能区】选项板中选择【常用】选项卡，在【实体编辑】面板中单击【分割】按钮 ，或在快速访问工具栏选择【显示菜单栏】命令，在弹出的菜单中选择【修改】|【实体编辑】|【分割】命令，可以将不相连的三维实体对象分割成独立的三维实体对象。

例如，使用【分割】命令分割如图 11-43 所示的三维实体后，效果如图 11-44 所示。

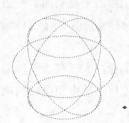 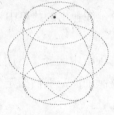 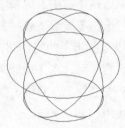 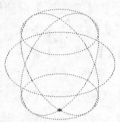

图 11-43　实体分割前　　　　　　　　　　　图 11-44　实体分割后

2. 清除

在【功能区】选项板中选择【常用】选项卡，在【实体编辑】面板中单击【清除】按钮 ，或在快速访问工具栏选择【显示菜单栏】命令，在弹出的菜单中选择【修改】|【实体编辑】|【清除】命令，可以删除共享边以及那些在边或顶点具有相同表面或曲线定义的顶点。可以删除所有多余的边、顶点以及不使用的几何图形，但不删除压印的边。

例如，使用【清除】命令清除如图 11-45 所示的三维实体后，效果如图 11-46 所示。

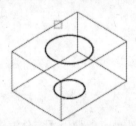 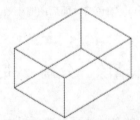

图 11-45　实体清除前　　　　　　　　　　图 11-46　实体清除后

3. 抽壳

在【功能区】选项板中选择【常用】选项卡，在【实体编辑】面板中单击【抽壳】按钮 ，或在快速访问工具栏选择【显示菜单栏】命令，在弹出的菜单中选择【修改】|【实体编辑】|【抽壳】命令，可以用指定的厚度创建一个空的薄层。可以为所有面指定一个固定的薄层厚度。通过选择面可以将这些面排除在壳外。一个三维实体只能有一个壳。通过将现有面偏移出其原位置来创建新的面。

使用【抽壳】命令进行抽壳操作时，若输入抽壳偏移距离的值为正值，表示从圆周外开始抽壳，指定为负值，表示从圆周内开始抽壳。

例如，使用【抽壳】命令对如图 11-47 所示的三维实体抽壳后的效果如图 11-48 所示。

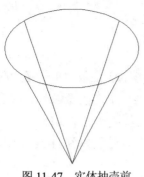

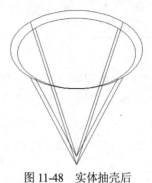

图 11-47　实体抽壳前　　　　　　　　　图 11-48　实体抽壳后

4. 选中

在【功能区】选项板中选择【常用】选项卡，在【实体编辑】面板中单击【选中】按钮，或在快速访问工具栏选择【显示菜单栏】命令，在弹出的菜单中选择【修改】|【实体编辑】|【选中】命令，可以检查选中的三维对象是否是有效的实体。

11.2.8　剖切实体

在【功能区】选项板中选择【常用】选项卡，在【实体编辑】面板中单击【剖切】按钮，或在快速访问工具栏选择【显示菜单栏】命令，在弹出的菜单中选择【修改】|【三维操作】|【剖切】命令(SLICE)，可以通过剖切现有实体来创建新实体。

用作剖切平面的对象可以是曲面、圆、椭圆、圆弧或椭圆弧、二维样条曲线和二维多段线线段。在剖切实体时，可以保留剖切实体的一半或全部。剖切实体不保留创建它们的原始形式的历史记录，只保留原实体的图层和颜色特性，如图 11-49 所示。

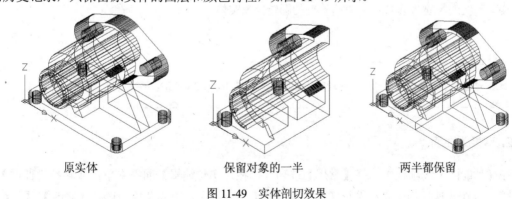

原实体　　　　　　　　保留对象的一半　　　　　　　两半都保留

图 11-49　实体剖切效果

剖切实体的默认方法是指定两个点定义垂直于当前 UCS 的剪切平面，然后选择要保留的部分。也可以通过指定三个点，使用曲面、其他对象、当前视图、Z 轴，或者 XY 平面、YZ 平面或 ZX 平面来定义剪切平面。

11.2.9 加厚

在【功能区】选项板中选择【常用】选项卡，在【实体编辑】面板中单击【加厚】按钮，或在快速访问工具栏选择【显示菜单栏】命令，在弹出的菜单中选择【修改】|【三维操作】|【加厚】命令(THICKEN)，可以通过加厚曲面从任何曲面类型创建三维实体。

例如，使用【加厚】命令将长方形曲面加厚 50 个单位后，结果如图 11-50 所示。

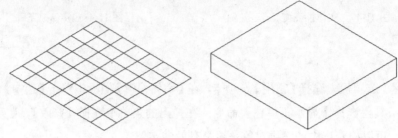

图 11-50   加厚操作

11.2.10   转换为实体和曲面

1. 转换为实体

在【功能区】选项板中选择【常用】选项卡，在【实体编辑】面板中单击【转换为实体】按钮，或在快速访问工具栏选择【显示菜单栏】命令，在弹出的菜单中选择【修改】|【三维操作】|【转换为实体】命令(CONVTOSOLID)，可以将具有厚度的统一宽度的宽多段线、闭合的或具有厚度的零宽度多段线、具有厚度的圆转换为实体。

注意

无法对包含零宽度顶点或可变宽度线段的多段线使用 CONVTOSOLID 命令。

2. 转换为曲面

在【功能区】选项板中选择【常用】选项卡，在【实体编辑】面板中单击【转换为曲面】按钮，或在快速访问工具栏选择【显示菜单栏】命令，在弹出的菜单中选择【修改】|【三维操作】|【转换为曲面】命令(CONVTOSURFACE)，可以将二维实体、面域、体、开放的或具有厚度的零宽度多段线、具有厚度的直线、具有厚度的圆弧以及三维平面转换为曲面。

11.2.11 分解三维对象

在【功能区】选项板中选择【常用】选项卡，在【修改】面板中单击【分解】按钮，或在快速访问工具栏选择【显示菜单栏】命令，在弹出的菜单中选择【修改】|【分解】命令(EXPLODE)，可以将三维对象分解为一系列面域和主体。其中，实体中的平面被转换为面域，曲面被转化为主体。用户还可以继续使用该命令，将面域和主体分解为组成它们的基本元素，如直线、圆及圆弧等。

例如，对如图 11-51 左图所示的图形进行分解，然后移动生成的面域或主体，效果如图 11-51 右图所示。

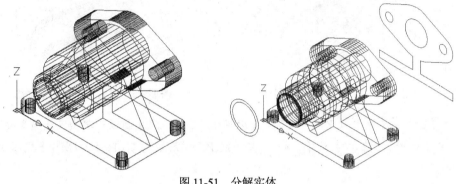

图 11-51 分解实体

11.2.12 对实体修倒角和圆角

在【功能区】选项板中选择【常用】选项卡，在【修改】面板中单击【倒角】按钮，或在快速访问工具栏选择【显示菜单栏】命令，在弹出的菜单中选择【修改】|【倒角】命令(CHAMFER)，可以对实体的棱边修倒角，从而在两相邻曲面间生成一个平坦的过渡面。

在【功能区】选项板中选择【常用】选项卡，在【修改】面板中单击【圆角】按钮，或在快速访问工具栏选择【显示菜单栏】命令，在弹出的菜单中选择【修改】|【圆角】命令(FILLET)，可以为实体的棱边修圆角，从而在两个相邻面间生成一个圆滑过渡的曲面。在为几条交于同一个点的棱边修圆角时，如果圆角半径相同，则会在该公共点上生成球面的一部分。

【例 11-5】对图 11-52 所示图形中的 A 和 B 处的棱边修倒角，倒角距离都为 5；对 C 和 D 处的棱边修圆角，圆角半径为 15。

(1) 在【功能区】选项板中选择【常用】选项卡，在【修改】面板中单击【倒角】按钮，在【选择第一条直线或 [放弃(U)/多段线(P)/距离(D)/角度(A)/修剪(T)/方式(E)/多个(M)]: 】提示信息下，单击 A 处作为待选择的边。

(2) 在命令行的【输入曲面选择选项 [下一个(N)/当前(OK)] <当前(OK)>: 】提示信息下按

计算机 基础与实训教材系列

Enter 键，指定曲面为当前面。

(3) 在命令行的【指定基面的倒角距离:】提示信息下输入 5，指定基面的倒角距离为 5。

(4) 在命令行的【指定基面的倒角距离<5.000>:】提示信息下按 Enter 键，指定其他曲面的倒角距离也为 5。

(5) 在命令行的【选择边或 [环(L)]:】提示信息下，单击 A 处的棱边，结果如图 11-53 所示。

(6) 使用同样的方法，对 B 处的棱边修倒角。

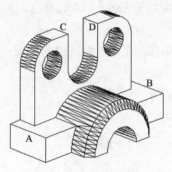

图 11-52　对实体修圆角和倒角

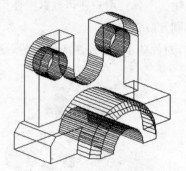

图 11-53　对 A 处的棱边修倒角

(7) 在【功能区】选项板中选择【常用】选项卡，在【修改】面板中单击【圆角】按钮，在命令行的【选择第一个对象或 [放弃(U)/多段线(P)/半径(R)/修剪(T)/多个(M)]:】提示信息下单击 C 处的棱边。

(8) 在命令行的【输入圆角半径:】提示信息下输入 15，指定圆角半径，按 Enter 键，结果如图 11-54 所示。

(9) 使用同样的方法，对 D 处的棱边修倒角。

(10) 在快速访问工具栏选择【显示菜单栏】命令，在弹出的菜单中选择【视图】|【消隐】命令消隐图形，结果如图 11-55 所示。

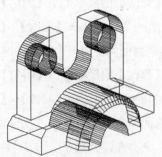

图 11-54　对 C 处的棱边修倒角

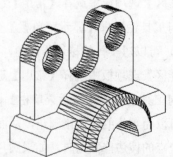

图 11-55　消隐后的效果

11.3　标注三维对象的尺寸

在【功能区】选项板中选择【注释】选项卡，在【标注】面板中单击标注工具，或在快速访问工具栏选择【显示菜单栏】命令，在弹出的菜单中选择【标注】菜单中的命令，不仅可以标注二维对象的尺寸，还可以标注三维对象的尺寸。由于所有的尺寸标注都只能在当前坐标的 **XY** 平面中进行，因此为了准确标注三维对象中各部分的尺寸，需要不断地变换坐标系。下面通过一个具体实例来介绍三维对象的标注方法。

【例 11-6】 标注如图 11-56 所示的图形。

(1) 根据前面介绍的方法绘制如图 11-57 所示的图形。

(2) 在【功能区】选项板中选择【常用】选项卡，在【图层】面板中单击【图层特性】按钮 ，打开【图层特性管理器】面板，选择【标注层】，单击【置为当前】按钮 ，将其设置为当前层。

(3) 在【功能区】选项板中选择【视图】选项卡，在【坐标】面板中单击【原点】按钮 ，将坐标系移动到如图 11-57 所示的位置。

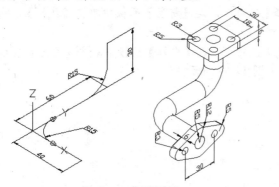

图 11-56 标注图形

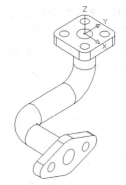

图 11-57 移动坐标系

(4) 在【功能区】选项板中选择【注释】选项卡，在【标注】面板中单击【线性】按钮 ，标注圆孔的中心间距，结果如图 11-58 所示。

(5) 使用同样的方法标注出 XY 平面内其他的线性标注，如图 11-59 所示。

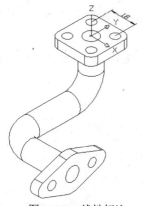

图 11-58 线性标注

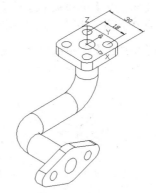

图 11-59 标注长度

(6) 在【功能区】选项板中选择【注释】选项卡，在【标注】面板中单击【半径】按钮 ，标注圆孔的半径和圆角半径，结果如图 11-60 所示。

(7) 在【功能区】选项板中选择【视图】选项卡，在【坐标】面板中单击【原点】按钮 ，将坐标系移动到实体顶部的端点处，然后在【视图】选项卡中的【坐标】面板中单击 Y 按钮 ，将坐标系绕 Y 轴旋转 90°，结果如图 11-61 所示。

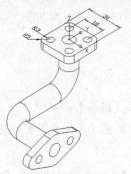

图 11-60 标注半径

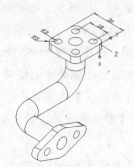

图 11-61 旋转坐标系

(8) 在【功能区】选项板中选择【注释】选项卡，在【标注】面板中单击【线性】按钮，标注实体顶部的高度，结果如图 11-62 所示。

(9) 在【功能区】选项板中选择【视图】选项卡，在【坐标】面板中单击【原点】按钮，将坐标系移动到实体底部的圆心处，结果如图 11-63 所示。

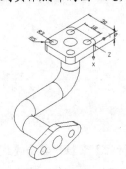

图 11-62 标注顶部实体的高

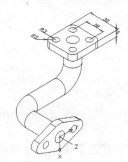

图 11-63 移动坐标系

(10) 在【功能区】选项板中选择【注释】选项卡，在【标注】面板中单击【半径】按钮，标注圆孔的半径和圆角半径，结果如图 11-64 所示。

(11) 在【功能区】选项板中选择【注释】选项卡，在【标注】面板中单击【线性】按钮，标注圆孔中心间的长度，结果如图 11-65 所示。

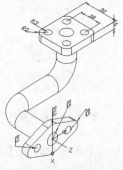

图 11-64 标注半径

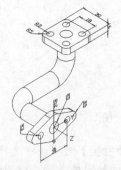

图 11-65 标注两孔长度

(12) 在【功能区】选项板中选择【视图】选项卡，在【坐标】面板中单击【原点】按钮，将坐标系移动到底部的一个端点上，结果如图 11-66 所示。

　　(13) 在【功能区】选项板中选择【视图】选项卡中，在【坐标】面板中单击【三点】按钮，以楔体的斜面为坐标系的 XY 面调整坐标系，结果如图 11-67 所示。

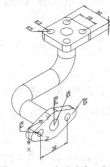
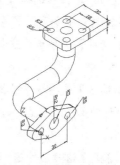

图 11-66　移动坐标系　　　　　　　　图 11-67　调整坐标系

　　(14) 在【功能区】选项板中选择【注释】选项卡，在【标注】面板中单击【线性】按钮，标注出底部的厚度，结果如图 11-68 所示。

　　(15) 使用同样的方法标注拉伸路径，结果如图 11-69 所示。

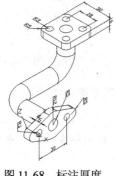
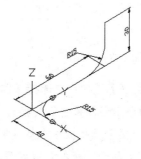

图 11-68　标注厚度　　　　　　　　图 11-69　标注拉伸路径

11.4　上机练习

　　通过本章的学习，读者已经掌握编辑三维图形的操作方法。本节将通过绘制如图 11-70 所示的机件图形来巩固本章所介绍的知识点。

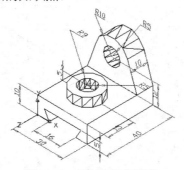

图 11-70　绘制的机件图形

(1) 在快速访问工具栏选择【显示菜单栏】命令，在弹出的菜单中选择【文件】|【新建】命令，新建一个空白文档。

(2) 在快速访问工具栏选择【显示菜单栏】命令，在弹出的菜单中选择【视图】|【三维视图】|【东南等轴测】命令，设置东南等轴测视图模式。

(3) 在【功能区】选项板中选择【视图】选项卡，在【坐标】面板中单击 X 按钮 ，将坐标系绕 X 轴旋转 90°。

(4) 在【功能区】选项板中选择【常用】选项卡，在【绘图】面板中单击【矩形】按钮 ，以点(0,0) 为矩形的第 1 个角点，以点(30,10)为第 2 个角点，绘制一个长为 30，宽为 10 的矩形，如图 11-71 所示。

(5) 在【功能区】选项板中选择【常用】选项卡，在【绘图】面板中单击【多段线】按钮 ，绘制一个以(7,0)、(23,0)、(26,5)、(4,5)4 点为角的闭合图形，如图 11-72 所示。

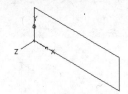

图 11-71　绘制矩形

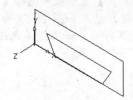

图 11-72　使用多段线作闭合图形

(6) 在【功能区】选项板中选择【常用】选项卡，在【绘图】面板中单击【面域】按钮 ，选择所绘制的两个图形，将它们转换为面域。

(7) 在【功能区】选项板中选择【常用】选项卡，在【实体编辑】面板中单击【差集】按钮 ，使用长方形面域减去多边形面域。

(8) 在【功能区】选项板中选择【常用】选项卡，在【建模】面板中单击【拉伸】按钮 ，选择做差集运算后的面域，并将其沿 Z 轴拉伸-40 个单位，结果如图 11-73 所示。

(9) 在【功能区】选项板中选择【视图】选项卡，在【坐标】面板中单击【原点】按钮 ，将坐标系移动到点(0,10,0)处，然后在【视图】选项卡中的【坐标】面板中单击 X 按钮 ，将坐标系绕 X 轴旋转-90°，结果如图 11-74 所示。

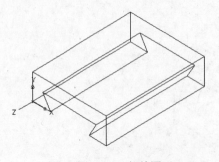

图 11-73　拉伸图形

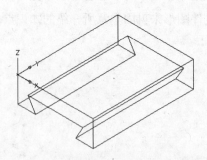

图 11-74　调整坐标系

(10) 在【功能区】选项板中选择【常用】选项卡，在【建模】面板中单击【圆柱体】按钮，以点(15,15,0)为圆柱体的底面圆心，绘制半径分别为 5 和 9，高为 5 的圆柱体，如图 11-75 所示。

(11) 在【功能区】选项板中选择【常用】选项卡，在【实体编辑】面板中单击【并集】按钮，将底座和大圆柱体进行并集运算。

(12) 在【功能区】选项板中选择【常用】选项卡，在【实体编辑】面板中单击【差集】按钮，使用合并后的实体减去绘制的小圆柱体。

(13) 在【功能区】选项板中选择【视图】选项卡，在【坐标】面板中单击【原点】按钮，将坐标系移动到长方体的一边中点处，然后在【视图】选项卡中的【坐标】面板中单击 X 按钮，将坐标系绕 X 轴旋转 90°，如图 11-76 所示。

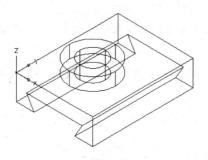

图 11-75 绘制长方体

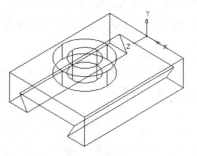

图 11-76 调整坐标系

(14) 在【功能区】选项板中选择【常用】选项卡，在【绘图】面板中单击【圆心，半径】按钮，以(0,12)为圆心，绘制半径分别为 5 和 10 的圆，如图 11-77 所示。

(15) 在【功能区】选项板中选择【常用】选项卡，在【绘图】面板中单击【多段线】按钮，捕捉大圆的切点，绘制如图 11-78 所示的闭合图形。

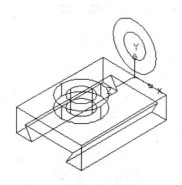

图 11-77 绘制圆

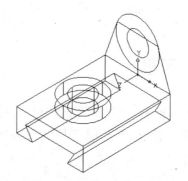

图 11-78 绘制闭合图形

(16) 在【功能区】选项板中选择【常用】选项卡，在【绘图】面板中单击【面域】按钮，选择所绘制的图形，将它们转换为面域。

(17) 在【功能区】选项板中选择【常用】选项卡，在【建模】面板中单击【拉伸】按钮，将转化后的面域沿 Z 轴方向拉伸 10 个单位，如图 11-79 所示。

(18) 在【功能区】选项板中选择【常用】选项卡，在【实体编辑】面板中单击【并集】按钮，对合并后的实体、梯形实体以及大圆柱体求并集运算，结果如图 11-80 所示。

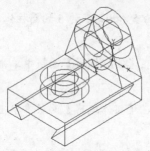

图 11-79　拉伸操作

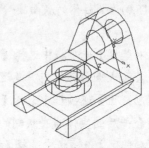

图 11-80　对图形做并集运算

(19) 在【功能区】选项板中选择【常用】选项卡，在【实体编辑】面板中单击【差集】按钮 ，利用合并后的实体减去小圆柱体，结果如图 11-81 所示。

(20) 在【功能区】选项板中选择【视图】选项卡，在【坐标】面板中单击【世界】按钮 ，恢复世界坐标系。

(21) 在快速访问工具栏选择【显示菜单栏】命令，在弹出的菜单中选择【视图】|【消隐】命令，消隐图形，结果如图 11-82 所示。

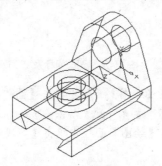

图 11-81　差集运算

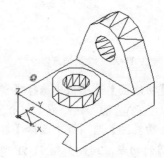

图 11-82　消隐图形

11.5　习题

1. 绘制如图 11-83 所示的图形并进行标注。

2. 绘制如图 11-84 所示的图形并进行标注。

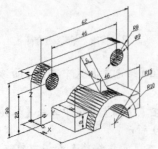

图 11-83　绘制图形 1

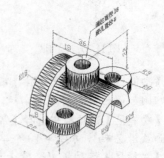

图 11-84　绘制图形 2

第12章

观察与渲染三维图形

学习目标

使用三维观察和导航工具，可以在图形中导航、为指定视图设置相机以及创建动画以便与其他人共享设计。可以围绕三维模型进行动态观察、回旋、漫游和飞行，设置相机，创建预览动画以及录制运动路径动画，用户可以将这些分发给其他人以从视觉上传达设计意图。

要从视觉上能更形象、真实地观测三维模型的效果，则还需要对模型应用视觉样式或进行渲染。

本章重点

- ◉ 使用三维导航工具
- ◉ 使用相机定义三维视图
- ◉ 创建运动路径动画
- ◉ 查看三维图形效果
- ◉ 应用与管理视觉样式
- ◉ 使用光源、材质和贴图
- ◉ 渲染对象

12.1 使用三维导航工具

三维导航工具允许用户从不同的角度、高度和距离查看图形中的对象。用户可以使用以下三维工具在三维视图中进行动态观察、回旋、调整距离、缩放和平移。

- ◉ 受约束的动态观察：沿 XY 平面或 Z 轴约束三维动态观察。
- ◉ 自由动态观察：不参照平面，在任意方向上进行动态观察。沿 XY 平面和 Z 轴进行动态观察时，视点不受约束。

- ⊙ 连续动态观察：连续地进行动态观察。在要使连续动态观察移动的方向上单击并拖动，然后释放鼠标按钮，轨道沿该方向继续移动。
- ⊙ 调整距离：垂直移动光标时，将更改对象的距离。可以使对象显示得较大或较小，并可以调整距离。
- ⊙ 回旋：在拖动方向上模拟平移相机。查看的目标将更改。可以沿 XY 平面或 Z 轴回旋视图。
- ⊙ 缩放：模拟移动相机靠近或远离对象，可以放大图像。
- ⊙ 平移：启用交互式三维视图并允许用户水平和垂直拖动视图。

下面主要介绍前 3 种动态观察三维视图的方法。

12.1.1 受约束的动态观察

在【功能区】选项板中选择【视图】选项卡，在【视图】面板中单击【受约束的动态观察】按钮 ⊕，或在快速访问工具栏选择【显示菜单栏】命令，在弹出的菜单中选择【视图】|【动态观察】|【受约束的动态观察】命令(3DORBIT)，可以在当前视口中激活三维动态观察视图。

当【受约束的动态观察】处于活动状态时，视图的目标将保持静止，而相机的位置(或视点)将围绕目标移动。但是，看起来好像三维模型正在随着鼠标光标的拖动而旋转。用户可以此方式指定模型的任意视图。此时，显示三维动态观察光标图标。如果水平拖动光标，相机将平行于世界坐标系(WCS)的 XY 平面移动。如果垂直拖动光标，相机将沿 Z 轴移动，如图 12-1 所示。

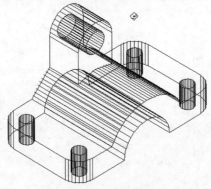

图 12-1　受约束的动态观察

12.1.2 自由动态观察

在【功能区】选项板中选择【视图】选项卡，在【视图】面板中单击【自由动态观察】按钮 ⊘，或在快速访问工具栏选择【显示菜单栏】命令，在弹出的菜单中选择【视图】|【动态观察】|【自由动态观察】命令(3DFORBIT)，可以在当前视口中激活三维自由动态观察视图。如果用户坐标系(UCS)图标为开，则表示当前 UCS 的着色三维 UCS 图标显示在三维动态观

察视图中。

　　三维自由动态观察视图显示一个导航球，它被更小的圆分成 4 个区域，如图 12-2 所示。取消选择快捷菜单中的【启用动态观察自动目标】选项时，视图的目标将保持固定不变。相机位置或视点将绕目标移动。目标点是导航球的中心，而不是正在查看的对象的中心。与【受约束的动态观察】不同，【自由动态观察】不约束沿 XY 轴或 Z 方向的视图变化。

⑫.1.3　连续动态观察

　　在【功能区】选项板中选择【视图】选项卡，在【视图】面板中单击【连续动态观察】按钮 ，或在快速访问工具栏选择【显示菜单栏】命令，在弹出的菜单中选择【视图】|【动态观察】|【连续动态观察】命令(3DCORBIT)，可启用交互式三维视图并将对象设置为连续运动。

　　执行 3DCORBIT 命令，在绘图区域中单击并沿任意方向拖动鼠标，使对象沿正在拖动的方向开始移动。释放鼠标，对象在指定的方向上继续进行它们的轨迹运动。为光标移动设置的速度决定了对象的旋转速度。

　　可通过再次单击并拖动来改变连续动态观察的方向。在绘图区域中单击鼠标右键并从快捷菜单中选择选项，也可以修改连续动态观察的显示，如图 12-3 所示。

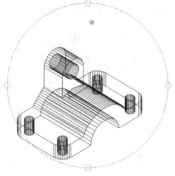
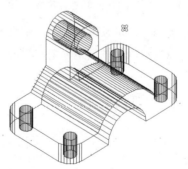

　　图 12-2　自由动态观察　　　　　　　　图 12-3　连续观察

⑫.2　使用相机定义三维视图

　　在 AutoCAD 中，通过在模型空间中放置相机和根据需要调整相机设置来定义三维视图。

⑫.2.1　认识相机

　　在图形中，可以通过放置相机来定义三维视图；可以打开或关闭相机并使用夹点来编辑相机的位置、目标或焦距；可以通过位置 XYZ 坐标、目标 XYZ 坐标和视野/焦距(用于确定倍率或缩放比例)定义相机。可以指定的相机属性如下。

- ⊙ 位置：定义要观察三维模型的起点。
- ⊙ 目标：通过指定视图中心的坐标来定义要观察的点。
- ⊙ 焦距：定义相机镜头的比例特性。焦距越大，视野越窄。
- ⊙ 前向和后向剪裁平面：指定剪裁平面的位置。剪裁平面是定义(或剪裁)视图的边界。在相机视图中，将隐藏相机与前向剪裁平面之间的所有对象。同样隐藏后向剪裁平面与目标之间的所有对象。

默认情况下，已保存相机的名称为 Camera1、Camera2 等。用户可以根据需要重命名相机以更好地描述相机视图。

12.2.2 创建相机

在快速访问工具栏选择【显示菜单栏】命令，在弹出的菜单中选择【视图】|【创建相机】命令(CAMERA)，可以设置相机和目标的位置，以创建并保存对象的三维透视图。

通过定义相机的位置和目标，然后进一步定义其名称、高度、焦距和剪裁平面来创建新相机。执行【创建相机】命令时，当在图形中指定了相机位置和目标位置后，命令行显示如下提示信息。

> 输入选项 [?/名称(N)/位置(LO)/高度(H)/目标(T)/镜头(LE)/剪裁(C)/视图(V)/退出(X)] <退出>:

在该命令提示下，可以指定是否显示当前已定义相机的列表、相机名称、相机位置、相机高度、相机目标位置、相机焦距、剪裁平面以及设置当前视图以匹配相机设置。

12.2.3 修改相机特性

在图形中创建了相机后，当选中相机时，将打开【相机预览】窗口，如图 12-4 所示。其中，预览窗口用于显示相机视图的预览效果；【视觉样式】下拉列表框用于指定应用于预览的视觉样式，如概念、三维隐藏、三维线框、真实等；【编辑相机时显示该窗口】复选框，用于指定编辑相机时，是否显示【相机预览】窗口。

图 12-4　相机预览窗口

在选中相机后，可以通过以下多种方式来更改相机设置。

⊙　单击并拖动夹点，以调整焦距、视野大小，或重新设置相机位置，如图 12-5 所示。

⊙　在动态输入工具栏中输入 X、Y、Z 坐标值，如图 12-6 所示。

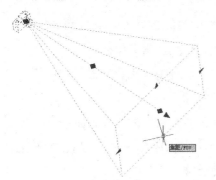

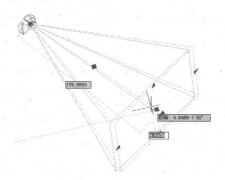

图 12-5　通过夹点进行设置　　　　　　图 12-6　使用动态输入

⊙　使用【特性】面板修改相机特性，如图 12-7 所示。

图 12-7　相机的【特性】面板

【例 12-1】使用相机观察如图 12-8 所示的图形。其中，设置相机的名称为 mycamera，相机位置为(120,120,120)，相机高度为 120，目标位置为(0,0)，焦距为 100mm。

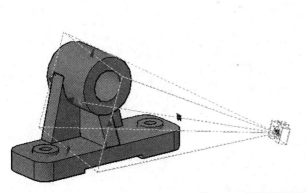

图 12-8　使用相机观察图形

(1) 打开一个三维图形，如图 12-8 所示。

(2) 在快速访问工具栏选择【显示菜单栏】命令，在弹出的菜单中选择【视图】|【创建相机】命令(CAMERA)，在视图中通过添加相机来观察图形。

(3) 在命令行的【指定相机位置:】提示信息下输入(120,120,120)，指定相机的位置。

(4) 在命令行的【指定目标位置:】提示信息下输入(0,0)，指定相机的目标位置。

(5) 在命令行的【输入选项 [?/名称(N)/位置(LO)/高度(H)/目标(T)/镜头(LE)/剪裁(C)/视图(V)/退出(X)] <退出>:】提示信息下输入 N，选择名称选项。

(6) 在命令行的【输入新相机的名称 <相机 1>:】输入相机名称为 mycamera。

(7) 在命令行的【输入选项 [?/名称(N)/位置(LO)/高度(H)/目标(T)/镜头(LE)/剪裁(C)/视图(V)/退出(X)] <退出>:】提示信息下输入 H，选择高度选项。

(8) 在命令行的【指定相机高度 <0>:】提示信息下输入 120，指定相机的高度。

(9) 在命令行的【输入选项 [?/名称(N)/位置(LO)/高度(H)/目标(T)/镜头(LE)/剪裁(C)/视图(V)/退出(X)] <退出>:】提示信息下输入 LE，选择镜头选项。

(10) 在命令行的【以毫米为单位指定镜头长度 <50>:】提示信息下输入 100，指定镜头的长度，单位为毫米。

(11) 在命令行的【输入选项 [?/名称(N)/位置(LO)/高度(H)/目标(T)/镜头(LE)/剪裁(C)/视图(V)/退出(X)] <退出>:】提示信息下按 Enter 键，这时创建的相机效果如图 12-8 所示。

(12) 单击创建的相机，在打开的【相机预览】窗口中调整视觉样式。

12.2.4 调整视距

在快速访问工具栏选择【显示菜单栏】命令，在弹出的菜单中选择【视图】|【相机】|【调整视距】命令(3DDISTANCE)，可以将光标更改为具有上箭头和下箭头的直线。单击并向屏幕顶部垂直拖动光标使相机靠近对象，从而使对象显示得更大。单击并向屏幕底部垂直拖动光标使相机远离对象，从而使对象显示得更小，如图 12-9 所示。

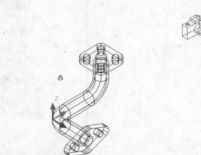
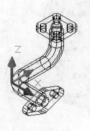

图 12-9 调整视距

12.2.5 回旋

在快速访问工具栏选择【显示菜单栏】命令，在弹出的菜单中选择【视图】|【相机】|【回旋】命令(3DSWIVEL)，可以在拖动方向上模拟平移相机。可以沿 XY 平面或 Z 轴回旋视图，如图 12-10 所示。

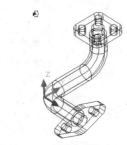

图 12-10　回旋视图

12.3　运动路径动画

使用运动路径动画(例如模型的三维动画穿越漫游)可以向用户形象地演示模型。可以录制和回放导航过程，以动态传达设计意图。

12.3.1 控制相机运动路径的方法

可以通过将相机及其目标链接到点或路径来控制相机运动，从而控制动画。要使用运动路径创建动画，可以将相机及其目标链接到某个点或某条路径。

如果要相机保持原样，则将其链接到某个点；如果要相机沿路径运动，则将其链接到路径上。

如果要目标保持原样，则将其链接到某个点；如果要目标移动，则将其链接到某条路径。无法将相机和目标链接到一个点。

如果要使动画视图与相机路径一致，则使用同一路径。在【运动路径动画】对话框中，将目标路径设置为【无】可以实现该目的。

知识点

相机或目标链接的路径，必须在创建运动路径动画之前创建路径对象。路径对象可以是直线、圆弧、椭圆弧、圆、多段线、三维多段线或样条曲线。

⑫.3.2　设置运动路径动画参数

在快速访问工具栏选择【显示菜单栏】命令，在弹出的菜单中选择【视图】|【动画运动路径】命令(ANIPATH)，打开【运动路径动画】对话框，如图 12-11 所示。

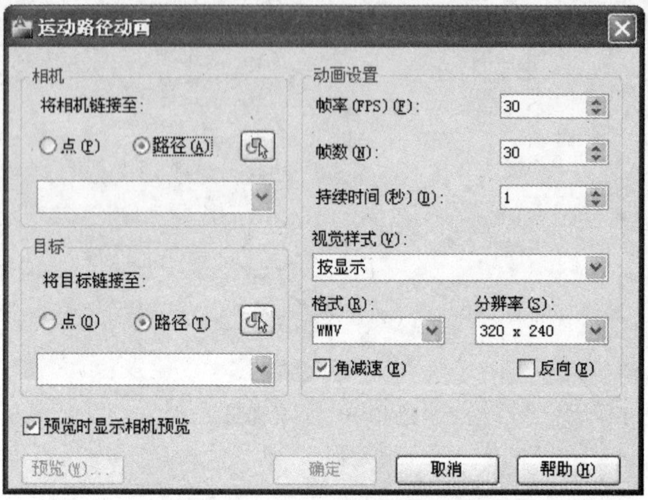

图 12-11　【运动路径动画】对话框

1. 设置相机

在【相机】选项区域中，可以设置将相机链接至图形中的静态点或运动路径。当选择【点】或【路径】单选按钮，可以单击拾取按钮，选择相机所在位置的点或沿相机运动的路径，这时在下拉列表框中将显示可以链接相机的命名点或路径列表。

提示

> 创建运动路径时，将自动创建相机。如果删除指定为运动路径的对象，也将同时删除命名的运动路径。

2. 设置目标

在【目标】选项区域中，可以设置将相机目标链接至点或路径。如果将相机链接至点，则必须将目标链接至路径。如果将相机链接至路径，可以将目标链接至点或路径。

3. 设置动画

在【动画设置】选项区域中，可以控制动画文件的输出。其中，【帧频】文本框用于设置动画运行的速度，以每秒帧数为单位计量，指定范围为 1～60，默认值为 30；【帧数】文本框用于指定动画中的总帧数，该值与帧率共同确定动画的长度，更改该数值时，将自动重新计算

【持续时间】值；【持续时间】文本框用于指定动画(片断中)的持续时间；【视觉样式】下拉列表框，显示可应用于动画文件的视觉样式和渲染预设的列表；【格式】下拉列表框用于指定动画的文件格式，可以将动画保存为 AVI、MOV、MPG 或 WMV 文件格式以便日后回放；【分辨率】下拉列表框用于以屏幕显示单位定义生成的动画的宽度和高度，默认值为 320×240；【角减速】复选框用于设置相机转弯时，以较低的速率移动相机；【反转】复选框用于设置反转动画的方向。

4.预览动画

在【运动路径动画】对话框中，选择【预览时显示相机预览】复选框，将显示【动画预览】窗口，从而可以在保存动画之前进行预览。单击【预览】按钮，将打开【动画预览】窗口，如图 12-12 所示。

在【动画预览】窗口中，可以预览使用运动路径或三维导航创建的运动路径动画，其中，通过【视觉样式】下拉列表框，可以指定【预览】区域中的显示的视觉样式。

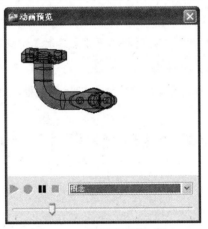

图 12-12　【动画预览】窗口

12.3.3　创建运动路径动画

了解了运动路径动画的设置方法后，下面通过一个具体实例来介绍运动路径动画的创建方法。

【例 12-2】在如图 12-13 所示的机件图形的 Z 轴正方向上绘制一个圆，然后创建沿圆运动的动画效果，其中目标位置为原点，视觉样式为概念，动画输出格式为 WMV。

(1) 打开如图 12-13 所示的图形。在 Z 轴正方向的某一位置(用户可以自己指定)创建一个圆，然后调整视图显示，效果如图 12-14 所示。

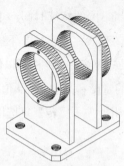

图 12-13　机件图形

图 12-14　绘制圆并调整视图显示

(2) 在快速访问工具栏选择【显示菜单栏】命令，在弹出的菜单中选择【视图】|【动画运动路径】命令(ANIPATH)，打开【运动路径动画】对话框。

(3) 在【相机】选项区域中选择【路径】单选按钮，并单击【选择路径】按钮切换到绘图窗口，单击绘制的圆作为相机的运动路径，此时将打开【路径名称】对话框，保持默认名称，单击【确定】按钮返回【运动路径动画】对话框。

(4) 在【目标】选项区域中选择【点】单选按钮，并单击【拾取点】按钮切换到绘图窗口，拾取原点(0,0,0)作为相机的目标位置，此时将打开【点名称】对话框，保持默认名称，单击【确定】按钮返回【运动路径动画】对话框。

(5) 在【动画设置】选项区域的【视觉样式】下拉列表框中选择【概念】，在【格式】下拉列表框中选择 WMV。

(6) 单击【预览】按钮，预览动画效果，满意后关闭【动画预览】窗口，返回到【运动路径动画】对话框。

(7) 单击【确定】按钮，打开【另存为】对话框，保存动画文件为 pathmove.wmv，这时就可以选择一个播放器来观看动画播放效果了。

⑫.4　漫游和飞行

在快速访问工具栏选择【显示菜单栏】命令，在弹出的菜单中选择【视图】|【漫游和飞行】|【漫游】命令(3DWALK)，交互式更改三维图形的视图，使用户就像在模型中漫游一样。

同样，在快速访问工具栏选择【显示菜单栏】命令，在弹出的菜单中选择【视图】|【漫游和飞行】|【飞行】命令(3DFLY)，可以交互式更改三维图形的视图，使用户就像在模型中飞行一样。

穿越漫游模型时，将沿 XY 平面行进。飞越模型时，将不受 XY 平面的约束，所以看起来像飞过模型中的区域。

用户可以使用一套标准的键盘和鼠标交互在图形中漫游和飞行。使用键盘上的 4 个箭头键或 W 键、A 键、S 键和 D 键来向上、向下、向左或向右移动。要在漫游模式和飞行模式之间切换，按 F 键。要指定查看方向，沿要查看的方向拖动鼠标。漫游或飞行时显示模型的俯视图。

在三维模型中漫游或飞行时，可以追踪用户在三维模型中的位置。当执行【漫游】或【飞行】命令时，打开的【定位器】面板会显示模型的俯视图。位置指示器显示模型关系中用户的位置，而目标指示器显示用户正在其中漫游或飞行的模型。在开始漫游模式或飞行模式之前或在模型中移动时，用户可以在【定位器】面板中编辑位置设置，如图 12-15 所示。

要控制漫游和飞行设置，可在快速访问工具栏选择【显示菜单栏】命令，在弹出的菜单中选择【视图】|【漫游和飞行】|【漫游和飞行设置】命令(WALKFAYSETTINGS)，打开【漫游和飞行设置】对话框进行相关设置，如图 12-16 所示。

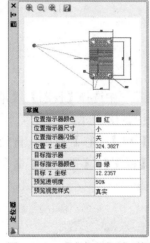

图 12-15 【定位器】选项板

图 12-16 【漫游和飞行设置】对话框

在【漫游和飞行设置】对话框的【设置】选项区域中，可以指定与【指令】窗口和【定位器】面板相关的设置。其中，【进入漫游和飞行模式时】单选按钮用于指定每次进入漫游或飞行模式时均显示【漫游和飞行导航映射】对话框(如图 12-17 所示)；【每个任务显示一次】单选按钮用于指定当在每个 AutoCAD 任务中首次进入漫游或飞行模式时，显示【漫游和飞行导航映射】对话框；【从不】单选按钮用于指定从不显示【漫游和飞行导航映射】对话框；【显示定位器窗口】复选框用于指定进入漫游模式时是否打开【定位器】窗口。

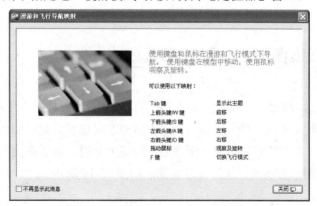

图 12-17 【漫游和飞行导航映射】对话框

在【当前图形设置】选项区域中，可以指定与当前图形有关的漫游和飞行模式设置。其中，【漫游/飞行步长】文本框用于按图形单位指定每步的大小；【每秒步数】文本框用于指定每秒发生的步数。

12.5 查看三维图形效果

在绘制三维图形时，为了能够使对象便于观察，不仅需要对视图进行缩放、平移，还需要隐藏其内部线条、改变实体表面的平滑度。

12.5.1 消隐图形

在快速访问工具栏选择【显示菜单栏】命令，在弹出的菜单中选择【视图】|【消隐】命令(HIDE)，可以暂时隐藏位于实体背后而被遮挡的部分，如图 12-18 所示。

执行消隐操作之后，绘图窗口将暂时无法使用【缩放】和【平移】命令，直到在快速访问工具栏选择【显示菜单栏】命令，在弹出的菜单中选择【视图】|【重生成】命令重生成图形为止。

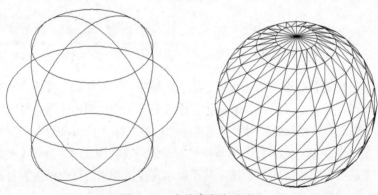

图 12-18　实体消隐前后对比

12.5.2 改变三维图形的曲面轮廓素线

当三维图形中包含弯曲面时(如球体和圆柱体等)，曲面在线框模式下用线条的形式来显示，这些线条称为网线或轮廓素线。使用系统变量 ISOLINES 可以设置显示曲面所用的网线条数，默认值为 4，即使用 4 条网线来表达每一个曲面。该值为 0 时，表示曲面没有网线，如果增加网线的条数，则会使图形看起来更接近三维实物，如图 12-19 所示。

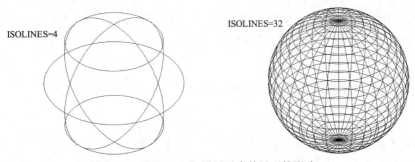

图 12-19　ISOLINES 设置对实体显示的影响

12.5.3　以线框形式显示实体轮廓

使用系统变量 DISPSILH 可以以线框形式显示实体轮廓。此时需要将其值设置为 1，并用【消隐】命令隐藏曲面的小平面，如图 12-20 所示。

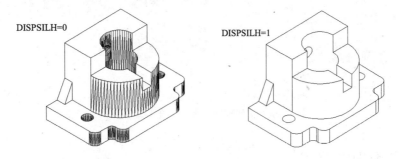

图 12-20　以线框形式显示实体轮廓

12.5.4　改变实体表面的平滑度

要改变实体表面的平滑度，可通过修改系统变量 FACETRES 来实现。该变量用于设置曲面的面数，取值范围为 0.01~10。其值越大，曲面越平滑，如图 12-21 所示。

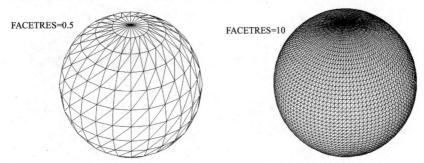

图 12-21　改变实体表面的平滑度

如果 DISPSILH 变量值为 1,那么在执行【消隐】、【渲染】命令时并不能看到 FACETRES 设置效果,此时必须将 DISPSILH 值设置为 0。

12.6 应用与管理视觉样式

在【功能区】选项板中选择【渲染】选项卡,在【视觉样式】面板中选择【视觉样式】下拉列表框中的视觉样式,或在快速访问工具栏选择【显示菜单栏】命令,在弹出的菜单中选择【视图】|【视觉样式】子命令,可以对视图应用视觉样式,如图 12-22 所示。

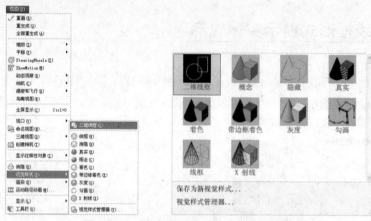

图 12-22 【视觉样式】子命令和工具面板

12.6.1 应用视觉样式

视觉样式是一组设置,用来控制视口中边和着色的显示。一旦应用了视觉样式或更改了其设置,就可以在视口中查看效果。在 AutoCAD 中,有以下 5 种默认的视觉样式。

- 二维线框:显示用直线和曲线表示边界的对象。光栅和 OLE 对象、线型和线宽均可见,如图 12-23 所示。
- 线框:显示用直线和曲线表示边界的对象,如图 12-24 所示。

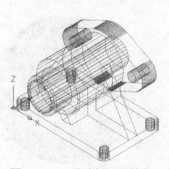

图 12-23 二维线框视觉样式

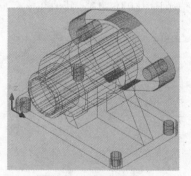

图 12-24 线框视觉样式

- ⊙ 隐藏：显示用三维线框表示的对象并隐藏表示后向面的直线，如图 12-25 所示。
- ⊙ 真实：着色多边形平面间的对象，并使对象的边平滑化。将显示已附着到对象的材质，如图 12-26 所示。

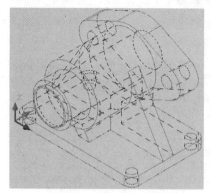

图 12-25　三维隐藏视觉样式

图 12-26　真实视觉样式

- ⊙ 概念：着色多边形平面间的对象，并使对象的边平滑化。着色使用古氏面样式，一种冷色和暖色之间的过渡，而不是从深色到浅色的过渡。效果缺乏真实感，但是可以更方便地查看模型的细节，如图 12-27 所示。

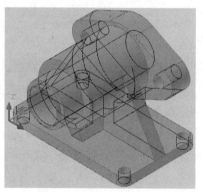

图 12-27　概念视觉样式

　　在着色视觉样式中来回移动模型时，跟随视点的两个平行光源将会照亮面。该默认光源被设计为照亮模型中的所有面，以便从视觉上可以辨别这些面。仅在其他光源(包括阳光)关闭时，才能使用默认光源。

12.6.2　管理视觉样式

　　在【功能区】选项板中选择【渲染】选项卡，在【视觉样式】面板中单击【视觉样式管理器】按钮，或在快速访问工具栏选择【显示菜单栏】命令，在弹出的菜单中选择【视图】|【视觉样式】|【视觉样式管理器】命令，将打开【视觉样式管理器】面板，如图 12-28 所示。

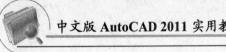
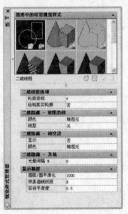

图 12-28　【视觉样式管理器】面板

　　在【图形中的可用视觉样式】列表中显示了图形中的可用视觉样式的样例图像。当选定某一视觉样式，该视觉样式显示黄色边框，选定的视觉样式的名称显示在面板的底部。在【视觉样式管理器】面板的下部，将显示该视觉样式的面设置、环境设置和边设置。

　　在【视觉样式管理器】面板中，使用工具条中的工具按钮，可以创建新的视觉样式、将选定的视觉样式应用于当前视口、将选定的视觉样式输出到工具选项板以及删除选定的视觉样式。

⑫.7　使用光源

　　当场景中没有用户创建的光源时，AutoCAD 将使用系统默认光源对场景进行着色或渲染。默认光源是来自视点后面的两个平行光源，模型中所有的面均被照亮，以使其可见。用户可以控制其亮度和对比度，而无需创建或放置光源。

　　要插入自定义光源或启用阳光，可在【功能区】选项板中选择【渲染】选项卡，在【光源】面板中单击相应的按钮，或在快速访问工具栏选择【显示菜单栏】命令，在弹出的菜单中选择【视图】|【渲染】|【光源】子命令，如图 12-29 所示。插入自定义光源或启用阳光后，默认光源将会被禁用。

图 12-29　【光源】子命令和工具面板

12.7.1　点光源

点光源从其所在位置向四周发射光线,它不以某一对象为目标。使用点光源可以达到基本的照明效果。在【功能区】选项板中选择【渲染】选项卡,在【光源】面板中单击【点光源】按钮 💡,或在快速访问工具栏选择【显示菜单栏】命令,在弹出的菜单中选择【视图】|【渲染】|【光源】|【新建点光源】命令,可以创建点光源,如图 12-30 所示。点光源可以手动设置为强度随距离线性衰减(根据距离的平方反比)或者不衰减。默认情况下,衰减设置为无。

用户也可以使用 TARGETPOINT 命令创建目标点光源。目标点光源和点光源的区别在于可用的其他目标特性,目标光源可以指向一个对象。将点光源的【目标】特性从【否】更改为【是】,就从点光源更改为目标点光源了,其他目标特性也将会启用。

创建点光源时,当指定了光源位置后,还可以设置光源的名称、强度因子、状态、光度、阴影、衰减、过滤颜色等选项,此时命令行显示如下提示信息。

> 输入要更改的选项 [名称(N)/强度因子(I)/状态(S)/光度(P)/阴影(W)/衰减(A)/过滤颜色(C)/退出(X)] <退出>:

在点光源的【特性】面板中,可以修改光源的特性,如图 12-31 所示。

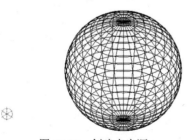

图 12-30　创建点光源

图 12-31　点光源特性面板

12.7.2　聚光灯

聚光灯(例如闪光灯、剧场中的跟踪聚光灯或前灯)分布投射一个聚焦光束,发射定向锥形光,可以控制光源的方向和圆锥体的尺寸。在【功能区】选项板中选择【渲染】选项卡,在【光源】面板中单击【聚光灯】按钮 🔧,或在快速访问工具栏选择【显示菜单栏】命令,在弹出的菜单中选择【视图】|【渲染】|【光源】|【新建聚光灯】命令,可以创建聚光灯,如图 12-32

所示。

创建聚光灯时，当指定了光源位置和目标位置后，还可以设置光源的名称、强度因子、状态、光度、聚光角、照射角、阴影、衰减、过滤颜色等选项，此时命令行显示如下提示信息。

输入要更改的选项 [名称(N)/强度因子(I)/状态(S)/光度(P)/聚光角(H)/照射角(F)/阴影(W)/衰减(A)/过滤颜色(C)/退出(X)]<退出>::

像点光源一样，聚光灯也可以手动设置为强度随距离衰减。但是，聚光灯的强度始终还是根据相对于聚光灯的目标矢量的角度衰减。此衰减由聚光灯的聚光角角度和照射角角度控制。聚光灯可用于亮显模型中的特定特征和区域。聚光灯具有目标特性，可以使用聚光灯的【特性】面板设置，如图 12-33 所示。

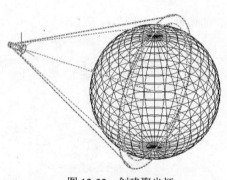

图 12-32　创建聚光灯　　　　图 12-33　聚光灯光源特性面板

12.7.3　平行光

平行光仅向一个方向发射统一的平行光光线。可以在视口中的任意位置指定 FROM 点和 TO 点，以定义光线的方向。在快速访问工具栏选择【显示菜单栏】命令，在弹出的菜单中选择【视图】|【渲染】|【光源】|【新建平行光】命令，可以创建平行光。

创建平行光时，当指定了光源的矢量方向后，还可以设置光源的名称、强度因子、状态、光度、阴影、过滤颜色等选项，此时命令行显示如下提示信息。

输入要更改的选项 [名称(N)/强度因子(I)/状态(S)/光度(P)/阴影(W)/过滤颜色(C)/退出(X)] <退出>:

在图形中，可以使用不同的光线轮廓表示每个聚光灯和点光源，但不会用轮廓表示平行光和阳光，因为它们没有离散的位置并且也不会影响到整个场景。

平行光的强度并不随着距离的增加而衰减；对于每个照射的面，平行光的亮度都与其在光源处相同。可以用平行光统一照亮对象或背景。

 提示

平行光在物理上不是非常精确，因此建议用户不要在光度控制流程中使用。

12.7.4 查看光源列表

在【功能区】选项板中选择【渲染】选项卡，在【光源】面板中单击【模型中的光源】按钮 ，或在快速访问工具栏选择【显示菜单栏】命令，在弹出的菜单中选择【视图】|【渲染】|【光源】|【光源列表】命令，将打开【模型中的光源】面板，其中显示了当前模型中的光源，单击光源即可在模型中选中它，如图 12-34 所示。

12.7.5 阳光与天光模拟

在【功能区】选项板中选择【渲染】选项卡，使用【阳光和位置】面板，可以设置阳光和天光，如图 12-35 所示。

图 12-34 【模型中的光源】选项板   图 12-35 【阳光和位置】面板

1. 阳光

太阳是模拟太阳光源效果的光源，可以用于显示结构投射的阴影如何影响周围区域。

阳光与天光是 AutoCAD 中自然照明的主要来源。但是，阳光的光线是平行的且为淡黄色，而大气投射的光线来自所有方向且颜色为明显的蓝色。系统变量 LIGHTINGUNITS 设置为光度时，将提供更多阳光特性。

流程为光度控制流程时，阳光特性具有更多可用的特性并且使用物理上更加精确的阳光模型在内部进行渲染。由于将根据图形中指定的时间、日期和位置自动计算颜色，因此光度控制阳光的阳光颜色处于禁用状态。根据天空中的位置按程序确定颜色。流程是常规光源或标准光源时，其他阳光与天光特性不可用。

    阳光的光线相互平行，并且在任何距离处都具有相同强度。可以打开或关闭阴影。若要提高性能，在不需要阴影时将其关闭。除地理位置以外，阳光的所有设置均由视口保存，而不是由图形保存。地理位置由图形保存。

    在【功能区】选项板中选择【渲染】选项卡，在【阳光和位置】面板中单击【阳光特性】按钮，打开【阳光特性】面板，可以设置阳光特性，如图 12-36 所示。

    在【功能区】选项板中选择【渲染】选项卡，在【阳光和位置】面板中单击【阳光状态】按钮，打开【光源－视口光源模式】对话框，可以设置默认光源的打开状态，如图 12-37 所示。

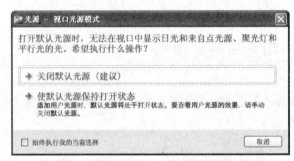

图 12-36　【阳光特性】面板　　　　图 12-37　【光源－视口光源模式】对话框

    由于太阳光受地理位置的影响，因此在使用太阳光时，还可以在【功能区】选项板中选择【渲染】选项卡，在【阳光和位置】面板中单击【设置位置】按钮，打开【地理位置】消息对话框，单击【输入位置值】按钮，打开【地理位置】对话框，可以设置光源的地理位置，如纬度、经度、北向以及地区等，如图 12-38 所示。

图 12-38　【地理位置】消息对话框和【地理位置】对话框

此外，在【阳光和位置】面板中，还可以通过拖动【日期】和【时间】滑块，设置阳光的日期和时间。

2．天光背景

选择天光背景的选项仅在光源单位为光度单位时可用。如果用户选择了天光背景并且将光源更改为标准(常规)光源，则天光背景将被禁用。

在【功能区】选项板中选择【渲染】选项卡，在【阳光和位置】面板中单击【天光背景】按钮、【关闭天光】按钮和【伴有照明的天光背景】按钮，可以在视图中使用天光背景或天光背景和照明。

⑫.8 材质和贴图

将材质添加到图形中的对象上，可以展现对象的真实效果。使用贴图可以增加材质的复杂性和纹理的真实性。在【功能区】选项板中选择【渲染】选项卡，使用【材质】面板，或在快速访问工具栏选择【显示菜单栏】命令，在弹出的菜单中选择【视图】|【渲染】|【材质】、【贴图】子命令，可以创建材质和贴图，并将其应用于对象上。

⑫.8.1 使用材质

在【功能区】选项板中选择【渲染】选项卡，在【材质】面板中单击【材质浏览器】按钮 ，或在快速访问工具栏选择【显示菜单栏】命令，在弹出的菜单中选择【视图】|【渲染】|【材质浏览器】命令，打开【材质浏览器】选项板，使用户可以快速访问与使用预设材质，如图 12-39 所示。

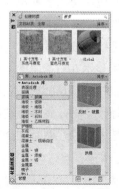

图 12-39 【材质浏览器】选项板

单击选项板面板上对应的【创建材质】按钮，可以创建新材质。如果使用 AutoCAD 的【材质编辑器】面板，还可以为要创建的新材质选择材质类型和样板。设置这些特性后，用户还可以在面板中进一步修改新材质的特性。

用户可以将材质应用到单个的面和对象，或将其附着到一个图层上的对象。要将材质应用到对象或面(曲面对象的三角形或四边形部分)，可以将材质从工具选项板拖动到对象。材质将添加到图形中，并且也将作为样例显示在【材质】窗口中。

12.8.2 将材质应用于对象和面

用户可以将材质应用到单个的面和对象，或将其附着到一个图层上的对象。要将材质应用到对象或面(曲面对象的三角形或四边形部分)，可以将材质从工具选项板拖动到对象。材质将添加到图形中，并且也将作为样例显示在【材质】窗口中。

如果单击【材质】选项板中的【将材质应用到对象】按钮，可以将材质指定给对象。

12.8.3 使用贴图

贴图是增加材质复杂性的一种方式，贴图使用多种级别的贴图设置和特性。附着带纹理的材质后，可以调整对象或面上纹理贴图的方向。

材质被映射后，用户可以调整材质以适应对象的形状。将合适的材质贴图类型应用到对象，可以使之更加适合对象。AutoCAD 提供的贴图类型有以下几种。

- ◉ 平面贴图：将图像映射到对象上，就像将其从幻灯片投影器投影到二维曲面上一样。图像不会失真，但是会被缩放以适应对象，该贴图常用于面。
- ◉ 长方体贴图：将图像映射到类似长方体的实体上，该图像将在对象的每个面上重复使用。
- ◉ 球面贴图：在水平和垂直两个方向上同时使图像弯曲。纹理贴图的顶边在球体的【北极】压缩为一个点；同样，底边在【南极】压缩为一个点。
- ◉ 柱面贴图：将图像映射到圆柱形对象上；水平边将一起弯曲，但顶边和底边不会弯曲。图像的高度将沿圆柱体的轴进行缩放。

如果需要做进一步调整，可以使用显示在对象上的贴图工具，移动或旋转对象上的贴图。

贴图工具是一些视口图标，使用鼠标变换选择时，它可以使用户快速选择一个或两个轴。通过将鼠标放置在图标的任意轴上选择一个轴，然后拖动鼠标沿该轴变换选择。此外，移动或缩放对象时，可以使用工具的其他区域同时沿着两条轴执行变换。使用工具使用户可以在不同的变换轴和平面之间快速而轻松地进行切换。

12.9 渲染对象

渲染是基于三维场景来创建二维图像。它使用已设置的光源、已应用的材质和环境设置(例如背景和雾化)，为场景的几何图形着色。

在【功能区】选项板中选择【渲染】选项卡，使用【渲染】面板，或在快速访问工具栏选择【显示菜单栏】命令，在弹出的菜单中选择【视图】|【渲染】子命令，可以设置渲染参数并渲染对象，如图 12-40 所示。

图 12-40　【渲染】面板

12.9.1　高级渲染设置

在【功能区】选项板中选择【渲染】选项卡，在【渲染】面板中单击【高级渲染设置】，或在快速访问工具栏选择【显示菜单栏】命令，在弹出的菜单中选择【视图】|【渲染】|【高级渲染设置】命令，打开【高级渲染设置】选项板，可以设置渲染高级选项，如图 12-41 所示。

【高级渲染设置】选项板被分为从常规设置到高级设置的若干部分。【常规】部分包含了影响模型的渲染方式、材质和阴影的处理方式以及反锯齿执行方式的设置(反锯齿可以削弱曲线式线条或边在边界处的锯齿效果)；【光线跟踪】部分控制如何产生着色；【间接发光】部分用于控制光源特性、场景照明方式以及是否进行全局照明和最终采集。此外，还可以使用诊断控件来帮助用户了解图像没有按照预期效果进行渲染的原因。

从一个下拉列表中选择一组预定义的渲染设置，称为渲染预设。渲染预设存储了多组设置，使渲染器可以产生不同质量的图像。标准预设的范围从草图质量(用于快速测试图像)到演示质量(提供照片级真实感图像)。还可以在【功能区】选项板中选择【渲染】选项卡，在【渲染】面板中选择【渲染预设】下拉列表框中的【管理渲染预设】选项，打开渲染预设管理器，从中可以创建自定义预设，如图 12-42 所示。

图 12-41　【高级渲染设置】选项板

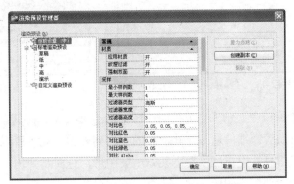

图 12-42　【渲染预设管理器】对话框

12.9.2　控制渲染

在【功能区】选项板中选择【渲染】选项卡，在【渲染】面板中单击【环境】按钮 ，或在快速访问工具栏选择【显示菜单栏】命令，在弹出的菜单中选择【视图】|【渲染】|【渲染环境】命令，打开【渲染环境】对话框，可以使用环境功能来设置雾化效果或背景图像，如图 12-43 所示。

雾化和深度设置是非常相似的大气效果，可以使对象随着距相机距离的增大而显示得越浅。雾化使用白色，而深度设置使用黑色。在【渲染环境】对话框中，要设置的关键参数包括雾化或深度设置的颜色、近距离和远距离以及近处雾化百分率和远处雾化百分率。

雾化或深度设置的密度由近处雾化百分率和远处雾化百分率来控制。这些设置的范围从 0.0001~100。值越高，表示雾化或深度设置越不透明。

12.9.3　渲染并保存图像

默认情况下，渲染过程为渲染图形内当前视图中的所有对象。如果没有打开命名视图或相机视图，则渲染当前视图。虽然在渲染关键对象或视图的较小部分时渲染速度较快，但渲染整个视图可以让用户看到所有对象之间是如何相互定位的。

在【功能区】选项板中选择【渲染】选项卡，在【渲染】面板中单击【渲染】按钮，或在快速访问工具栏选择【显示菜单栏】命令，在弹出的菜单中选择【视图】|【渲染】|【渲染】命令，打开【渲染】窗口，可以快速渲染对象，如图 12-44 所示。

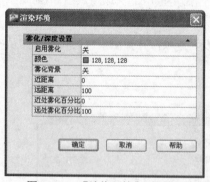

图 12-43　【渲染环境】对话框

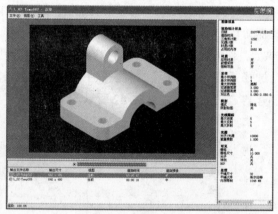

图 12-44　渲染图形

渲染窗口中显示了当前视图中图形的渲染效果。在其右边的列表中，显示了图像的质量、光源和材质等详细信息；在其下面的文件列表中，显示了当前渲染图像的文件名称、大小、渲染时间等信息。用户可以右击某一渲染图形，这时将弹出一个快捷菜单，可以选择其中的命令来保存和清理渲染图像。

12.10　上机练习

打开如图 11-45 所示的图形，对其进行渲染。

(1) 启动 AutoCAD 2011，打开如图 12-45 所示的图形。

(2) 在快速访问工具栏选择【显示菜单栏】命令，在弹出的菜单中选择【视图】|【视觉样式】|【真实】命令，此时模型转变为【真实】显示，如图 12-46 所示。

图 12-45　原始图形　　　　　　图 12-46　真实效果

(3) 在快速访问工具栏选择【显示菜单栏】命令，在弹出的菜单中选择【视图】|【渲染】|【光源】|【新建点光源】命令，打开【光源】对话框，如图 12-47 所示。

(4) 单击【关闭默认光源】链接，返回到绘图窗口，在命令行的提示下在图形窗口的适当位置单击，确定点光源的位置。

(5) 在命令行的提示下，输入 C，按 Enter 键，切换到【颜色】状态，再在命令行的提示下输入真彩色为(150,100,250)，并按 Enter 键完成输入。

(6) 按 Enter 键，完成点光源的设置，其效果如图 12-48 所示。

(7) 在命令行中输入 VIEW，然后按 Enter 键，打开【视图管理器】对话框。

(8) 单击【新建】按钮，打开【新建视图】对话框，在【视图名称】文本框中输入【我的视图】，在【背景】下拉列表框中选择【图像】选项，打开【背景】对话框。

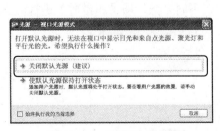

图 12-47　【光源】对话框　　　　　图 12-48　设置点光源

(9) 单击【浏览】按钮，在打开的对话框中选择图像，如图 12-49 所示。

(10) 单击【确定】按钮，返回【视图管理器】对话框，在【查看】列表中选择【我的视图】，然后【置为当前】按钮，如图 12-50 所示。

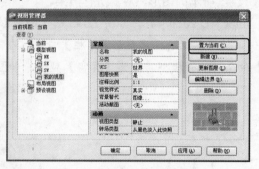

图 12-49 【背景】对话框   图 12-50 【视图管理器】对话框

(11) 单击【确定】按钮，此时绘图窗口如图 12-51 所示。

(12) 在【功能区】选项板中选择【渲染】选项卡，在【渲染】面板中设置渲染输出图像的大小、渲染质量等，然后在【渲染】面板中单击【渲染】按钮，完成操作，如图 12-52 所示，显示了图像信息。

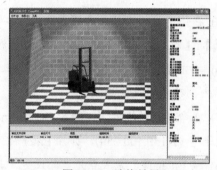

图 12-51 使用背景   图 12-52 渲染效果

12.11 习题

1. 使用相机观察如图 12-53 所示的图形。其中，设置相机的名称为 mycamera，相机位置为(100,100,100)，相机高度为 100，目标位置为(0,0)，镜头长度为 100mm。

2. 对 11.5 节中所绘制的各三维图形，分别在不同光源、场景和材质下进行渲染。

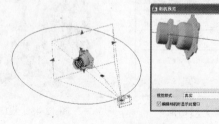

图 12-53 使用相机观察

第13章

图形的输入输出与发布

学习目标

AutoCAD 2011 提供了图形输入与输出接口。不仅可以将其他应用程序中处理好的数据传送给 AutoCAD，以显示其图形，还可以将在 AutoCAD 中绘制好的图形打印出来，或者把它们的信息传送给其他应用程序。此外，AutoCAD 2011 强化了 Internet 功能，可以创建 Web 格式的文件(DWF)，以及发布 AutoCAD 图形文件到 Web 页。

本章重点

- ◉ 图形输入输出的方法
- ◉ 模型空间与图形空间之间切换的方法
- ◉ 创建布局、设置布局页面的方法
- ◉ 使用浮动视口观察图形的方法
- ◉ 打印 AutoCAD 图纸的方法
- ◉ 发布 DWF 文件的方法

13.1 图形的输入输出

AutoCAD 2011 除了可以打开和保存 DWG 格式的图形文件外，还可以导入或导出其他格式的图形。

13.1.1 导入图形

在 AutoCAD 2011 中，在快速访问工具栏选择【显示菜单栏】命令，在弹出的菜单中选择【文件】|【输入】命令，或在【功能区】选项板中选择【插入】选项卡，在【输入】面板中单

击【输入】按钮 ，都将打开【输入文件】对话框。在其中的【文件类型】下拉列表框中可以看到，系统允许输入【图元文件】、ACIS 及 3D Studio 图形格式的文件，如图 13-1 所示。

图 13-1 【输入文件】对话框

13.1.2 插入 OLE 对象

在快速访问工具栏选择【显示菜单栏】命令，在弹出的菜单中选择【插入】|【OLE 对象】命令，或在【功能区】选项板中选择【插入】选项卡，在【数据】面板中单击【OLE 对象】按钮 ，都可打开【插入对象】对话框，可以插入对象链接或者嵌入对象，如图 13-2 所示。

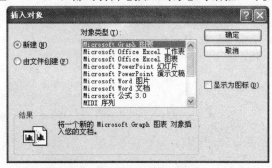

图 13-2 【插入对象】对话框

提示

OLE(Object Linking and Embedding，对象连接与嵌入)，是在 Windows 环境下实现不同 Windows 程序之间共享数据和程序功能的一种方法。

13.1.3 输出图形

在快速访问工具栏选择【显示菜单栏】命令，在弹出的菜单中选择【文件】|【输出】命令，可打开【输出数据】对话框。可以在【保存于】下拉列表框中设置文件输出的路径，在【文件名】文本框中输入文件名称，在【文件类型】下拉列表框中选择文件的输出类型，如【图元文件】、ACIS、【平板印刷】、【封装 PS】、DXX 提取、位图、3D Studio 及块等。

设置了文件的输出路径、名称及文件类型后，单击对话框中的【保存】按钮，将切换到绘图窗口中，可以选择需要以指定格式保存的对象。

13.2　创建和管理布局

在 AutoCAD 2011 中，可以创建多种布局，每个布局都代表一张单独的打印输出图纸。创建新布局后就可以在布局中创建浮动视口。视口中的各个视图可以使用不同的打印比例，并能够控制视口中图层的可见性。

13.2.1　在模型空间与图形空间之间切换

模型空间是完成绘图和设计工作的工作空间。使用在模型空间中建立的模型可以完成二维或三维物体的造型，并且可以根据需求用多个二维或三维视图来表示物体，同时配有必要的尺寸标注和注释等来完成所需要的全部绘图工作。在模型空间中，用户可以创建多个不重叠的(平铺)视口以展示图形的不同视图，如图 13-3 所示。

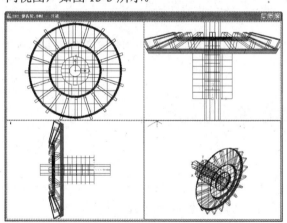

图 13-3　在模型空间中同时显示 4 个视图

图纸空间用于图形排列、绘制局部放大图及绘制视图。通过移动或改变视口的尺寸，可在图纸空间中排列视图。在图纸空间中，视口被作为对象来看待，并且可用 AutoCAD 的标准编辑命令对其进行编辑。这样就可以在同一绘图页进行不同视图的放置和绘制(在模型空间中，只能在当前活动的视口中绘制)。每个视口能展现模型不同部分的视图或不同视点的视图，如图 13-4 所示。每个视口中的视图可以独立编辑、画成不同的比例、冻结和解冻特定的图层、给出不同的标注或注释。在图纸空间中，还可以用 MSPACE 命令和 PSPACE 命令在模型空间与图形空间之间切换。这样，在图纸空间中就可以更灵活更方便地编辑、安排及标注视图。

使用系统变量 TILEMODE 可以控制模型空间和图纸空间之间的切换。当系统变量 TILEMODE 设置为 1 时，将切换到【模型】选项卡，用户工作在模型空间中(平铺视口)。当系统变量 TILEMODE 设置为 0 时，将打开【布局】选项卡，用户工作在图纸空间中。

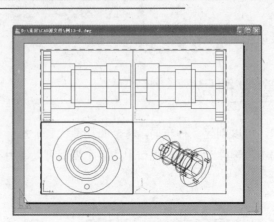

图 13-4   在图纸空间中同时显示 4 个视图

在打开【布局】选项卡后，可以按以下方式在图纸空间和模型空间之间切换。

◉ 通过使一个视口成为当前视口而工作在模型空间中。要使一个视口成为当前视口，双击该视口即可。要使图纸空间成为当前状态，可双击浮动视口外布局内的任何地方。

◉ 通过状态栏上的【模型】按钮或【图纸】按钮来切换在【布局】选项卡中的模型空间和图纸空间。当通过此方法由图纸空间切换到模型空间时，最后活动的视口成为当前视口。

◉ 使用 MSPACE 命令从图纸空间切换到模型空间，使用 PSAPCE 命令从模型空间切换到图纸空间。

13.2.2   使用布局向导创建布局

在快速访问工具栏选择【显示菜单栏】命令，在弹出的菜单中选择【工具】|【向导】|【创建布局】命令，打开【创建布局】向导，可以指定打印设备、确定相应的图纸尺寸和图形的打印方向、选择布局中使用的标题栏或确定视口设置。

【例 13-1】为图 13-5 所示图形创建布局。

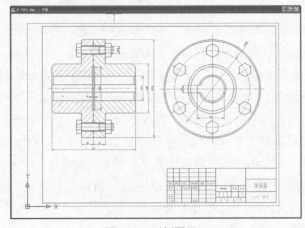

图 13-5   示例图形

(1) 在快速访问工具栏选择【显示菜单栏】命令，在弹出的菜单中选择【工具】|【向导】|【创建布局】命令，打开【创建布局-开始】对话框，并在【输入新布局的名称】文本框中输入新创建的布局的名称，如 Mylayout，如图 13-6 所示。

(2) 单击【下一步】按钮，在打开的【创建布局-打印机】对话框中，选择当前配置的打印机，如图 13-7 所示。

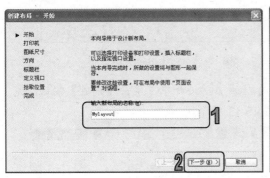
图 13-6　布局的命名

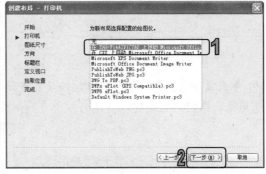
图 13-7　设置打印机

(3) 单击【下一步】按钮，在打开的【创建布局-图纸尺寸】对话框中选择打印图纸的大小并选择所用的单位。图形单位可以是毫米、英寸或像素。这里选择绘图单位为毫米，纸张大小为 A4，如图 13-8 所示。

(4) 单击【下一步】按钮，在打开的【创建布局-方向】对话框中设置打印的方向，可以是横向打印，也可以是纵向打印，这里选择【横向】单选按钮，如图 13-9 所示。

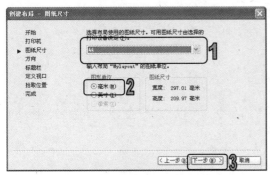
图 13-8　图形图纸的设定

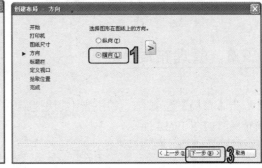
图 13-9　设置布局方向

(5) 单击【下一步】按钮，在打开的【创建布局-标题栏】对话框中，选择图纸的边框和标题栏的样式。对话框右边的预览框中给出了所选样式的预览图像。在【类型】选项区域中，可以指定所选择的标题栏图形文件是作为块还是作为外部参照插入到当前图形中，如图 13-10 所示。

(6) 单击【下一步】按钮，在打开的【创建布局-定义视口】对话框中指定新创建布局的默认视口的设置和比例等。在【视口设置】选项区域中选择【单个】单选按钮，在【视口比例】下拉列表框中选择【按图纸空间缩放】选项，如图 13-11 所示。

(7) 单击【下一步】按钮，在打开的【创建布局-拾取位置】对话框中，单击【选择位置】按钮，切换到绘图窗口，并指定视口的大小和位置，如图 13-12 所示。

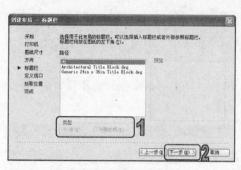

图 13-10　创建布局-标题栏

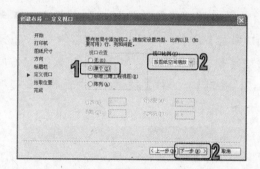

图 13-11　创建布局-定义视口

(8) 单击【下一步】按钮，在打开的【创建布局-完成】对话框中，单击【完成】按钮，完成新布局及默认的视口创建。创建的打印布局如图 13-13 所示。

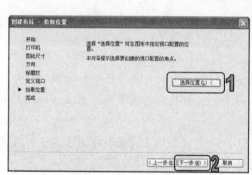

图 13-12　创建布局-拾取位置

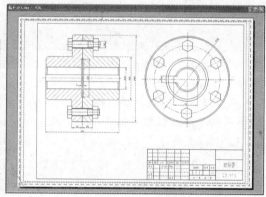

图 13-13　创建的 Mylayout 布局

13.2.3　管理布局

右击【布局】选项卡，使用弹出的快捷菜单中的命令，可以删除、新建、重命名、移动或复制布局，如图 13-14 所示。

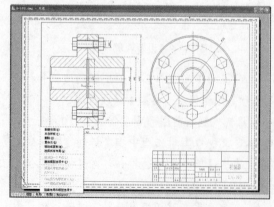

图 13-14　管理布局快捷菜单

> **提示**
>
> 在快捷菜单中选择【隐藏布局和模型选项卡】命令后，此时在状态栏中将显示【模型】按钮 和【布局】按钮，单击该按钮组也可以在模型和布局间切换操作。

默认情况下，单击某个【布局】选项卡时，系统将自动显示【页面设置】对话框，供设置页面布局。如果以后要修改页面布局，可从快捷菜单中选择【页面设置管理器】命令，通过修改布局的页面设置，将图形按不同比例打印到不同尺寸的图纸中。

提示 -

如果在绘图窗口中未显示【模型】和【布局】选项卡，可在状态栏中右击【模型】按钮，在弹出的快捷菜单中选择【显示布局和模型选项卡】命令即可。

13.2.4　布局的页面设置

单击【菜单浏览器】按钮，在弹出的菜单中选择【文件】|【页面设置管理器】命令，或在【功能区】选项板中选择【输出】选项卡，在【打印】面板中单击【页面设置管理器】按钮，都可打开【页面设置管理器】对话框，如图 13-15 所示。单击【新建】按钮，打开【新建页面设置】对话框，可以在其中创建新的布局，如图 13-16 所示。

图 13-15　【页面设置管理器】对话框　　　　图 13-16　【新建页面设置】对话框

单击【修改】按钮，打开【页面设置】对话框(如图 13-17 所示)。其中主要选项功能如下。

◉ 　【打印机/绘图仪】选项区域：指定打印机的名称、位置和说明。在【名称】下拉列表框中可以选择当前配置的打印机。如果要查看或修改打印机的配置信息，可单击【特性】按钮，在打开的【绘图仪配置编辑器】对话框中进行设置，如图 13-18 所示。

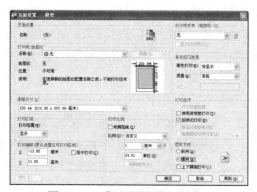

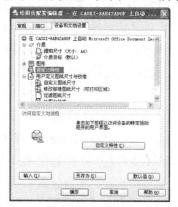

图 13-17　【页面设置】对话框　　　　　图 13-18　【绘图仪配置编辑器】对话框

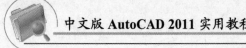
- 【打印样式表】选项区域：为当前布局指定打印样式和打印样式表。当在下拉列表框中选择一个打印样式后，单击【编辑】按钮，可以使用打开的【打印样式表编辑器】对话框(如图 13-19 所示)查看或修改打印样式(与附着的打印样式表相关联的打印样式)。当在下拉列表框中选择【新建】选项时，将打开【添加颜色相关打印样式表】向导，用于创建新的打印样式表，如图 13-20 所示。另外，在【打印样式表】选项区域中，【显示打印样式】复选框用于确定是否在布局中显示打印样式。

图 13-19　【打印样式表编辑器】对话框

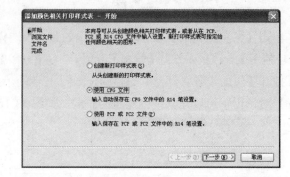

图 13-20　【添加颜色相关打印样式表】向导

- 【图纸尺寸】选项区域：指定图纸的尺寸大小。
- 【打印区域】选项区域：设置布局的打印区域。在【打印范围】下拉列表框中，可以选择要打印的区域，包括布局、视图、显示和窗口。默认设置为布局，表示针对【布局】选项卡，打印图纸尺寸边界内的所有图形，或表示针对【模型】选项卡，打印绘图区中所有显示的几何图形。
- 【打印偏移】选项区域：显示相对于介质源左下角的打印偏移值的设置。在布局中，可打印区域的左下角点，由图纸的左下边距决定，用户可以在 X 和 Y 文本框中输入偏移量。如果选中【居中打印】复选框，则可以自动计算输入的偏移值，以便居中打印。
- 【打印比例】选项区域：设置打印比例。在【比例】下拉列表框中可以选择标准缩放比例，或者输入自定义值。布局空间的默认比例为 1:1，模型空间的默认比例为【按图纸空间缩放】。如果要按打印比例缩放线宽，可选中【缩放线宽】复选框。布局空间的打印比例一般为 1:1。如果要缩小为原尺寸的一半，则打印比例为 1:2，线宽也随比例缩放。
- 【着色视口选项】选项区域：指定着色和渲染视口的打印方式，并确定它们的分辨率大小和 DPI 值。其中，在【着色打印】下拉列表框中，可以指定视图的打印方式；在【质量】下拉列表框中，可以指定着色和渲染视口的打印分辨率；在 DPI 文本框中，可以指定渲染和着色视图每英寸的点数，最大可为当前打印设备分辨率的最大值，该选项只有在【质量】下拉列表框中选择【自定义】选项后才可用。

- 【打印选项】选项区域：设置打印选项。例如打印线宽、显示打印样式和打印几何图形的次序等。如果选中【打印对象线宽】复选框，可以打印对象和图层的线宽；选中【按样式打印】复选框，可以打印应用于对象和图层的打印样式；选中【最后打印图纸空间】复选框，可以先打印模型空间几何图形，通常先打印图纸空间几何图形，然后再打印模型空间几何图形；选中【隐藏图纸空间对象】复选框，可以指定【消隐】操作应用于图纸空间视口中的对象，该选项仅在【布局】选项卡中可用。并且，该设置的效果反映在打印预览中，而不反映在布局中。

- 【方向】选项区域：指定图形方向是横向还是纵向。选中【反向打印】复选框，还可以指定图形在图纸页上倒置打印，相当于旋转180°打印。

13.3 使用浮动视口

在构造布局图时，可以将浮动视口视为图纸空间的图形对象，并对其进行移动和调整。浮动视口可以相互重叠或分离。在图纸空间中无法编辑模型空间中的对象，如果要编辑模型，必须激活浮动视口，进入浮动模型空间。激活浮动视口的方法有多种，如可执行 MSPACE 命令、单击状态栏上的【图纸】按钮或双击浮动视口区域中的任意位置。

13.3.1 删除、新建和调整浮动视口

在布局图中，选择浮动视口边界，然后按 Delete 键即可删除浮动视口。删除浮动视口后，在快速访问工具栏选择【显示菜单栏】命令，在弹出的菜单中选择【视图】|【视口】|【新建视口】命令，或在【功能区】选项板中选择【视图】选项卡，在【视口】面板中单击【新建】按钮，都可以创建新的浮动视口，此时需要指定创建浮动视口的数量和区域。图 13-21 所示是在图纸空间中新建的 3 个浮动视口。

相对于图纸空间，浮动视口和一般的图形对象没什么区别。每个浮动视口均被绘制在当前层上，且采用当前层的颜色和线型。因此，可使用通常的图形编辑方法来编辑浮动视口。例如，可以通过拉伸和移动夹点来调整浮动视口的边界。

13.3.2 相对图纸空间比例缩放视图

如果布局图中使用了多个浮动视口时，就可以为这些视口中的视图建立相同的缩放比例。这时可选择要修改其缩放比例的浮动视口，在【状态栏】的【视口比例】 下拉列表框中选择某一比例，然后对其他的所有浮动视口执行同样的操作，就可以设置一个相同的比例值，如图 13-22 所示。

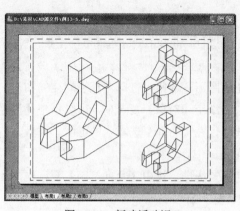

图 13-21　新建浮动视口

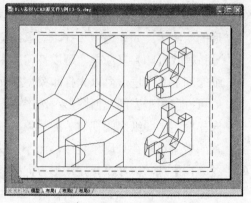

图 13-22　为浮动视口设置相同的比例

在 AutoCAD 中，通过对齐两个浮动视口中的视图，可以排列图形中的元素。要采用角度、水平和垂直对齐方式，可以相对一个视口中指定的基点平移另一个视口中的视图。

13.3.3　在浮动视口中旋转视图

在浮动视口中，执行 MVSETUP 命令可以旋转整个视图。该功能与 ROTATE 命令不同，ROTATE 命令只能旋转单个对象。

【例 13-2】在浮动视口中将图 13-23 所示图形旋转 30°。

(1) 在命令行输入 MVSETUP 命令。

(2) 在命令行的【输入选项 [对齐(A)/创建(C)/缩放视口(S)/选项(O)/标题栏(T)/放弃(U)]:】提示信息下输入 A，选择对齐方式。

(3) 在命令行的【输入选项 [角度(A)/水平(H)/垂直对齐(V)/旋转视图(R)/放弃(U)]:】提示信息下输入 R，以旋转视图。

(4) 在命令行的【指定视口中要旋转视图的基点:】提示信息下，指定视口中要旋转视图的基点坐标为(0,0)。

(5) 在命令行的【指定相对基点的角度:】提示信息下，指定旋转角度为 30°，然后按 Enter 键，则旋转结果如图 13-24 所示。

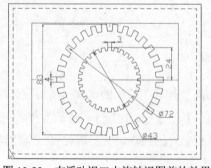

图 13-23　在浮动视口中旋转视图前的效果

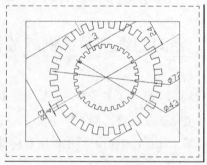

图 13-24　在浮动视口中旋转视图后的效果

13.3.4　创建特殊形状的浮动视口

在删除浮动视口后，可以在快速访问工具栏选择【显示菜单栏】命令，在弹出的菜单中选择【视图】|【视口】|【多边形视口】命令，创建多边形形状的浮动视口，如图 13-25 所示。

也可以将图纸空间中绘制的封闭多段线、圆、面域、样条或椭圆等对象设置为视口边界，这时可在快速访问工具栏选择【显示菜单栏】命令，在弹出的菜单中选择【视图】|【视口】|【对象】命令来创建，如图 13-26 所示。

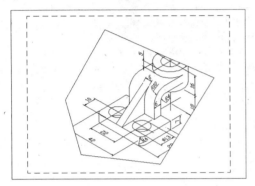
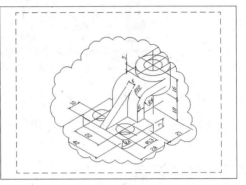

| 图 13-25　多边形浮动视口 | 图 13-26　根据对象创建浮动视口 |

13.4　打印图形

创建完图形之后，通常要打印到图纸上，也可以生成一份电子图纸，以便从互联网上进行访问。打印的图形可以包含图形的单一视图，或者更为复杂的视图排列。根据不同的需要，可以打印一个或多个视口，或设置选项以决定打印的内容和图像在图纸上的布置。

13.4.1　打印预览

在打印输出图形之前可以预览输出结果，以检查设置是否正确。例如，图形是否都在有效输出区域内等。在快速访问工具栏选择【显示菜单栏】命令，在弹出的菜单中选择【文件】|【打印预览】命令(PREVIEW)，或在【功能区】选项板选择【输出】选项卡，在【打印】面板中单击【预览】按钮，都可以预览输出结果。

AutoCAD 将按照当前的页面设置、绘图设备设置及绘图样式表等在屏幕上显示最终要输出的图纸，如图 13-27 所示。

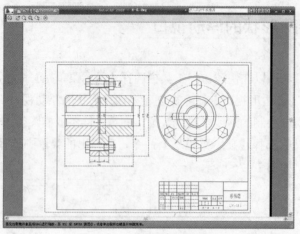

图 13-27　绘图输出结果预览

在预览窗口中，光标变成了带有加号和减号的放大镜状，向上拖动光标可以放大图像，向下拖动光标可以缩小图像。要结束全部的预览操作，可直接按 Esc 键。

13.4.2　打印设置

在 AutoCAD 2011 中，可以使用【打印】对话框打印图形。当在绘图窗口中选择一个【布局】选项卡后，在快速访问工具栏选择【显示菜单栏】命令，在弹出的菜单中选择【文件】|【打印】命令，或在【功能区】选项板选择【输出】选项卡，在【打印】面板中单击【打印】按钮，打开【打印】对话框，如图 13-28 所示。

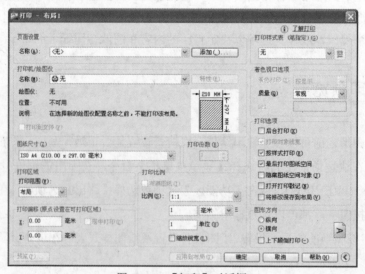

图 13-28　【打印】对话框

【打印】对话框中的内容与【页面设置】对话框中的内容基本相同，此外还可以设置以下选项。

⊙ 【页面设置】选项区域的【名称】下拉列表框：可以选择打印设置，并能够随时保存、命名和恢复【打印】和【页面设置】对话框中的所有设置。单击【添加】按钮，打开【添加页面设置】对话框，可以从中添加新的页面设置，如图 13-29 所示。

⊙ 【打印机/绘图仪】选项区域中的【打印到文件】复选框：可以指示将选定的布局发送到打印文件，而不是发送到打印机。

⊙ 【打印份数】文本框：可以设置每次打印图纸的份数。

⊙ 在【打印选项】选项区域中选中【后台打印】复选框，可以在后台打印图形；选中【将修改保存到布局】复选框，可以将打印对话框中改变的设置保存到布局中；选中【打开打印戳记】复选框，可以在每个输出图形的某个角落上显示绘图标记，以及生成日志文件。此时单击其后的【打印戳记设置】按钮，将打开【打印戳记】对话框，可以设置打印戳记字段，包括图形名称、布局名称、日期和时间、打印比例、绘图设备及纸张尺寸等，还可以定义自己的字段，如图 13-30 所示。

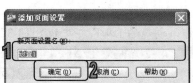

图 13-29　【添加页面设置】对话框

图 13-30　【打印戳记】对话框

各部分都设置完成之后，在【打印】对话框中单击【确定】按钮，AutoCAD 将开始输出图形并动态显示绘图进度。如果图形输出时出现错误或要中断绘图，可按 Esc 键，AutoCAD 将结束图形输出。

13.5 发布 DWF 文件

现在，国际上通常采用 DWF(Drawing Web Format，图形网络格式)图形文件格式。DWF 文件可在任何装有网络浏览器和 Autodesk WHIP！插件的计算机中打开、查看和输出。

DWF 文件支持图形文件的实时移动和缩放，并支持控制图层、命名视图和嵌入链接显示效果。DWF 文件是矢量压缩格式的文件，可提高图形文件打开和传输的速度，缩短下载时间。以矢量格式保存的 DWF 文件，完整地保留了打印输出属性和超链接信息，并且在进行局部放大时，基本能够保持图形的准确性。

13.5.1 输出 DWF 文件

要输出 DWF 文件，必须先创建 DWF 文件，在这之前还应创建 ePlot 配置文件。使用配置文件 ePlot.pc3 可创建带有白色背景和纸张边界的 DWF 文件。

通过 AutoCAD 的 ePlot 功能，可将电子图形文件发布到 Internet 上，所创建的文件以 Web 图形格式(DWF)保存。用户可在安装了 Internet 浏览器和 Autodesk WHIP! 4.0 插件的任何计算机中打开、查看和打印 DWF 文件。DWF 文件支持实时平移和缩放，可控制图层、命名视图和嵌入超链接的显示。

在使用 ePlot 功能时，系统先按建议的名称创建一个虚拟电子出图。通过 ePlot 可指定多种设置，如指定画笔、旋转和图纸尺寸等，所有这些设置都会影响 DWF 文件的打印外观。

【例 13-3】 创建 DWF 文件。

(1) 在快速访问工具栏选择【显示菜单栏】命令，在弹出的菜单中选择【文件】|【打印】命令，打开【打印】对话框，如图 13-31 所示。

(2) 在【打印机/绘图仪】选项区域的【名称】下拉列表框中，选择 DWF6 ePlot.pc3 选项。

(3) 单击【确定】按钮，在打开的【浏览打印文件】对话框中设置 ePlot 文件的名称和路径，如 E:\ 8-60-Mylayout.dwf。

(4) 单击【保存】按钮，完成 DWF 文件的创建操作，创建的 DWF 文件如图 13-32 所示。

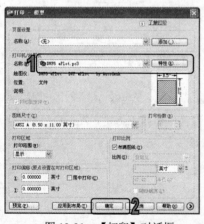

图 13-31 【打印】对话框

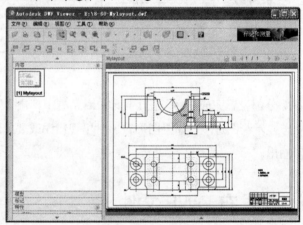

图 13-32 创建的 DWF 文件

13.5.2 在外部浏览器中浏览 DWF 文件

如果在计算机系统中安装了 4.0 或 4.0 以上版本的 WHIP!插件和浏览器，则可在 Internet Explorer 或 Netscape Communicator 浏览器中查看 DWF 文件。如果 DWF 文件包含图层和命名视图，还可在浏览器中控制其显示特征，如图 13-33 所示。

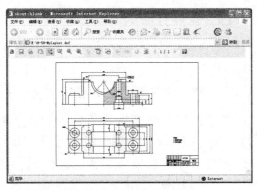

图 13-33　浏览 DWF 图形

在浏览器上查看 DWF 文件时，应注意以下几点：

- 只有在 DWF ePlot.pc3 输出配置中包含【图层信息选项】选项时，才可包含【图层】控制。
- 在创建 DWF 文件时，只可把当前用户坐标系下的命名视图写入 DWF 文件，任何在非当前用户坐标系下创建的命名视图均不能写入 DWF 文件。
- 在模型空间输出 DWF 文件时，只能把模型空间下命名的视图写入 DWF 文件。
- 在图纸空间输出 DWF 文件时，只能把图纸空间下命名的视图写入 DWF 文件。
- 如果命名视图在 DWF 文件输出范围之外，则在此 DWF 文件中将不包含此命名视图。
- 如果命名视图中的一部分包含在 DWF 范围之内，则只有包含在 DWF 范围内的命名视图是可见的。

13.6　将图形发布到 Web 页

在 AutoCAD 2011 中，在快速访问工具栏选择【显示菜单栏】命令，在弹出的菜单中选择【文件】|【网上发布】命令，即使不熟悉 HTML 代码，也可以方便、迅速地创建 Web 页，该 Web 页包含有 AutoCAD 图形的 DWF、PNG 或 JPEG 等格式图像。一旦创建了 Web 页，就可以将其发布到 Internet。

【例 13-4】将如图 13-34 所示图形发布到 Web 页。

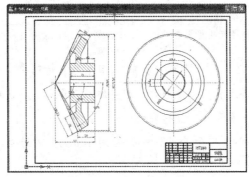

图 13-34　需要发布的图形

(1) 在快速访问工具栏选择【显示菜单栏】命令，在弹出的菜单中选择【文件】|【网上发布】命令，打开【网上发布-开始】对话框，如图 13-35 所示。此处选中【创建新 Web 页】单选按钮，创建新 Web 页。

(2) 单击【下一步】按钮，打开【网上发布-创建 Web 页】对话框，如图 13-36 所示。在【指定 Web 页的名称】文本框中输入 Web 页的名称 MyWeb。也可以指定文件的存放位置。

(3) 单击【下一步】按钮，打开【网上发布-选择图像类型】对话框，如图 13-37 所示。可以选择将在 Web 页上显示的图形图像的类型，即通过左面的下拉列表框在 DWF、JPG 和 PNG 之间选择。确定文件类型后，使用右面的下拉列表框可以确定 Web 页中显示图像的大小，包括【小】、【中】、【大】和【极大】4 个选项。

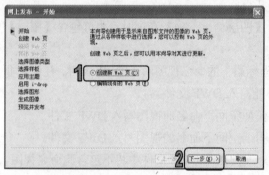
图 13-35　【网上发布-开始】对话框

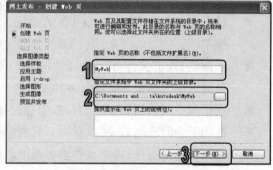
图 13-36　【网上发布-创建 Web 页】对话框

(4) 单击【下一步】按钮，打开【网上发布-选择样板】对话框，设置 Web 页样板，如图 13-38 所示。当选择对应选项后，在预览框中将显示出相应的样板示例。

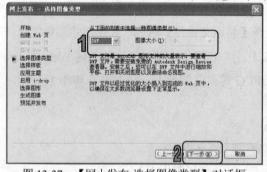
图 13-37　【网上发布-选择图像类型】对话框

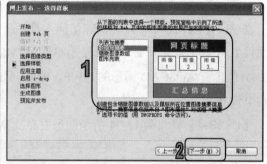
图 13-38　【网上发布-选择样板】对话框

(5) 单击【下一步】按钮，打开【网上发布-应用主题】对话框，如图 13-39 所示。可以在该对话框选择 Web 页面上各元素的外观样式，如字体及颜色等。在该对话框的下拉列表框中选择好样式后，在预览框中将显示出相应的样式。

(6) 单击【下一步】按钮，打开【网上发布-启用 i-drop】对话框，如图 13-40 所示。系统将询问是否要创建 i-drop 有效的 Web 页。选中【启用 i-drop】复选框，即可创建 i-drop 有效的 Web 页。

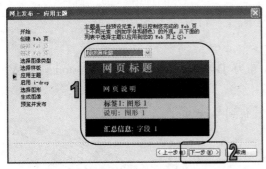

图 13-39　【网上发布-应用主题】对话框

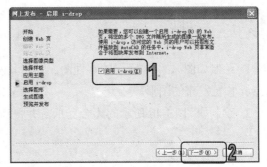

图 13-40　【网上发布-启用 i-drop】对话框

(7) 单击【下一步】按钮，弹出【网上发布-选择图形】对话框，可以确定在 Web 页上要显示成图像的图形文件，如图 13-41 所示。设置好图像后单击【添加】按钮，即可将文件添加到【图像列表】列表框中。

(8) 单击【下一步】按钮，打开【网上发布-生成图像】对话框，可以从中确定重新生成已修改图形的图像还是重新生成所有图像，如图 13-42 所示。

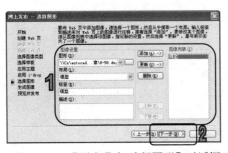

图 13-41　【网上发布-选择图形】对话框

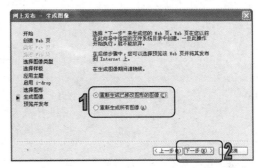

图 13-42　【网上发布-生成图像】对话框

(9) 单击【下一步】按钮，打开【网上发布-预览并发布】对话框，如图 13-43 所示。单击【预览】按钮即可预览所创建的 Web 页，如图 13-44 所示。单击【立即发布】按钮，则可立即发布新创建的 Web 页。发布 Web 页后，通过【发送电子邮件】按钮可以创建、发送包括 URL 及其位置等信息的邮件。

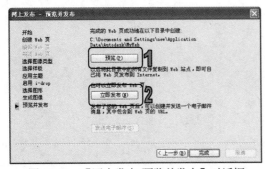

图 13-43　【网上发布-预览并发布】对话框

图 13-44　预览网上发布效果

计算机 基础与实训教材系列

13.7 习题

1. 绘制如图 13-45 所示的零件图，并将其发布为 DWF 文件，然后使用 Autodesk DWF Viewer 预览发布的图形。

2. 绘制如图 13-46 所示的离合器爪，并将其发布到 Web 页上。

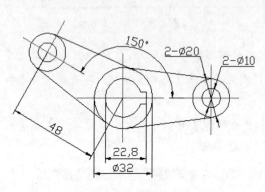

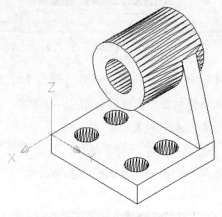

图 13-45　练习 1　　　　　　　　　　　　　　　　图 13-46　练习 2

第14章 AutoCAD 绘图综合实例

学习目标

　　通过前面章节的学习，相信读者已对 AutoCAD 绘图有了全面的了解。但由于各章节知识相对独立，各有侧重，因此看起来比较零散。本章将通过一些综合实例，详细介绍使用 AutoCAD 绘制样板图、零件图以及三维图形的方法和技巧，以帮助读者建立 AutoCAD 绘图的整体概念，并巩固前面所学的知识，提高实际绘图的能力。

本章重点

- ◉ 制作样板图
- ◉ 绘制零件平面图
- ◉ 绘制三通模型

14.1　制作样板图

　　样板图作为一张标准图纸，除了需要绘制图形外，还要求设置图纸大小，绘制图框线和标题栏；而对于图形本身，需要设置图层以绘制图形的不同部分，设置不同的线型和线宽以表达不同的含义，设置不同的图线颜色以区分图形的不同部分等。所有这些都是绘制一幅完整图形不可或缺的工作。为方便绘图，提高绘图效率，往往将这些绘制图形的基本作图和通用设置绘制成一张基础图形，进行初步或标准的设置，这种基础图形称为样板图。下面，我们将以绘制图 14-1 所示的样板图为例，介绍样板图形的绘制方法。

14.1.1　制作样板图的准则

使用 AutoCAD 绘制零件图的样板图时，必须遵守如下准则。

◉ 严格遵守国家标准的有关规定。
◉ 使用标准线型。
◉ 设置适当图形界限，以便能包含最大操作区。
◉ 将捕捉和栅格设置为在操作区操作的尺寸。
◉ 按标准的图纸尺寸打印图形。

14.1.2　设置绘图单位和精度

在绘图时，单位制都采用十进制，长度精度为小数点后 0 位，角度精度也为小数点后 0 位。要设置图形单位和精确度，可在快速访问工具栏选择【显示菜单栏】命令，在弹出的菜单中选择【格式】|【单位】命令，打开【图形单位】对话框，如图 14-2 所示。在该对话框【长度】选项区域的【类型】下拉列表框中选择【小数】选项，设置【精度】为 0；在【角度】选项区域的【类型】下拉列表框中选择【十进制度数】选项，设置【精度】为 0；系统默认逆时针方向为正。设置完毕后单击【确定】按钮。

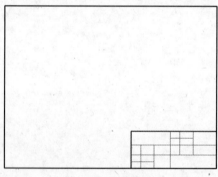

图 14-1　样板图

图 14-2　【图形单位】对话框

14.1.3　设置图形界限

国家标准对图纸的幅面大小作了严格规定，每一种图纸幅面都有唯一的尺寸。在绘制图形时，设计者应根据图形的大小和复杂程度，选择图纸幅面。

【例 14-1】选择国标 A3 图纸幅面设置图形边界，A3 图纸的幅面为 420 毫米×297 毫米。

(1) 在快速访问工具栏选择【显示菜单栏】命令，在弹出的菜单中选择【格式】|【图形界限】命令，或在命令行输入 LIMITS 命令。

(2) 在【指定左下角点或 [开(ON)/关(OFF)] <0,0>:】提示信息下输入图纸左下角坐标(0,0)，并按 Enter 键。

(3) 在【指定右上角点 <400,200>:】提示信息下输入图纸右上角点坐标(420,297)，并按 Enter 键确定。

(4) 单击状态栏上的【栅格】按钮，可以在绘图窗口中显示图纸的图限范围。

14.1.4　设置图层

在绘制图形时，图层是一个重要的辅助工具，可以用来管理图形中的不同对象。创建图层一般包括设置层名、颜色、线型和线宽。图层的多少需要根据所绘制图形的复杂程度来确定，通常对于一些比较简单的图形，只需分别为辅助线、轮廓线、标注等对象建立图层即可。

【例 14-2】为图 14-1 所示的样板图形创建辅助线、轮廓线、标注等图层。

(1) 在快速访问工具栏选择【显示菜单栏】命令，在弹出的菜单中选择【格式】|【图层】命令，打开【图层特性管理器】选项板。

(2) 单击【新建图层】按钮，创建【辅助线层】，设置颜色为【洋红】，线型为 ACAD_ISO04W100，线宽为【默认】；创建【标注层】，设置颜色为【蓝色】，线型为 Continuous，线宽为【默认】；创建【文字注释层】，设置颜色为【蓝色】，线型为 Continuous，线宽为【默认】。然后按照同样的方法，创建其他图层，其中【轮廓层】和【图框层】的线宽为 0.3mm，如图 14-3 所示。

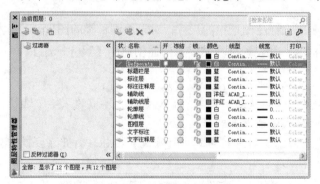

图 14-3　设置绘图文件的图层

(3) 设置完毕，单击【确定】按钮，关闭【图层特性管理器】选项板。

14.1.5　设置文字样式

在绘制图形时，通常要设置 4 种文字样式，分别用于一般注释、标题块中的零件名、标题块注释和尺寸标注。我国国标的汉字标注字体文件为：长仿宋大字体形文件 gbcbig.shx。而文字高度对于不同的对象，要求也不同。例如，一般注释为 7mm，零件名称为 10 mm，标题栏中其他文字为 5mm，尺寸文字为 5mm。

在快速访问工具栏选择【显示菜单栏】命令，在弹出的菜单中选择【格式】|【文字样式】命令，打开【文字样式】对话框，如图 14-4 所示。单击【新建】按钮，创建文字样式如下。

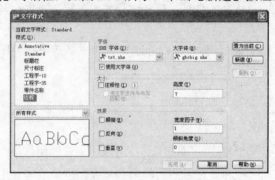

图 14-4　设置文字样式

- 注释：大字体 gbcbig.shx，高度 7 mm。
- 零件名称：大字体 gbcbig.shx，高度 10 mm。
- 标题栏：大字体 gbcbig.shx，高度 5 mm。
- 尺寸标注：大字体 gbcbig.shx，高度 5 mm。

计算机 基础与实训教材系列

⑭.1.6　设置尺寸标注样式

尺寸标注样式主要用来标注图形中的尺寸，对于不同种类的图形，尺寸标注的要求也不尽相同。通常采用 ISO 标准，并设置标注文字为前面创建的【尺寸标注】。

【例 14-3】为图 14-1 所示的样板图形设置尺寸标注样式。

(1) 在快速访问工具栏选择【显示菜单栏】命令，在弹出的菜单中选择【格式】|【标注样式】命令，打开【标注样式管理器】对话框。

(2) 在【标注样式管理器】对话框中单击【修改】按钮，打开【修改标注样式】对话框，如图 14-5 所示。

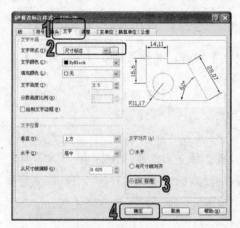

图 14-5　修改标注样式

（3）在该对话框中打开【文字】选项卡，设置【文字样式】为【尺寸标注】，并在【文字对齐】选项区域中选择【ISO 标准】单选按钮。

（4）设置完毕后连续单击【确定】按钮，关闭对话框。

14.1.7　绘制图框线

在使用 AutoCAD 绘图时，绘图图限不能直观地显示出来，所以在绘图时还需要通过图框来确定绘图的范围，使所有的图形绘制在图框线之内。图框通常要小于图限，到图限边界要留一定的单位，在此可使用【直线】工具绘制图框线。

【例 14-4】使用直线工具绘制如图 14-1 所示的图框线。

（1）将【图框线】层设为当前图层，在快速访问工具栏选择【显示菜单栏】命令，在弹出的菜单中选择【绘图】|【直线】命令，或在【功能区】选项板中选择【常用】选项卡，在【绘图】面板中单击【直线】按钮，发出 LINE 命令。

（2）在【指定第一点:】提示行中输入点坐标(25,5)，按 Enter 键确认。

（3）依次在【指定下一点或 [放弃(U)]:】提示行中输入其他点坐标：(415,5)、(415,292)和(25,292)。

（4）在【指定下一点或 [闭合(C)/放弃(U)]:】提示行中输入字母 C，然后按 Enter 键，即可得到封闭的图形。

14.1.8　绘制标题栏

标题栏一般位于图框的右下角，在 AutoCAD 2011 中，可以使用【表格】命令来绘制标题栏。

【例 14-5】绘制如图 14-1 所示的标题栏。

（1）将【标题栏层】置为当前层。在快速访问工具栏选择【显示菜单栏】命令，在弹出的菜单中选择【格式】|【表格样式】命令，打开【表格样式】对话框。单击【新建】按钮，在打开的【创建新的表格样式】对话框中创建新表格样式 Table，如图 14-6 所示。

（2）单击【继续】按钮，打开【新建表格样式:Table】对话框，在【单元样式】选项区域的下拉列表框中选择【数据】选项，选择【常规】选项卡，在【对齐】下拉列表中选择【正中】；选择【文字】选项卡，在【文字样式】下拉列表中选择【标题栏】；选择【边框】选项卡，单击【外边框】按钮，并在【线宽】下拉列表中选择 0.3 mm。

（3）单击【确定】按钮，返回到【表格样式】对话框，在【样式】列表框中选中创建的新样式，单击【置为当前】按钮，如图 14-7 所示。

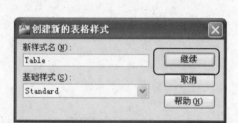

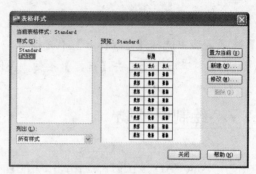

图 14-6　【创建新的表格样式】对话框　　　　图 14-7　【表格样式】对话框

(4) 设置完毕后，单击【关闭】按钮，关闭【表格样式】对话框。

(5) 在快速访问工具栏选择【显示菜单栏】命令，在弹出的菜单中选择【绘图】|【表格】命令，打开【插入表格】对话框，在【插入方式】选项区域中选择【指定插入点】单选按钮；在【列和行设置】选项区域中分别设置【列】和【数据行】文本框中的数值为 6 和 5，如图 14-8 所示。

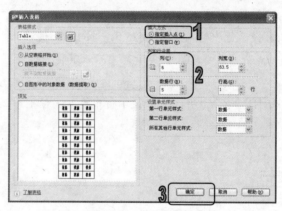

图 14-8　【插入表格】对话框

(6) 单击【确定】按钮，在绘图文档中插入一个 5 行 6 列的表格，如图 14-9 所示。

(7) 使用表格快捷菜单编辑绘制好的表格。拖动鼠标选中表格中的前 2 行和前 3 列表格单元，如图 14-10 所示。

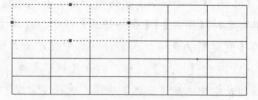

图 14-9　插入表格　　　　　　　　图 14-10　选中表格单元

(8) 右击选中的表格单元，在弹出的快捷菜单中选择【合并】|【全部】命令，将选中的表格单元合并为一个表格单元，如图 14-11 所示。

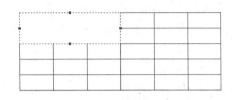

图 14-11　合并表格单元

(9) 使用同样方法，按照图 14-12 所示编辑表格。

(10) 选中绘制的表格，然后将其拖放到图框右下角。当在状态栏中单击【线宽】按钮时，绘制的图框和标题栏如图 14-13 所示。

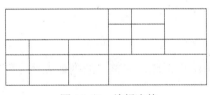

图 14-12　编辑表格

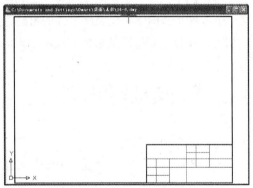

图 14-13　绘制标题栏

14.1.9　保存样板图

通过前面的操作，样板图及其环境已经设置完毕，可以将其保存成样板图文件。

在快速访问工具栏选择【显示菜单栏】命令，在弹出的菜单中选择【文件】|【另存为】命令，打开如图 14-14 所示的【图形另存为】对话框，在【文件类型】下拉列表框中选择【AutoCAD 图形样板(*.dwt)】选项，在【文件名】文本框中输入文件名称 A3。单击【保存】按钮，将打开【样板说明】对话框，在【说明】选项区域中输入对样板图形的描述和说明，如图 14-15 所示。此时就创建好一个标准的 A3 幅面的样板文件，下面的绘图工作都将在此样板的基础上进行。

图 14-14 【图形另存为】对话框

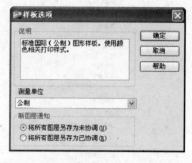

图 14-15 【样板说明】对话框

14.2 绘制零件平面图

表达零件的图样称为零件工作图,简称零件图。零件图是设计部门提交给生产部门的重要技术条件,是制造、加工和检验零件的依据。

在工程绘图中,零件图是用来指导制造和检验零件的图样,主要通过平面绘图来表现。因此,在一个零件平面图中不仅要将零件的材料、内外结构、形状和大小表达清楚,而且还要对零件的加工、检验、测量提供必要的技术要求。

14.2.1 零件图包含的内容

零件图主要包含以下内容。

- ⊙ 一组图形:用视图、剖视、断面及其他规定画法来正确、完整、清晰地表达零件的各部分形状和结构。
- ⊙ 尺寸:正确、完整、清晰、合理地标注零件的全部尺寸。
- ⊙ 技术要求:用符号或文字来说明零件在制造、检验等过程中应达到的一些技术要求,如表面粗糙度、尺寸公差、形状和位置公差、热处理要求等。技术要求的文字一般标注在标题栏上方图纸空白处。
- ⊙ 标题栏:标题栏位于图纸的右下角,应填写零件的名称、材料、数量、图的比例以及设计、描图、审核人的签字、日期等各项内容。

通常绘制零件图时,应在对零件结构形状进行分析后,根据零件的工作位置或加工位置,选择最能反映零件特征的视图作为主视图,然后再选取其他视图。选取其他视图时,应在能表达零件内外结构、形状前提下,尽量减少图形数量,以便画图和看图。

14.2.2　使用样板文件建立新图

本节绘制如图 14-16 所示的操作杆零件图。在绘制时，首先绘制辅助线，然后绘制图形的轮廓，最后根据需要添加标注、注释等内容。

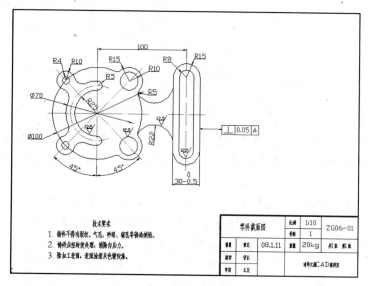

图 14-16　操作杆零件图

要使用样板文件建立新图，可在快速访问工具栏选择【显示菜单栏】命令，在弹出的菜单中选择【文件】|【新建】命令，打开【选择样板】对话框，在文件列表中选择前面创建的样板文件 A3，然后单击【打开】按钮，创建一个新的图形文档。此时绘图窗口中将显示图框和标题栏，并包含了样板图中的所有设置。

14.2.3　绘制与编辑图形

绘制与编辑图形主要使用【绘图】和【修改】菜单中的命令，或在【功能】选项板中选择【常用】选项卡，使用【绘图】和【修改】面板中的工具按钮来进行操作。在绘制图形时，不同的对象应绘制在预设的图层上，以便控制图形中各部分的显示。

【例 14-6】绘制如图 14-16 所示的零件图。

(1) 将【辅助线层】设置为当前层。在快速访问工具栏选择【显示菜单栏】命令，在弹出的菜单中选择【工具】|【草图设置】命令，打开【草图设置】对话框。选择【极轴追踪】选项卡，并从中选中【启用极轴追踪】复选框，然后在【增量角】下拉列表框中选择 45，最后单击【确定】按钮，如图 14-17 所示。

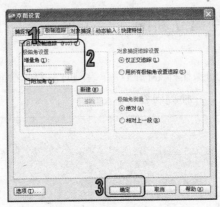

图 14-17　【草图设置】对话框

(2) 在【功能区】选项板中选择【常用】选项卡，在【绘图】面板中单击【构造线】按钮，发出 XLINE 命令。绘制一条过点(120,180)的水平构造线和两条分别过点(120,180)和点(220,180)的垂直构造线。

(3) 在【功能区】选项板中，选择【常用】选项卡，在【绘图】面板中单击【射线】按钮，绘制 4 条倾斜的辅助线。单击水平构造线与左侧垂直构造线的交点，然后移动光标，当角度显示为 135°时单击绘制一条射线。再次选择该命令，当角度显示为 45°时单击绘制另一条射线，如图 14-18 所示。

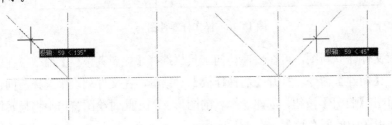

图 14-18　绘制倾斜的辅助线

(4) 使用同样方法绘制另外两条辅助线，效果如图 14-19 所示。

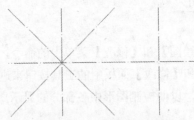

图 14-19　绘制辅助线

(5) 在【功能区】选项板中选择【常用】选项卡，在【绘图】面板中单击【圆心、半径】按钮，以交点(120,180)为圆心，绘制一个半径为 30 的辅助圆，最终效果如图 14-20 所示。

(6) 将【轮廓层】设置为当前层。在【功能区】选项板中选择【常用】选项卡，在【绘图】面板中单击【圆心、半径】按钮，以辅助线交点(120,180)为圆心，分别绘制一个半径为 25 和一个半径为 35 的圆，如图 14-21 所示。

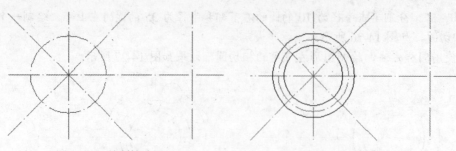

图 14-20　绘制辅助圆　　　　　　　　图 14-21　绘制同心圆

(7) 在【功能区】选项板中选择【常用】选项卡，在【绘图】面板中单击【圆心、半径】按钮，以交点(120,180)为圆心，再绘制半径为 50 的圆。

(8) 在【功能区】选项板中选择【常用】选项卡，在【绘图】面板中单击【圆心、半径】按钮，以交点(120,150)和(120,210)为圆心，分别绘制半径为 5 的两个圆。此时图形效果如图 14-22 所示。

(9) 在【功能区】选项板中选择【常用】选项卡，在【绘图】面板中单击【圆心、半径】按钮，以左上角倾斜辅助线和半径为 50 的圆的交点为圆心，分别绘制一个半径为 4 和一个半径为 10 的同心圆。此时图形效果如图 14-23 所示。

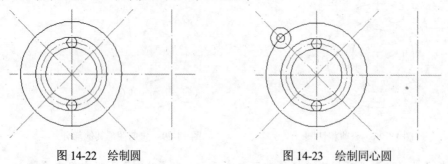

图 14-22　绘制圆　　　　　　　　图 14-23　绘制同心圆

(10) 使用同样方法，以左下角倾斜辅助线和半径为 50 的圆的交点为圆心，分别绘制一个半径为 4 和一个半径为 10 的同心圆。效果如图 14-24 所示。

(11) 在【功能区】选项板中选择【常用】选项卡，在【绘图】面板中单击【相切、相切、半径】按钮，分别单击半径为 10 的圆的左下部和半径为 35 的圆的左上部，绘制一个半径为 10 的相切圆，如图 14-25 所示。

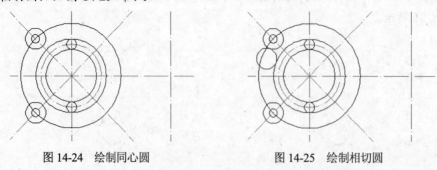

图 14-24　绘制同心圆　　　　　　　　图 14-25　绘制相切圆

(12) 在【功能区】选项板中选择【常用】选项卡，在【绘图】面板中单击【相切、相切、

半径】按钮 ，分别单击半径为 10 的圆的右下部和半径为 35 的圆的左上部，绘制一个半径为 10 的相切圆，如图 14-26 所示。

(13) 使用同样方法，绘制图形左下角的相切圆，效果如图 14-27 所示。

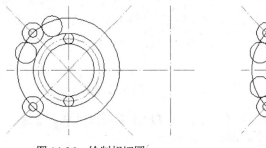
图 14-26　绘制相切圆

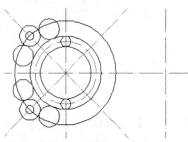
图 14-27　绘制相切圆

(14) 在【功能区】选项板中选择【常用】选项卡，在【修改】面板中单击【修剪】按钮，以左边半径为 35 和 10 的圆为修剪边，修剪图形中与其相切的 4 个半径为 10 的相切圆，结果如图 14-28 所示。

(15) 使用同样方法，按照图 14-29 所示修剪图形其他部分。

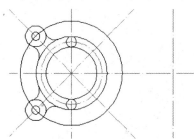
图 14-28　修剪相切圆

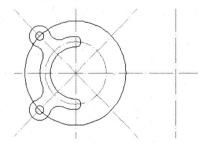
图 14-29　修剪图形其他部分

(16) 在【功能区】选项板中选择【常用】选项卡，在【绘图】面板中单击【圆心、半径】按钮，以右上角倾斜辅助线和半径为 50 的圆的交点为圆心，分别绘制一个半径为 10 和一个半径为 15 的同心圆。

(17) 然后使用同样方法，绘制图形右下角的同心圆，此时图形效果如图 14-30 所示。

(18) 在【功能区】选项板中选择【常用】选项卡，在【绘图】面板中单击【相切、相切、半径】按钮，单击半径为 10 的圆的两边和半径为 50 的圆，分别绘制 4 个半径为 5 的相切圆，如图 14-31 所示。

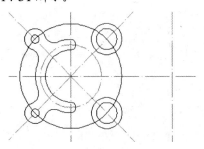
图 14-30　绘制同心圆

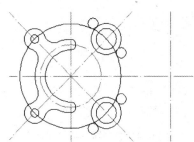
图 14-31　绘制相切圆

(19) 在【功能区】选项板中选择【常用】选项卡，在【修改】面板中单击【修剪】按钮，按照如图 14-32 所示对图形进行修剪。

(20) 在【功能区】选项板中选择【常用】选项卡，在【绘图】面板中单击【构造线】按钮，分别绘制两条过点(205,180)和点(235,180)的垂直构造线，效果如图 14-33 所示。

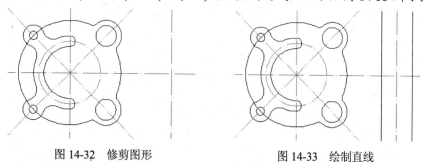

图 14-32　修剪图形　　　　　　　　　图 14-33　绘制直线

(21) 在【功能区】选项板中选择【常用】选项卡，在【绘图】面板中单击【圆心、半径】按钮，以交点(220,220)和(120,140)为圆心，分别绘制一个半径为 8 和一个半径为 15 的同心圆。此时图形效果如图 14-34 所示。

(22) 在【功能区】选项板中，选择【常用】选项卡，在【绘图】面板中单击【直线】按钮，分别绘制两条和圆相切的直线，效果如图 14-35 所示。

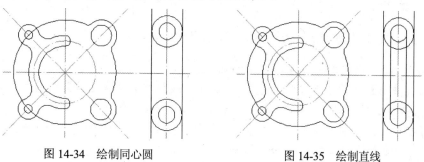

图 14-34　绘制同心圆　　　　　　　　图 14-35　绘制直线

(23) 在【功能区】选项板中选择【常用】选项卡，在【绘图】面板中单击【相切、相切、半径】按钮，单击半径为 50 的圆和半径为 15 的圆的两边，分别绘制两个半径为 22 的相切圆，如图 14-36 所示。

(24) 在【功能区】选项板中选择【常用】选项卡，在【修改】面板中单击【修剪】按钮，按照如图 14-37 所示对图形进行修剪。

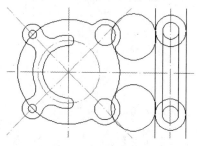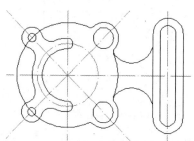

图 14-36　绘制相切圆　　　　　　　　图 14-37　修剪图形

(25) 将【辅助线层】设置为当前层。按照图 14-38 所示修剪该图层中的辅助线。至此，完成图形的绘制过程。

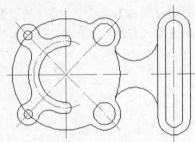

图 14-38　修剪辅助线

14.2.4　标注图形尺寸

图形绘制完成后，还需要进行尺寸标注。通常，图纸中的标注包括尺寸标注、公差标注及粗糙度标注等。

1. 标注基本尺寸

基本尺寸主要包括图形中的长度、圆心、直径和半径等。

【例 14-7】标注如图 14-16 所示零件图的基本尺寸。

(1) 将【标注层】设置为当前层。在【功能区】选项板中选择【注释】选项卡，在【标注】面板中单击【线性】按钮，创建水平标注 100，结果如图 14-39 所示。

(2) 在【功能区】选项板中选择【注释】选项卡，在【标注】面板中单击【角度】按钮，创建图形左下方倾斜辅助线和垂直辅助线之间的角度标注 45°。

(3) 在【功能区】选项板中选择【注释】选项卡，在【标注】面板中单击【连续】按钮，系统将以垂直辅助线端点作为连续标注的基点，连续标注右下方倾斜辅助线的尺寸，结果如图 14-40 所示。

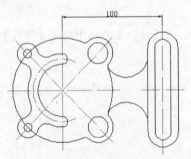

图 14-39　创建水平标注

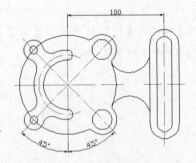

图 14-40　创建连续标注

(4) 在【功能区】选项板中选择【注释】选项卡，在【标注】面板中单击【半径标注】按钮，标注半径为 15 的圆的半径，如图 14-41 所示。

（5）在【功能区】选项板中选择【注释】选项卡，在【标注】面板中单击【直径标注】按钮，标注直径为 100 的圆的直径，如图 14-42 所示。

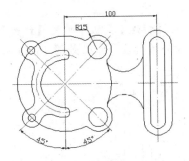

图 14-41　标注半径

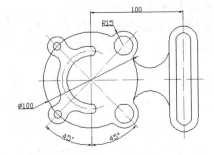

图 14-42　标注直径

（6）使用相同方法标注其他圆形半径和直径，如图 14-43 所示。

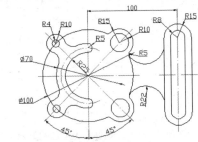

图 14-43　标注其他圆形半径

2. 标注尺寸公差

在 AutoCAD 中，为了标注公差，必须创建一个新的标注样式。

【例 14-8】标注如图 14-16 所示零件图的公差。

（1）在快速访问工具栏选择【显示菜单栏】命令，在弹出的菜单中选择【格式】|【标注样式】命令，在打开的【标注样式管理器】对话框中单击【新建】按钮，新建一个名为 h1 的标注样式。在【新建标注样式：h1】对话框中选择【公差】选项卡，设置公差的方式为【极限偏差】，在【上偏差】和【下偏差】文本框中分别输入数值 0 和 0.5。设置完毕后单击【确定】按钮，如图 14-44 所示。

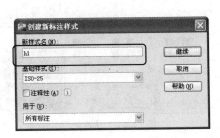

图 14-44　新建标注样式 h1

(2) 在快速访问工具栏选择【显示菜单栏】命令，在弹出的菜单中选择【工具】|【草图设置】命令，在打开的【草图设置】对话框中选择【对象捕捉】选项卡，并选中【象限点】复选框，单击【确定】按钮。

(3) 在【功能区】选项板中选择【注释】选项卡，在【标注】面板中单击【线性】按钮，在图样上捕捉图形右下角圆弧两侧的象限点，创建尺寸公差标注，结果如图 14-45 所示。

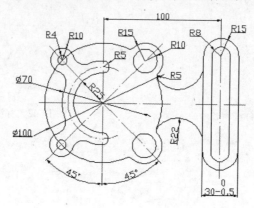

图 14-45　标注尺寸公差

3. 标注形位公差

标注形位公差可以通过引线标注实现，可以使用 QLEADER 命令。

【例 14-9】标注如图 14-16 所示零件图的形位公差。

(1) 在命令行输入 QLEADER 命令，在【指定第一个引线点或 [设置(S)] <设置>:】提示行中输入 S，并按 Enter 键。在打开的【引线设置】对话框中选择【公差】单选按钮，然后单击【确定】按钮，如图 14-46 所示。

(2) 在图样上捕捉最左边垂直辅助线上的一点，然后在相对上一点的水平向右方向上选取一点。

(3) 右击打开【形位公差】对话框，单击【符号】选项区域下方的黑方块，在打开的【符号】对话框中选择需要的形位公差符号，在【公差 1】文本框中输入公差值，在【基准 1】文本框中输入基准符号 A，单击【确定】按钮，如图 14-47 所示。

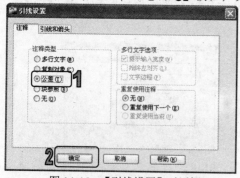

图 14-46　【引线设置】对话框

图 14-47　设置形位公差

(4) 设置完毕后，在绘图文档中标注的形位公差如图 14-48 所示。

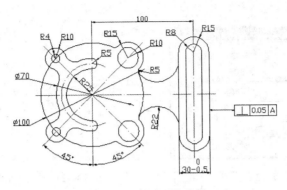

图 14-48 标注形位公差

4. 标注粗糙度

在 AutoCAD 中，没有直接定义粗糙度的标注功能。可以将粗糙度符号制作成块，然后在需要的地方插入块即可。

【例 14-10】标注如图 14-16 所示零件图的粗糙度。

(1) 在【功能区】选项板中，选择【常用】选项卡，在【绘图】面板中单击【直线】按钮，在绘图文档中绘制如图 14-49 所示的表示粗糙度的图形。

(2) 在命令行输入 WBLOCK 命令，将打开如图 14-50 所示的【写块】对话框。单击【对象】选项区域中的【选择对象】按钮，在绘图文档中选择图 14-49 所示的图形；按 Enter 键返回【写块】对话框中。单击【拾取点】按钮，然后单击图 14-49 所示的图形的中心点作为基点；按 Enter 键返回【写块】对话框中。设置块的文件名和路径后，单击【确定】按钮。

图 14-49 绘制粗糙度的图形

图 14-50 【写块】对话框

(3) 在快速访问工具栏选择【显示菜单栏】命令，在弹出的菜单中选择【插入】|【块】命令，在打开的如图 14-51 所示的【插入】对话框中选择刚才新建的块文件，在【缩放比例】选项区域中选中【统一比例】复选框，并在 X 文本框中输入数值 0.2，单击【确定】按钮插入一个粗糙度图块。

(4) 按照图 14-52 所示，在绘图文档中插入多个粗糙度图块。

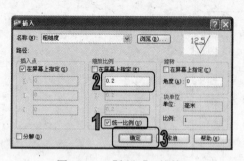

图 14-51 【插入】对话框

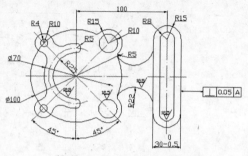

图 14-52 插入多个粗糙度图块

14.2.5 添加注释文字

在图纸中，文字注释也是必不可少的，通常是关于图纸的一些技术要求和其他相关说明，可以使用多行文字功能创建文字注释。

【例 14-11】为如图 14-16 所示的零件图添加注释文字。

(1) 将【文字注释层】设置为当前层，接下来给图形添加文字注释和说明。

(2) 在【功能区】选项板中选择【注释】选项卡，在【文字】面板中单击【多行文字】按钮，然后在绘图窗口中单击鼠标并拖动，创建一个用来放置多行文字的矩形区域。

(3) 在【多行文字】选项卡的【样式】面板的【样式】下拉列表框中选择【注释】选项，并在文字输入窗口中输入需要创建的多行文字内容，如图 14-53 所示。

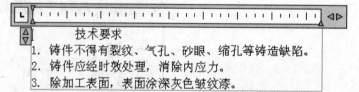

图 14-53 输入多行文字内容

(4) 单击【确定】按钮，输入的文字将显示在绘制的矩形窗口中，其效果如图 14-54 所示。

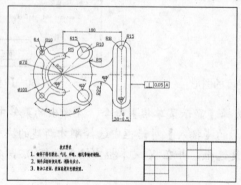

图 14-54 创建好的技术要求

⑭.2.6　创建标题栏

　　将插入点置于标题栏的第一个表格单元中，双击打开【多行文字】选项卡，在【样式】面板的【文字样式】下拉列表框中选择【零件名称】，然后输入文字【零件截面图】，如图 14-55 所示。

　　然后使用同样方法，创建标题栏中的其他内容，结果如图 14-56 所示。此时，整个图形绘制完毕，效果如图 14-16 所示。

图 14-55　在表格中输入文字

图 14-56　输入其他文字

⑭.3　绘制三通模型

　　三通模型在机械上属于腔体类零件，如图 14-57 所示。主要用于将径直的管道进行分支，从而实现不同接口的管道相连接。在绘制本例图形时，将模型分为方形接头、通孔、圆形接头以及分支接头 4 部分进行绘制。

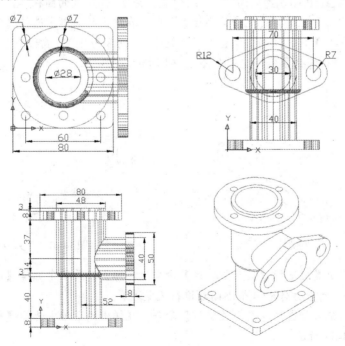

图 14-57　三通模型

14.3.1 绘制方形接头

方形接头是三通模型的重要组成部分之一，可以通过绘制长方体，并对其修圆角使其圆滑，另外绘制圆柱体，对整体求差集，得到最后的方形接头。具体绘制步骤如下：

(1) 新建 AutoCAD 文件，然后在快速访问工具栏选择【显示菜单栏】命令，在弹出的菜单中选择【视图】|【三维视图】|【东南等轴测】命令。

(2) 在快速访问工具栏选择【显示菜单栏】命令，在弹出的菜单中选择【绘图】|【建模】|【长方体】命令，以(0,0,0)为角点，绘制长为80，宽为80，高为8的长方体，如图14-58所示。

(3) 在快速访问工具栏选择【显示菜单栏】命令，在弹出的菜单中选择【修改】|【圆角】命令，对长方体的4条棱边修圆角，圆角半径为5，如图14-59所示。

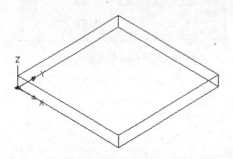

图 14-58　绘制长方体

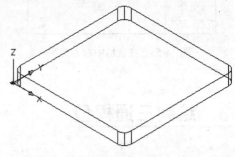

图 14-59　修圆角

(4) 在快速访问工具栏选择【显示菜单栏】命令，在弹出的菜单中选择【绘图】|【建模】|【圆柱体】命令，以点(10,10,0)为底面中心，绘制直径为7，高为8的圆柱体，如图14-60所示。

(5) 在快速访问工具栏选择【显示菜单栏】命令，在弹出的菜单中选择【修改】|【阵列】命令，选择【矩形阵列】单选按钮，设置阵列行数为2，列数为2，行偏移为60，列偏移为60，对刚绘制的圆柱体进行阵列复制，结果如图14-61所示。

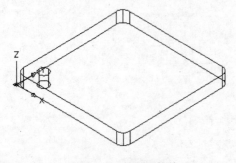

图 14-60　绘制圆柱体

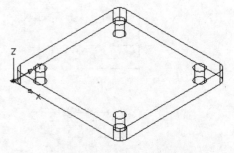

图 14-61　阵列复制圆柱体

(6) 在快速访问工具栏选择【显示菜单栏】命令，在弹出的菜单中选择【修改】|【实体编辑】|【差集】命令，对长方体和4个小圆柱进行差集运算。

(7) 在快速访问工具栏选择【显示菜单栏】命令，在弹出的菜单中选择【视图】|【消隐】命令，结果如图14-62所示。

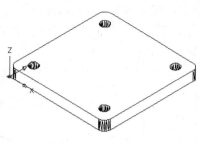

图 14-62　差集运算

(14).3.2　绘制通孔

　　绘制通孔，主要使用【圆柱体】命令绘制多个圆柱体，然后使用【并集】命令将圆柱体组合而成。具体绘制步骤如下：

　　(1) 在快速访问工具栏选择【显示菜单栏】命令，在弹出的菜单中选择【绘图】|【建模】|【圆柱体】命令，以点(40,40,8)为底面中心，绘制直径为 40，高为 40 的圆柱体。

　　(2) 在快速访问工具栏选择【显示菜单栏】命令，在弹出的菜单中选择【绘图】|【建模】|【圆柱体】命令，以点(40,40,8)为底面中心，绘制直径为 28，高为 40 的圆柱体。

　　(3) 在快速访问工具栏选择【显示菜单栏】命令，在弹出的菜单中选择【修改】|【实体编辑】|【并集】命令，对方形接头和直径为 40 的圆柱体进行并集运算。

　　(4) 在快速访问工具栏选择【显示菜单栏】命令，在弹出的菜单中选择【视图】|【消隐】命令，对图形进行消隐处理，如图 14-63 所示。

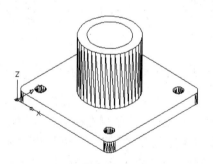

图 14-63　通孔轮廓

(14).3.3　绘制圆形接头

　　在绘制圆形接头时，主要用到【圆柱体】、【阵列】等命令，并对实体进行布尔运算等操作。具体绘制步骤如下：

　　(1) 在快速访问工具栏选择【显示菜单栏】命令，在弹出的菜单中选择【绘图】|【建模】|【圆柱体】命令，以点(40,40,48)为底面中心，绘制直径为 40，高为 65 的圆柱体，如图 14-64 所示。

(2) 在快速访问工具栏选择【显示菜单栏】命令，在弹出的菜单中选择【绘图】|【建模】|【圆柱体】命令，以点(40,40,48)为底面中心，绘制直径为 48，高为 65 的圆柱体，如图 14-65 所示。

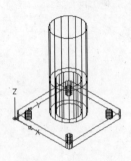
图 14-64　绘制圆柱体

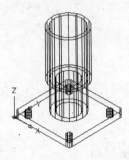
图 14-65　绘制圆柱体

(3) 在快速访问工具栏选择【显示菜单栏】命令，在弹出的菜单中选择【绘图】|【建模】|【圆柱体】命令，以点(40,40,102)为底面中心，绘制直径为 80，高为 8 的圆柱体，如图 14-66 所示。

(4) 在快速访问工具栏选择【显示菜单栏】命令，在弹出的菜单中选择【修改】|【实体编辑】|【并集】命令，对方形接头与直径分别为 48、80 的圆柱体进行合并，消隐后效果如图 14-67 所示。

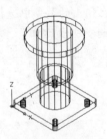
图 14-66　绘制圆柱体

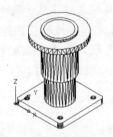
图 14-67　并集运算后消隐图形

(5) 在快速访问工具栏选择【显示菜单栏】命令，在弹出的菜单中选择【绘图】|【建模】|【圆柱体】命令，以点(40,10,102)为底面中心，绘制直径为 7，高为 8 的圆柱体，如图 14-68 所示。

(6) 在快速访问工具栏选择【显示菜单栏】命令，在弹出的菜单中选择【修改】|【阵列】命令，选择【环形阵列】单选按钮，设置中心点为(40,40)，对刚绘制的圆柱体进行阵列复制，结果如图 14-69 所示。

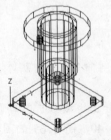
图 14-68　绘制圆柱体

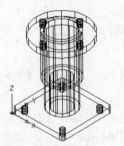
图 14-69　阵列复制

(7) 在快速访问工具栏选择【显示菜单栏】命令，在弹出的菜单中选择【修改】|【实体编辑】|【差集】命令，用合并后的实体减去阵列绘制的 4 个小圆柱体。

(8) 在快速访问工具栏选择【显示菜单栏】命令，在弹出的菜单中选择【视图】|【消隐】命令，效果如图 14-70 所示。

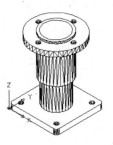

图 14-70　差集运算

⑭.3.4　绘制分支接头

在该图形中，分支接头是比较难绘制的一部分。在 AutoCAD 中该图形没有直接建立模型的命令，所以要通过绘制平面轮廓，然后将其转化为面域，最后对其进行拉伸处理。具体绘制步骤如下：

(1) 在快速访问工具栏选择【显示菜单栏】命令，在弹出的菜单中选择【工具】|【新建UCS】|Y命令，将坐标绕 Y 轴旋转 90º。

(2) 在快速访问工具栏选择【显示菜单栏】命令，在弹出的菜单中选择【绘图】|【建模】|【圆柱体】命令，以点(-65,40,40)为底面中心，绘制直径为 40，高为 52 的圆柱体，如图 14-71所示。

(3) 在快速访问工具栏选择【显示菜单栏】命令，在弹出的菜单中选择【绘图】|【建模】|【圆柱体】命令，以点(-65,40,40)为底面中心，绘制直径为 30，高为 52 的圆柱体，如图 14-72所示。

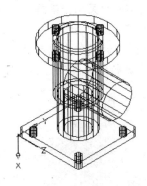 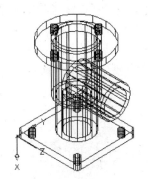

图 14-71　绘制圆柱体　　　　　图 14-72　绘制圆柱体

(4) 在快速访问工具栏选择【显示菜单栏】命令，在弹出的菜单中选择【修改】|【实体编辑】|【并集】命令，将三通实体与所绘制的直径为 40 的圆柱体合并，如图 14-73 所示。

(5) 在快速访问工具栏选择【显示菜单栏】命令，在弹出的菜单中选择【修改】|【实体编

辑】|【差集】命令，用三通实体减去直径为40和28的圆柱体，选择【视图】|【消隐】命令，效果如图14-74所示。

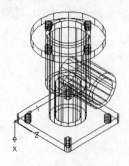

图14-73　并集运算

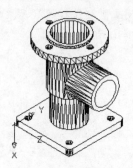

图14-74　差集运算

(6) 在快速访问工具栏选择【显示菜单栏】命令，在弹出的菜单中选择【工具】|【新建 UCS】|【原点】命令，将坐标系原点移动到(-65,40,92)处，也可以通过捕捉原点命令直接在图上指定新原点，如图14-75所示。

(7) 在快速访问工具栏选择【显示菜单栏】命令，在弹出的菜单中选择【圆】|【圆心、半径】命令，以点(0,0)为圆心，绘制直径为50的圆，如图14-76所示。

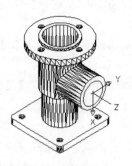

图14-75　移动坐标系

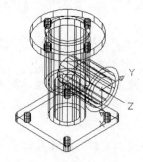

图14-76　绘制圆

(8) 在快速访问工具栏选择【显示菜单栏】命令，在弹出的菜单中选择【圆】|【圆心、半径】命令，以点(0,35)为圆心，绘制直径为24的圆，如图14-77所示。

(9) 在快速访问工具栏选择【显示菜单栏】命令，在弹出的菜单中选择【修改】|【镜像】命令，以(0,0)和(10,0)两点为镜像线，将直径为24的圆形进行镜像复制，如图14-78所示。

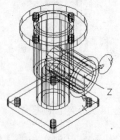

图14-77　绘制圆

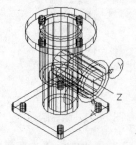

图14-78　镜像复制

(10) 在快速访问工具栏选择【显示菜单栏】命令，在弹出的菜单中选择【绘图】|【直线】

命令，通过捕捉切点，将直径分别为 50 和 24 的圆连接起来，如图 14-79 所示。

　　(11) 在快速访问工具栏选择【显示菜单栏】命令，在弹出的菜单中选择【修改】|【修剪】命令，对轮廓进行修剪处理，接着选择【绘图】|【面域】命令，将修剪后的线条转换为面域，并选择【视图】|【消隐】命令消隐图形，如图 14-80 所示。

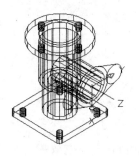
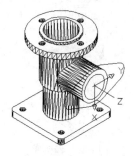

图 14-79　连接直线　　　　　　　　图 14-80　绘制轮廓

　　(12) 在快速访问工具栏选择【显示菜单栏】命令，在弹出的菜单中选择【绘图】|【建模】|【拉伸】命令，将所绘制的面域沿 Z 轴负方向拉伸 8 个单位，消隐后效果如图 14-81 所示。

　　(13) 在快速访问工具栏选择【显示菜单栏】命令，在弹出的菜单中选择【修改】|【实体编辑】|【并集】命令，将合并后的实体与拉伸实体进行并集操作，消隐后效果如图 14-82 所示。

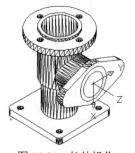
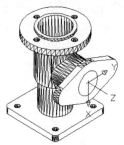

图 14-81　拉伸操作　　　　　　　　图 14-82　并集操作

　　(14) 在快速访问工具栏选择【显示菜单栏】命令，在弹出的菜单中选择【绘图】|【建模】|【圆柱体】命令，分别以(0,35,0)和(0,-35,0)为底面圆心，绘制直径为 13，高为-8 的圆柱体，效果如图 14-83 所示。

　　(15) 在快速访问工具栏选择【显示菜单栏】命令，在弹出的菜单中选择【修改】|【实体编辑】|【差集】命令，用合并后的实体减去直径为 30 和两个直径为 13 的圆柱体，消隐后效果如图 14-84 所示。

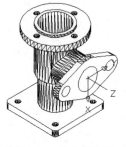
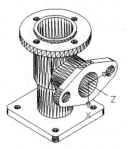

图 14-83　绘制圆柱体　　　　　　　图 14-84　差集运算

计算机基础与实训教材系列

(16) 在快速访问工具栏选择【显示菜单栏】命令，在弹出的菜单中选择【修改】|【圆角】命令，对圆柱的边进行圆角处理，圆角半径为 3，消隐后效果如图 14-85 所示。

(17) 在快速访问工具栏选择【显示菜单栏】命令，在弹出的菜单中选择【视图】|【渲染】|【渲染】命令，对绘制的实体进行渲染处理，最终效果如图 14-86 所示。

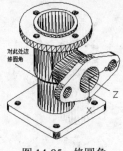

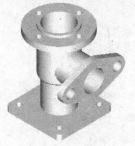

图 14-85　修圆角　　　　　　　　图 14-86　最终效果

⑭.4 ·习题

1. 使用 AutoCAD 绘制零件图的样板图时应遵守哪些准则？

2. 在 AutoCAD 中，样板图形中通常包括哪些内容？

3. 绘制如图 14-87 所示的图形。

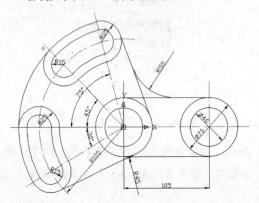
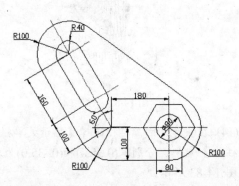

图 14-87　绘制平面图形